装配式建筑全过程成本管理

李贵来　吴　敏　邹俊杰
著

中国科学技术大学出版社

内 容 简 介

本书系统梳理了装配式建筑的成本构成、与传统现浇建筑的成本差异，并结合作者多年从事装配式建筑成本管理的工作经验，按照决策阶段、设计阶段、招采阶段、施工阶段、竣工结算阶段的全寿命周期，分别阐述了各阶段的成本管理内容和要点。书中还总结提炼了7个经典案例，理论与实践相结合，便于读者理解、掌握本书的核心观点和理论体系。本书为工程咨询行业开展装配式建筑项目成本管理提供了可参考、可操作性的工作指南，对于解决装配式建筑成本偏高问题进而更好地推动装配式建筑在我国的发展具有积极意义。

图书在版编目(CIP)数据

装配式建筑全过程成本管理/李贵来，吴敏，邹俊杰著. —合肥：中国科学技术大学出版社，2023. 10
ISBN 978-7-312-05770-0

Ⅰ. 装… Ⅱ. ① 李… ② 吴… ③ 邹… Ⅲ. 装配式构件—建筑物—成本管理 Ⅳ. TU723.31

中国国家版本馆CIP数据核字(2023)第164873号

装配式建筑全过程成本管理
ZHUANGPEI SHI JIANZHU QUAN GUOCHENG CHENGBEN GUANLI

出版 中国科学技术大学出版社
安徽省合肥市金寨路96号，230026
http://press.ustc.edu.cn
https://zgkxjsdxcbs.tmall.com
印刷 安徽省瑞隆印务有限公司
发行 中国科学技术大学出版社
开本 710 mm×1000 mm 1/16
印张 15.5
字数 320千
版次 2023年10月第1版
印次 2023年10月第1次印刷
定价 79.00元

前言 PREFACE

随着我国城镇化进程的加快和现代建筑技术的不断发展，建筑业在改善人民居住环境、提升生活质量中发挥着越来越重要的作用。与此同时，传统建造模式由于生产效率低、资源浪费大、工业化程度低，严重阻碍了建筑业的健康发展。因此，传统建筑行业亟须转型，走建筑工业化之路。

与传统现浇建筑相比，装配式建筑具有环境污染小、安全事故率低、现场作业人数少、施工便捷、工期短等优势。大力发展装配式建筑是绿色、循环、低碳发展的必然要求，是提高绿色建筑和节能建筑建造水平的重要手段，也是实现我国新型城镇化建设模式转变的重要途径。当前，面对建筑业现代化发展转型升级的迫切需求，国家和地方陆续出台扶持发展政策，推进产业化基地和试点示范工程建设，装配式建筑将有更广阔的发展空间。在我国全面推进生态文明建设、加快推进新型城镇化，特别是实现中国梦的进程中，以装配式建筑推动建造方式革新具有重大意义。

由于建造方式的变革，装配式建筑产业链与传统建筑行业有一定区别，其各阶段的成本构成也比较复杂。各地在推进装配式建筑过程中，普遍存在管理效率低、产业集中度低、成本偏高等问题，导致装配式建筑发展滞后，直接影响我国建筑行业产业化进程。因此，亟须对装配式建筑实施全过程成本管理。

本书旨在系统分析装配式建筑成本构成与特点，梳理各阶段成本管理工作要点，为装配式建筑全过程成本管理提供指导。全书共分10章。前3章介绍装配式建筑的概况、发展历程以及对相关政策的分析；第4章至第9章介绍装配式建筑成本构成及决策阶段、设计阶段、招采阶段、施工阶段和竣工结算阶段的成本管理；第10章介绍现代信息技术在装配式建筑成本管理中的应用。

尽管书中收集了大量资料，并汲取了多方面研究的精华，但由于时间仓促和能力有限，书中内容难免存在疏漏之处，特别是对有些专业方面的研究还不够全面深入，对有些统计数据和资料掌握得也不够及时完整，这需要在今后的工作中继续补充完善，也欢迎大家提出宝贵意见和建议。最后，向参与本书撰写及对书中内容做出贡献的各级领导、专家学者以及企业家们表示诚挚的感谢！

编　者

2023年2月于合肥

目录

CONTENTS

第1章　装配式建筑概述

装配式建筑作为建筑工业化的重要形式，是将传统建造方式中的大量现场作业转移到工厂进行，在工厂加工制作好构配件，通过可靠的连接方式在现场装配安装。相较传统建造方式，装配式建筑具有环保、节能的优点，是目前我国正在大力推广应用的绿色环保建筑形式。发展装配式建筑是牢固树立和贯彻落实创新、协调、绿色、开放、共享的发展理念，按照适用、经济、安全、绿色、美观要求推动建造方式创新的重要体现，是稳增长、促改革、调结构的重要手段。

1.1　背景与意义

1.1.1　建筑工业化的发展

建筑业传统现浇方式因能源和资源消耗大、生产效率低，对劳动力依赖度高，建筑性能和品质较难保证，同时会产生大量建筑垃圾、扬尘和噪声等环境污染问题，已无法满足绿色、低碳的可持续发展要求。粗放型建造方式将进一步激化经济增长与资源短缺的矛盾，制约经济社会的可持续发展。因此，传统建造方式的转型升级势在必行。建筑工业化是实现建筑业转型升级的重要途径。建筑工业化采用机械化、智能化等手段，将传统生产方式转变成建筑设计标准化、生产制造工业化、现场施工装配化以及管理技术信息化的建造方式。

建筑工业化的发展大致可分为4个阶段：

第一阶段：机械化建造取代人工生产。其典型代表为预制装配式建筑。

第二阶段：单台机械建造被自动化流水线代替。其典型代表为模块建筑、工业化体系建筑及流水线建造。

第三阶段：建造方式发展为数字化自动控制，即利用现代信息技术对建筑部品部件进行规模化生产与组装。

第四阶段：建造方式发展为智能化制造。在这个阶段，基于机械化、标准化的生产方式和信息化的管理模式，融合数码和物理空间，促进形成以人工智能、物联网为基础的建筑业改革。

这4个阶段即是从建筑工业1.0发展到工业4.0，各阶段建造方式变化对比见表1.1。

表1.1　建造方式变化对比

	传统建造	建筑工业1.0	建筑工业2.0	建筑工业3.0	建筑工业4.0
特征	现场施工	机械化	标准化	信息化	智能化
表现	现场浇筑	工厂化生产	流水线生产	BIM等信息技术	智能制造及装备
设备	水泥浇筑设备	预制件生产和组装设备	自动化生产	数控设备、柔性生产线	大数据、3D打印、云计算、物联网、GPS系统等

在建筑工业化发展过程中，各国建筑工业化程度也不尽相同，如图1.1所示。相比于瑞士、法国、美国、日本、英国70%～80%的建筑工业化率，我国建筑工业化率仅为5%，还有很大提升空间。

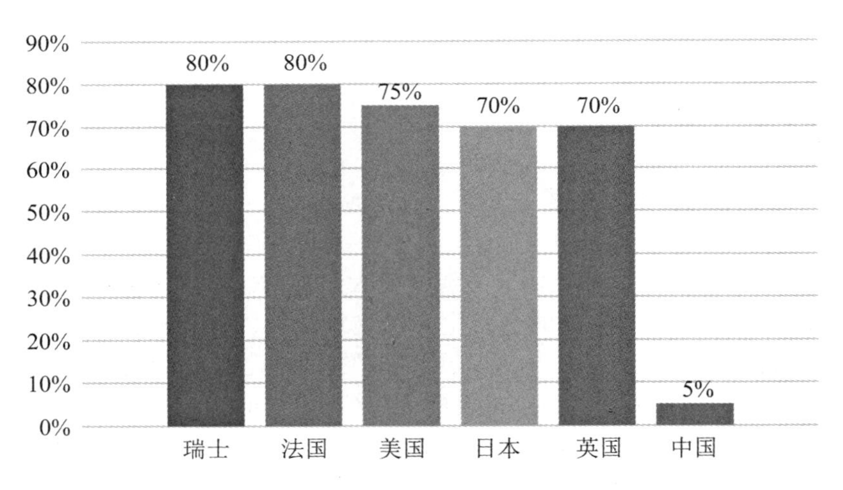

图1.1　建筑工业化率对比图

1.1.2　推进装配式建筑的意义

装配式建筑相比传统建筑具有较好的经济、社会及环境效益。在经济方面，装配式建筑可以缩短工期，减少对建筑工人的需求，能够实现标准化、规模化生产；在社会方面，装配式建筑的发展将大批量的工人转移至生产车间，减少了现场发生安全事故的风险，同时改善了工人的工作环境，从而逐步向技术密集型和集约式管理发展；在环境方面，装配式建筑减少了现场扬尘和噪声污染。装配式建筑所带来的高效率、节能环保、可持续的优势逐渐得到市场的青睐。装配式建筑的发展是建筑工业化发展的重要手段，具有十分重要的现实意义。

(1) 有利于推动国家经济稳定增长

建筑业属于实体产业，其自身附加值很高。大力发展装配式建筑将促进建筑产业链进一步深化发展，带动更多的新兴产业，有利于解决就业问题和劳动力资源的再利用问题。装配式建筑的发展能有效拉动投资，在现行的市场经济下，能带动大量社会资金涌入建筑业，有利于对社会资本的利用，发挥资本对建筑业的促进作用，有利于提高消费需求和促进地方经济发展。

(2) 有利于促进建筑业节能减排、降低能耗

目前，大量项目实践数据和资料证实了装配式建筑在节水、节地、节材、节能和减排方面成效显著。装配式建筑可以有效节约资源能源，有利于减少碳排放，减少扬尘和噪声污染，提高建筑综合质量和性能，有利于推进生态文明建设。

(3) 有利于带动技术进步、提高生产效率

随着我国人口结构的改变，新生代建筑从业人员对行业产生了较强的职业倦怠，而当前建筑业对人力资源的需求较高，建筑业中高素质人才短缺问题日益明显。装配式建筑通过构件预制，改变了传统建筑工艺，减少了工程对人力的依赖性，同时也提高了施工生产效率，有利于技术进步。

(4) 有利于全面提升建筑质量、提高整体建筑水平

当前，建筑施工质量问题屡见不鲜，如屋顶墙面渗漏、保温墙体开裂、门窗密封隔断效果差等。装配式建造方式可显著提高产品精度，工业化生产的构配件质量统一稳定；装配化作业较传统作业方式，施工失误和人为错误显著减少，从而保证了施工质量；构配件的预制生产模式，减少了工程中的建筑垃圾，并可提高回收利用率。因此，装配式建筑的发展有利于资源节约和全面提升建筑业现代化发展水平。

1.2 装配式建筑的内涵

1.2.1 装配式建筑的概念

装配式建筑的概念是日本学者内田元亨在1968年提出的，随后在英国、法国、德国、瑞典、新加坡、美国等多个国家(地区)得到推广，并制定出了相应的标准规范，促进了装配式建筑的发展。我国装配式建筑的发展起步较晚，到1994年才正式提出住宅产业化的概念。由于每个国家(地区)在社会经济、政治文化等方面的差异，对装配式建筑的概念表述也不尽相同，如马来西亚的工业化建筑系统(Industrialized Building Systems, IBS)，英国的非现场生产(Off-site Production)、工业化建筑(Industrialized Building)，美国的预装(Preassembly)、预制(Prefabrication)、模块化(Modularization)、场外制造(Off-site Fabrication),澳大利亚的场外制造(Offsite Manufacture),中国香港和新加坡的预制(Prefabrication)等,在我国内地则描述为工业化建筑、装配式建筑。装配式建筑概念的演化见表1.2。

表1.2 装配式建筑概念的演化

时间	概念	提出者
1999	预制建筑是在专门的设施中进行制造,然后将各种构件连接安装在一起的一种建造过程	Sparksman
2003	工业化建筑是一种制造、定位和组装零部件为一个整体的过程	Abdullah
2004	装配式建筑是用预制构件或者模块化系统进行建筑生产的一种方式	Venables
2006	工业化建筑体系是一种基于数量并提供个性化成品的通用组织架构	Richard
2008	工业化系统建设可以定义为充分利用工业化生产、运输和装配技术,将所有子系统和部件全部集成为一个整体的过程	Uttam
2009	装配式施工就是在受控的环境中制造部件,并运输、定位和组装部件成一个结构	Kamarul
2013	工业化建筑是将创新的制造业生产方式应用到建筑生产过程中,采用工业化产品、运输和装配技术	Tomonari
2017	构件通过预制之后以标准化的设计接口进行组装,形成功能性的房屋,在维修过程中可将构件或模块从建筑中分离出来且在后期可以重复利用的建筑模式	Antti Peltokorpi

学术界对装配式建筑的定义尚未统一,但对于其内涵的理解却是一致的,即:

① 非现场生产,即在工厂环境中生产。

② 按不同类型(如部件、段或模块)建造预制构件。

③ 预制构件运至施工现场。

④ 组装成一个完整的建筑。

参照已有研究成果,本书将装配式建筑定义为:生产厂家按照设计标准及现场使用要求,对所需的预制构件提前进行生产,同时按照现场实际的工期需要将预制构件运输至施工场地,通过大型机械设备的吊装,采用相关的连接方式,将各个独立的预制构件拼装成一个完整的建筑。

1.2.2 装配式建筑的分类

根据住建部发布的《工业化建筑评价标准》(GB/T 51129—2015)和《装配式混凝土建筑技术标准》(GB/T 51231—2016),装配式建筑按照结构形式可分为预制混凝土(Prestressed Concrete,PC)结构、钢结构和木结构3种类型。

1. 预制混凝土结构

预制混凝土结构(见图1.2)是目前结构体系中推行最为顺利、应用最为广泛的建造形式,主要受力构件为PC构件。PC构件是工厂采用数字化生产方式完成的混凝土制品,如PC墙板、叠合梁、折叠楼板、楼梯等,具有高质量、强性能、可快速作业等优点,具备较好的适用性与灵活性。

图1.2 预制混凝土结构

PC结构的建造成本相对偏低,多用于办公楼及多层、小高层住宅。基于设计-安装-装修一体化的成熟PC建筑,其成本与传统现浇建筑成本接近,建设效率较高。3种结构形式中,PC结构具备一定的成本优势,但在抗风、抗震性能与超高度、超跨度设计等方面有所不足。当下我国的装配式建筑仍在推广时期,尽管混凝土产业起步较早且成本较低,但PC构件成本竞争较为激烈,且优化空间较小,在短时间内仍无法代替传统建筑。

2. 钢结构

钢结构(见图1.3)是由钢柱、钢梁、钢桁架等钢制构件组成的结构,构件连接的方式主要有螺栓、焊缝、铆钉等。由于用途和工艺不同,钢结构可具体分为空间大跨度钢结构、重型钢结构和轻钢结构。钢结构具备优良的抗震性能，适用于超高层建筑、体育场馆、工厂等。20 世纪 70 年代，因为国家经济发展的需要以及轻钢结构高强、质轻、易回收的优点，建筑领域曾尝试使用轻钢和混凝土结构代替木质结构，但因其防火以及抗剪能力较差，没有被广泛使用。随着科学技术的进步，钢结构技术逐渐成熟，近年来国家逐步提倡推广应用钢结构装配式建筑。

图 1.3　装配式钢结构

钢结构的分类与应用见表 1.3。

表 1.3　钢结构分类与应用

钢结构种类	适用领域	代表建筑
空间大跨度钢结构	多用在大型场馆、机库、候机楼等	上海世博会会场、“鸟巢”、“春茧”等
重型钢结构	高层、超高层建筑	上海环球中心、央视总部大楼
轻型钢结构	用于仓库、活动房屋等	仓储、高新技术厂房等

3. 木结构

木结构（见图 1.4）具有良好的经济性和材料易得性，在森林资源丰富的国家，是一种常见且被广泛应用的建筑形式。木材是主要受力体系，木材本身具有保温隔热、隔声节能、舒适抗震的特性。

因木结构建筑层数、建筑长度及面积等因素的限制（见表 1.4），木结构建筑并不适合我国建筑市场的发展，行业整体体量较小。

图 1.4　装配式木结构

表 1.4　木结构设计规范限制

层数	最大允许长度(m)	单层最大允许面积(m^2)
1 层	100	1200
2 层	80	900
3 层	60	600

1.2.3　装配式建筑的特点

与传统现浇建筑相比,装配式建筑集中体现了工业化建造方式,其特点主要表现在以下 6 个方面:

(1) 设计标准化

设计标准化是装配式建筑进行工业化建设的前提。装配式建筑最显著的特点是构件预制生产。预制构件的类型、尺寸、数量、材料等都需要与标准保持一致,以方便后续的生产与安装。因此需要在设计阶段采取标准化设计,保证预制构件的规格。

(2) 生产工业化

装配式建筑的构件主要在专业化的厂家生产,如外墙板、门窗、楼梯等,基本上是机械化流水线生产,在保证产能充足的条件下,生产效率较高。工业化生产能最大限度地减少人工操作的误差,构件的整体质量较高,而且生产加工后的养护条件基本能够达到标准程度,可靠性较高。

(3) 施工装配化

装配式建筑的预制构件在工厂进行工业化生产,再通过专业的机械设备运输至施工现场进行拼接装配。与传统现浇式建筑相比,现场施工环节受环境影响较小,施工流程比较规范,减少了钢筋绑扎、制模、抹灰等现场操作过程,大大降低了人力成本和施工人员的作业时间,工程进度显著加快。同时装配化的施工也可以提升建筑施工的质量和安全性。

(4) 装修一体化

装修一体化指在标准化设计原则下,装修工程与主体结构可实现多工序同步进行,施工组织穿插作业、协调配合。如构件在生产时已事先在建筑构件上预留孔洞和装修面层预埋固定部件,当构件运至现场后,可多工序同步施工,有利于缩短工期。

(5) 管理信息化

对装配式建筑全寿命周期进行信息化管理是实现工业标准化建设的必要手段。装配式建筑涉及多个参与主体以及多个建设环节,会产生大量的过程数据与信息流。因此需要采用信息技术对建设全过程进行信息化管理,将分散的建设环节集成化管理,促进参与单位沟通交流,充分发挥装配式建筑的优势。

(6) 节能环保化

装配式建筑实现了"四节一环保"的要求,推动了社会经济的可持续发展。在构件工厂化生产时,基本上都是在全封闭的工厂中生产,因此杜绝了施工现场粉尘污染、水污染的问题发生。在材料使用方面,采用先进的新型环保材料,降低了建筑能耗,减少了环境污染。在施工方面,由于标准化施工,现场的废弃材料、废水等相对减少,可以保护环境,节能减排。

装配式建筑的特点符合国家节能、低碳、绿色的发展要求,符合住宅产业现代化和人居质量提升的发展趋势。

1.3 装配式建筑发展的动力机制

动力分为两类,即内在动力和外在动力。内在动力是指事物内部产生的,对事物前进和发展起促进作用的力量;外在动力是指与事物发展有关系的外部环境和利益相关者等产生的动力。装配式建筑发展的动力也有外在动力和内在动力之分。

1.3.1 装配式建筑发展的外在动力

1. 政策驱动

近年来,在"绿色发展""碳达峰""碳中和"等重大战略的引领下,国家和各部委相继出台了多项政策支持装配式建筑发展，有利于行业进一步扩大发展空间，加速行业发展进程。装配式建筑迎来了政策春风。

2. 绿色建造方式的需要

装配式建筑采用工厂化生产、现场装配式施工，其建造过程大大简化，能源消耗减少40%左右，建筑垃圾减少70%左右，工期缩短20%左右，施工扬尘和噪声污染显著降低，与绿色建造方式高度契合，也是实现“双碳”目标的需要。

3. 行业转型升级

建筑业是我国国民经济支柱产业，但其能耗高、劳动生产率低、技术创新不强、建筑品质不高、工程质量安全隐患多的粗放增长问题有待解决。建筑业必须积极转型升级，才能赢得生存和发展空间。装配式建筑是建造方式的重大变革，将驱动整个建筑产业的转型发展。实施以信息化带动工业化战略，以装配式建筑为载体，以新型工业化为路径，创新传统建造方式，是改造和提升传统建筑行业的一个突破口。

1.3.2 装配式建筑发展的内在动力

1. 经济效益驱动

企业的根本目标是降低成本和提高利润，通过提高装配率、增加工业化作业比例和预制构件规模化的生产，装配式建筑实现了项目整体效益的提升。因此，良好的经济效益是装配式建筑得以推广的原动力。

2. 缓解劳动力成本

老龄化给建筑行业带来了“用工难”的问题，据统计，项目施工现场工人平均年龄已接近50岁，35岁以下的建筑业从业人员不足15%，50岁以上建筑工人的占比仍在持续上升。随着城镇化进程的推进，建筑工人供需失衡致使劳动力成本逐年上涨，传统建造方式将难以为继。装配式建筑只有通过提高工厂化、机械化和智能化程度，才能有效减少施工现场的用工数量。因此，发展装配式建筑可以有效解决建筑业劳动力成本高和劳动力紧缺的现实问题。

3. 提升生产效率

装配式建筑采用预制工厂制造和现场装配施工，机械化程度高，且可以应用现代信息技术，大大减少现场施工及管理人员数量。装配式建筑实现了施工现场与构件工厂的转换，改善了作业人员的生产环境和工作条件，促进了建筑业农民工向产业工人的积极转型，大大提高了建筑业劳动生产率。

1.3.3 促进装配式建筑发展的动力机制

装配式建筑的发展正是受外在动力和内在动力的共同推进，形成了如图 1.5 所示的动力机制。这个动力机制中的各部分相互联系、相互作用、相互促进，形成一个可循环、可持续发展的系统。装配式建筑是建筑业未来发展的趋势，具有良好的生态效益和社会效益，促使政府加大力度鼓励装配式建筑的发展，正确引导可以有效提升消费者认可程度。

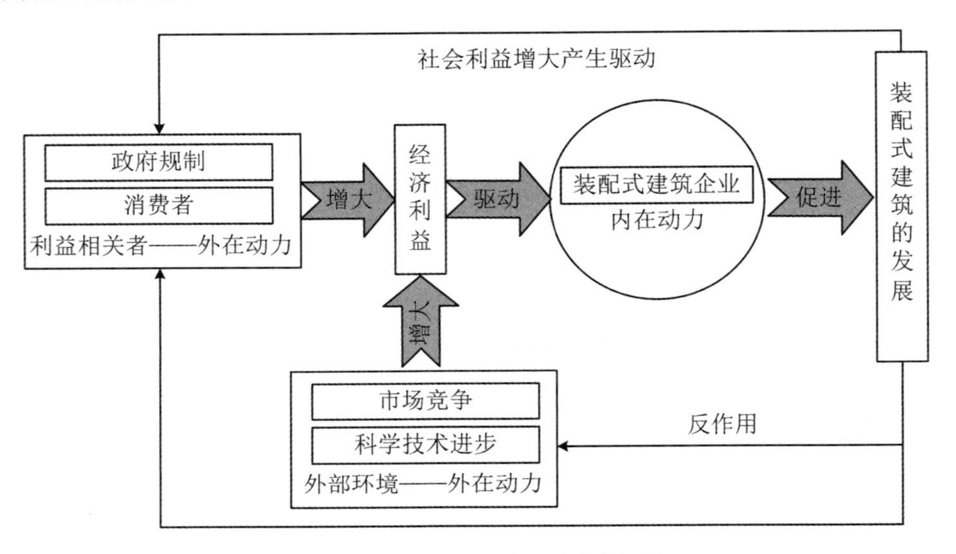

图 1.5 装配式建筑发展的动力机制

第 2 章　装配式建筑国内外发展历程

发展装配式建筑符合建筑业保护环境、节能减排的绿色发展需要。西方发达国家的装配式建筑起步较早，目前已经发展到相对成熟和完善的阶段，行业规模化程度高。我国的装配式建筑起步较晚，目前仍处于初级阶段，存在生产规模小、前期投入大、短期内无法与传统现浇建筑竞争等问题。但面对建筑产业现代化发展转型升级的迫切需求，国家和地方陆续出台扶持发展政策，推进产业化基地和试点示范工程建设，装配式建筑将有更广阔的发展空间。

2.1　国外装配式建筑的发展

2.1.1　美国装配式建筑的发展

1. 美国装配式建筑的发展历程

美国的装配式建筑起源于 17 世纪的移民浪潮，在经历了 20 世纪 40 年代第二次世界大战后的移民高潮、50 年代塔式起重机出现、60 年代专业工人短缺、70 年代能源危机以及法律体系不断健全后，装配式建造体系更加标准化与规范化，且形式更加多样。具体发展历程如图 2.1 所示。

(1) 17 世纪至 20 世纪 30 年代

17 世纪美洲移民时期所用的木构架拼装房屋，就是一种装配式建筑。到 20 世纪初，人们在拼装房屋设计上做了改进，增加了钢结构的灵活性和混凝土预制件的多样性，使装配式建筑不仅能够成批建造，而且样式丰富多样。起源于 20 世纪 30 年代的汽车房屋是美国装配式住宅的一大主流，它的每个住宅单元就像是一辆大型的拖车（见图 2.2）。至此，美国装配式建筑产业化、标准化的雏形形成。

(2) 20 世纪 40 年代至 60 年代

20 世纪 60 年代，美国人对住宅舒适度的要求不断提高，这也直接促使美国集成装配式建筑进入一个新阶段，其特点是拥有现浇集成体系和全装配体系，从专项体系向通用体系过渡。轻质高强的建筑材料如钢、铝、石棉板、石膏、声热绝缘材料、木材料、结构塑料等构成的轻型体系，是当时集成装配体系的先进形式。1961

年的费城警察行政大楼是美国第一座使用预制施工与部件结合的建筑(见图2.3),1964 年的纽约仓库是当时世界上最大的预制建筑(见图 2.4)。

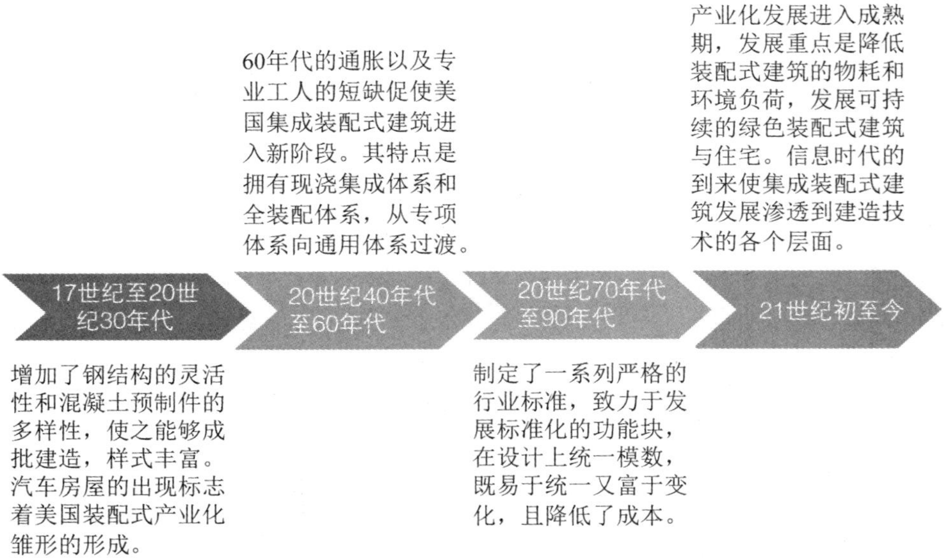

17世纪至20世纪30年代

增加了钢结构的灵活性和混凝土预制件的多样性，使之能够成批建造，样式丰富。汽车房屋的出现标志着美国装配式产业化雏形的形成。

20世纪40年代至60年代

60年代的通胀以及专业工人的短缺促使美国集成装配式建筑进入新阶段。其特点是拥有现浇集成体系和全装配体系，从专项体系向通用体系过渡。

20世纪70年代至90年代

制定了一系列严格的行业标准，致力于发展标准化的功能块，在设计上统一模数，既易于统一又富于变化，且降低了成本。

21世纪初至今

产业化发展进入成熟期，发展重点是降低装配式建筑的物耗和环境负荷，发展可持续的绿色装配式建筑与住宅。信息时代的到来使集成装配式建筑发展渗透到建造技术的各个层面。

图 2.1　美国装配式建筑发展历程

图 2.2　美国汽车房屋

(3) 20 世纪 70 年代至 90 年代

1976 年,美国国会通过了《国家产业化住宅建造及安全法案》,美国装配住宅和城市发展部(Housing and Urban Development,HUD)出台了一系列严格的行业标准。其中 HUD 强制性法规《制造装配住宅建造和安全标准》一直沿用至今,并与后来的美国建筑体系逐步融合。1990 年后,美国建筑产业结构在“装配式建造潮流”中进行了调整，兼并和垂直整合加剧，大型装配住宅公司收购零售公司和金融服务公司，同时本地的金融巨头也进入装配住宅市场。在1991年美国预制混凝土协会（Prestressed Concrete Institute，PCI）年会上，预制混凝土结构的发展被视为美国乃至全球建筑业发展的新契机。

图2.3　费城警察行政大楼（1961年）

图2.4　纽约仓库（1964年）

(4) 21世纪初至今

2000年，美国完善了产业化装配住宅的相关法律，明确了装配住宅安装的标准和安装企业的责任。由于政策的推动，美国装配式建筑走上了快速发展的道路，产业化发展进入成熟期，解决的重点是进一步降低装配式建筑的消耗和环境负荷，发展可持续的绿色装配式建筑与住宅。

2. 美国装配式建筑的特点

(1) 设计体系标准化

相对于传统建筑设计，装配式建筑更加需要建立一套相对完整的标准化设计体系。美国装配式建筑的标准化设计体系由标准化户型模块及标准化交通模块共同构成。以统一的建筑模数为基础，形成标准化的建筑模块，促进了专业化构配件的通用性和互换性。

(2) 材料制造工厂化

把房屋与建筑看成一个大设备，所有屋架、轻钢龙骨、各种楼板、屋面、门窗及各种室内饰材是这个设备的零部件。这些零部件经过严格的工厂化流水线生产可以保证其质量，诸如耐火性、抗冻融性、防火防潮、隔声保温等性能指标，可随时进行标准化控制。

(3) 构配件供应配套化

要求构配件的预制化规模与装配化规模相适应，构配件生产种类与建筑多样化需求相适应，政策激励方向与措施落地相配套。

(4) 现场建造工业化

工厂预制好的建筑部品构件运至现场后，由工人按程序实施工业化组装。如外立面及主体采用预制装配体系及标准构配件等技术手段，内装采用干式工法、工厂化通用部品构件等技术手段，缩短生产工期、提高生产效率、降低建造成本。

(5) 建筑装修一体化

推行采用建筑与装修一体化设计，理想状态是装修可随主体施工同步进行，再配合工厂的数字化管理，整个装配式建筑的性价比会越来越高。

(6) 建造形式多样化

在美国装配式住宅与建筑的设计中，多采用轴线的调整和功能的微调以实现大开间灵活的分割，根据用户的需要，可分割成大厅小居室或小厅大居室。

(7) 建筑品质优良化

主要强调对综合性玄关、全屋收纳、阳台家政区等进行人性化设计，同时采用环保内装、新风系统、地暖、整体卫浴等工业化新技术，有效提高建筑性能与质量，提升建筑品质。

2.1.2 日本装配式建筑的发展

1. 日本装配式建筑的发展历程

日本的建筑工业化发展道路与其他国家差异较大，除了主体结构工业化之外，借助其在内装部品方面发达成熟的产品体系，形成了主体工业化与内装工业化相协调发展的完善体系。从日本住宅发展经验来看，走工业化生产道路的住宅建设体系是核心所在。日本集合住宅的产业现代化发展有3条脉络：建筑体系的发展、主体结构的发展、内装部品工业化的发展。具体发展历程如图2.5所示。

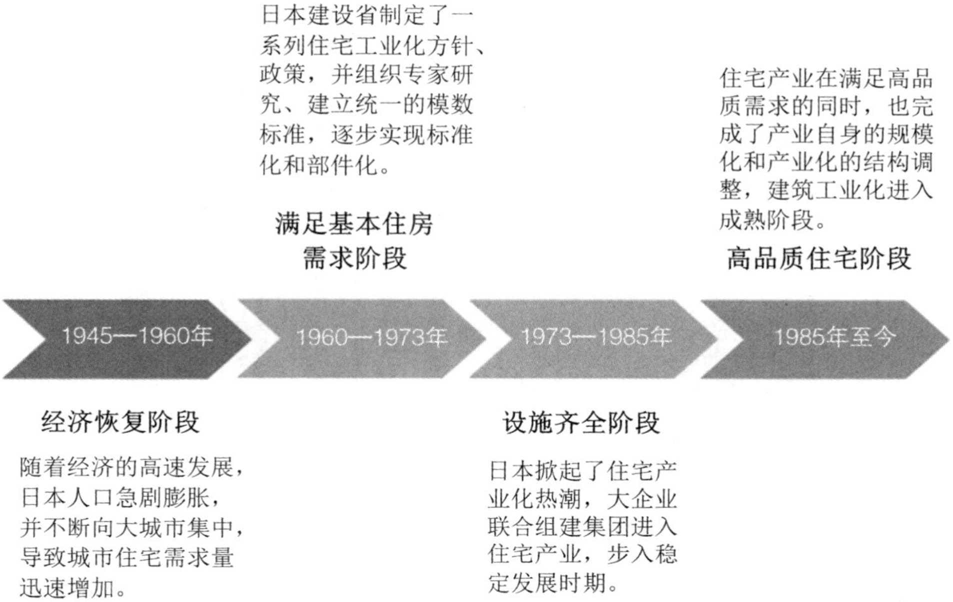

1945—1960年

经济恢复阶段

随着经济的高速发展，日本人口急剧膨胀，并不断向大城市集中，导致城市住宅需求量迅速增加。

1960—1973年

满足基本住房需求阶段

日本建设省制定了一系列住宅工业化方针、政策，并组织专家研究、建立统一的模数标准，逐步实现标准化和部件化。

1973—1985年

设施齐全阶段

日本掀起了住宅产业化热潮，大企业联合组建集团进入住宅产业，步入稳定发展时期。

1985年至今

高品质住宅阶段

住宅产业在满足高品质需求的同时，也完成了产业自身的规模化和产业化的结构调整，建筑工业化进入成熟阶段。

图 2.5　日本装配式建筑发展历程

(1) 1945—1960 年

这一段经济快速恢复，由于市场需求较大，装配式住宅公司如雨后春笋般涌现出来，许多企业对住宅市场产生浓厚的兴趣。1959 年大和住宅公司建成了第一栋装配式住宅实验楼。

(2) 1960—1973 年

随着经济的高速发展，城市住宅需求量迅速增加。日本建设省（现国土交通省）制定了一系列住宅工业化方针、政策，并组织专家研究、建立统一的模数标准，使住宅建设逐步实现标准化和部件化。该时期日本通过大规模的住宅建设满足了人们的基本住房需求，图 2.6 展示的是 20 世纪 60 年代日本的装配式住宅。

(3) 1973—1985 年

20 世纪 70 年代，日本在推行工业化住宅的同时，重点发展了楼梯单元、储藏单元、厨房单元、浴室单元、室内装修体系以及通风体系、采暖体系、主体结构体系和升降体系等配套设施。到了 80 年代中期，产业化方式生产的住宅占竣工住宅总数的比例已增至 15%～20%，住宅的质量也有了较大提升、功能更加丰富。

(4) 1985 年至今

1985 年，随着人们对高品质住宅的需求不断增加，日本在绝大多数住宅中采用了工业化部件。1990 年，日本推出了采用部件化和工业化生产方式、高生产效率、住宅内部结构可变、适应居民不同需求的“中高层住宅生产体系”，实现规模化和产业化结构调整，建筑工业化进入成熟阶段。

图 2.6　20 世纪 60 年代日本的装配式住宅

2. 日本装配式建筑的特点

(1) 发挥政府的主导作用

日本建立通产省和建设省两个专门机构来负责推进住宅产业化的相关工作。在建设省设立了住宅局、住宅研究所和住宅整备公团 3 个机构，共同促进住宅生产工业化发展。同时，在装配式建筑发展中做了两个方面的重点引导：一是在政策上从调整产业结构角度提出发展设想；二是在生产方式上将重点放在装配式住宅的技术层面。日本是制定有关住宅建设和推进装配式住宅发展相关法律最多的国家，有效保障了住宅建设和装配式住宅各项制度的建立和实施。

(2) 选择经济适用的技术体系

一是始终将模数化、标准化放在优先位置，模数化是标准化的基础，标准化是发展装配式建筑的核心。二是精装修成品住宅交付，日本住宅装修设计与主体施工设计是一并考虑的，质量非常稳定。三是加大建筑空间的可变性，日本建筑一般采用框架结构，减少了剪力墙和室内承重墙的分隔，有利于大开间的布置，能满足长期结构质量安全使用的要求。四是选择适用的建筑体系，高层和超高层建筑主要以预制装配式混凝土结构为主，同时采用隔震和抗震技术，有效地保证了建筑的质量安全。

(3) 以“打包”方式整合建筑产业链

一是推广工程总承包模式，在装配式建筑项目中工程总承包单位可以有效地把设计、施工和采购等多方连接在一起，同时也把各类部品构件生产企业和工程施工企业进行“打包”。二是高度专业化分工和精细化管理，日本装配式建筑项目的工程总承包单位结合工程实际，制定详细的施工计划书，通过专业化分工和精细化管理，进行严密的网格式工程管理。

(4) 制定促进工业化建设的相关政策

为了推动住宅产业发展，通产省和建设省相继建立了“住宅体系生产技术开发补助金制度”及“住宅生产工业化促进补贴制度”。通过一系列财政金融制度引导企业,使其经济活动与政府制定的计划目标一致,使既定的技术政策得以实施。对于在建设中应用了实用化、产业化的新技术、新产品的企业,政府金融机构给予低息长期贷款。此外,还出台了“试验研究费减税制”“研究开发用机械设备特别折旧制”等政策。

2.1.3 英国装配式建筑的发展

1. 英国装配式建筑的发展历程

早期,为区别于传统现场建筑方式,通常将现场施工的工程量价值低于完工建筑价值的建造方式称为非现场建造方式。在英国,非现场建造方式不断推广,工厂预制建筑部件、现场施工装配的建造方式已广泛应用于建筑行业,逐步发展形成今天的装配式建筑。几乎所有新建的低层住宅都会使用预制屋架来搭建坡屋顶,也广泛采用工厂预制的木结构墙框架系统。英国非现场建造建筑的历史可以追溯到20世纪初,两次世界大战带来的巨大住宅需求以及随之而来的建筑工人紧缺,带动了规模化、工业化生产方式的发展。具体发展历程如图2.7所示。

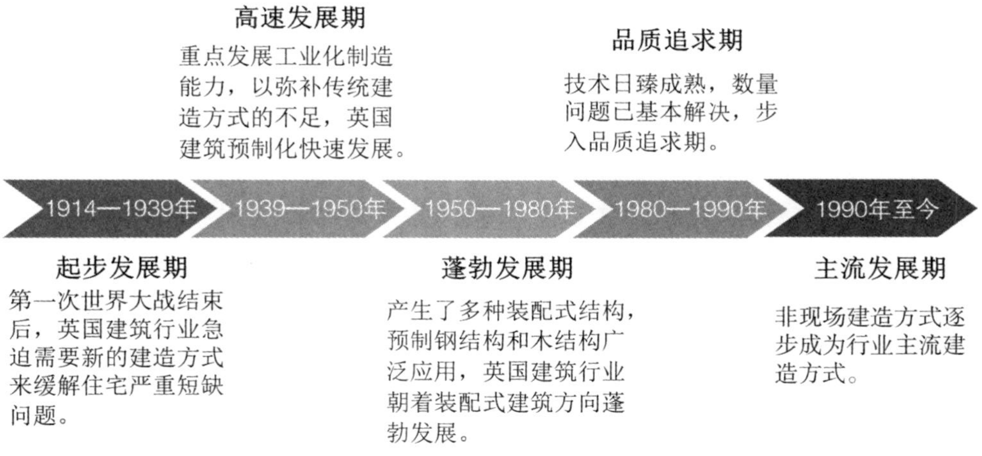

高速发展期
重点发展工业化制造能力,以弥补传统建造方式的不足,英国建筑预制化快速发展。

品质追求期
技术日臻成熟,数量问题已基本解决,步入品质追求期。

1914—1939年
1939—1950年
1950—1980年
1980—1990年
1990年至今

起步发展期
第一次世界大战结束后,英国建筑行业急迫需要新的建造方式来缓解住宅严重短缺问题。

蓬勃发展期
产生了多种装配式结构,预制钢结构和木结构广泛应用,英国建筑行业朝着装配式建筑方向蓬勃发展。

主流发展期
非现场建造方式逐步成为行业主流建造方式。

图 2.7 英国装配式建筑发展历程

(1) 1914—1939 年

这是起步发展期。第一次世界大战结束后,英国建筑行业极度缺乏技术工人和建筑材料,造成住宅严重短缺,急迫需要新的建造方式来缓解这些问题。1918—1939 年,英国共建造房屋 450 万套,开发了 20 多种钢结构房屋系统,但当时仅有5%的房屋采用现场搭建和预制混凝土构件、木构件以及铸铁构件相结合的方式完成建造。

(2) 1939—1950 年

这是高速发展期。战争结束后，钢铁和铝的生产过剩，其制造能力需要寻求多样化的发展空间。英国政府于 1945 年发布白皮书，重点发展工业化制造能力，以弥补传统建造方式的不足。多种因素共同促进了英国建筑预制化的发展，建造了大量装配式混凝土结构、木结构、钢结构和混合结构建筑。图 2.8 展示的是当时英国的预制房屋。

图 2.8　英国的预制房屋

(3) 1950—1980 年

这是蓬勃发展期，主要分为两个阶段：第一阶段是 1950—1970 年，英国产生了多种装配式结构，英国建筑行业朝着装配式建筑方向蓬勃发展，既有采用预制混凝土大板方式，也有轻钢结构或木结构的盒子模块结构，甚至产生了铝结构框架。第二阶段是 1970—1980 年，由于建筑设计流程的简化和效率的提高，钢结构、木结构以及混凝土结构体系得到进一步发展。其中，以预制装配式木结构为主，采用木结构墙体和楼板作为承重体系，内部围护采用木板，外侧围护采用砖或石头的建造方式得到广泛应用。

(4) 1980—1990 年

这是品质追求期。英国住宅的数量问题已基本解决，建筑行业发展一度陷入困境，住宅建造迈入提高品质阶段。与此同时，由于传统建造方式现场脏乱差及工作环境艰苦，导致施工行业年轻从业人员锐减，现场施工人员短缺，用工成本上升，私人住宅建筑商也开始发展装配式建筑。

(5) 1990 年至今

这是主流发展期。非现场建造方式逐步成为行业主流建造方式，集装箱式建筑是该时期代表(见图 2.9)。21 世纪初期，英国非现场建造方式的建筑、部件和结构每年的产值约占整个建筑行业市场份额的 2%，占新建建筑市场份额的 3.6%，并以每年 25%的比例持续增长，预制建筑行业发展前景良好。

图 2.9　英国的集装箱式建筑

2. 英国装配式建筑的特点

(1) 前期发展缓慢

在早期,英国面临着缺乏良好技术支持的困境,这导致许多装配式建筑项目存在质量问题,限制了装配式建筑在英国市场的发展,且装配式建筑在社会上的认知度较低,也缺乏足够的推广宣传和市场教育。因此,英国装配式建筑虽然得到了一定的发展,但因技术、用户对其的认识程度、社会发展程度等原因,其发展速度比较缓慢。

(2) 住宅市场发展不足

在英国,装配式方式建造住宅的应用广泛程度相对较低。一方面,住宅领域对多样性和灵活性的要求限制了装配式建造的适用性;另一方面,20 世纪 60 年代兴起的大规模产业化住宅建设案例在某种程度上影响了装配式建造的声誉,导致当时的产业化住宅在质量和可持续性方面存在一些缺陷,给人们留下了负面印象。

(3) 逐步集成化全产业链

英国逐步建立了一套严格的行业标准和认证体系。这些标准和认证涵盖了设计、制造、运输、安装等各个环节,并规定了质量、安全、可持续性等方面的要求。通过遵循共同的标准,整个产业链的参与者能够保持一致的质量水平。此外,英国除了关注开发、设计、生产与施工外,还注重扶持材料供应和物流等全产业链的发展,促进各参与方之间的协同合作。通过供应链上参与者的合作,确保构配件的设计、生产、运输和安装等环节的高效衔接,实现整个产业链的协同发展。

2.1.4　德国装配式建筑的发展

1. 德国装配式建筑的发展历程

德国建筑工业化起源于 20 世纪 20 年代,推动其发展的因素主要有两个方面:

一是社会发展因素，随着工业化和城市化发展进程推进，农村人口大量流向城市，需要以较低的造价迅速建设大量住宅、办公楼和厂房等建筑；二是建筑审美因素，建筑设计界摒弃古典建筑形式及其复杂的装饰，崇尚极简的新型建筑美学，尝试新型建筑材料(混凝土、钢材、玻璃)的表现力。标准化预制混凝土大板建造技术能够缩短建造时间、降低造价，因此应运而生。在城市功能分区思想指导下，建设大规模居住区，促进了建筑工业化的应用。具体发展历程如图 2.10 所示。

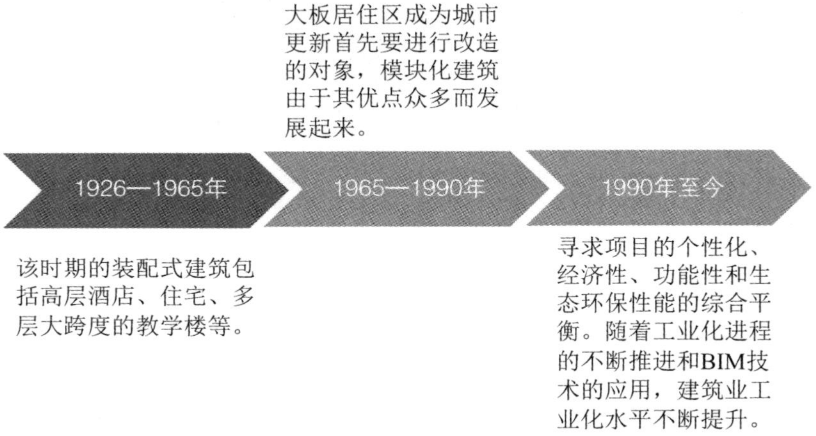

大板居住区成为城市更新首先要进行改造的对象，模块化建筑由于其优点众多而发展起来。

1926—1965年	1965—1990年	1990年至今
该时期的装配式建筑包括高层酒店、住宅、多层大跨度的教学楼等。		寻求项目的个性化、经济性、功能性和生态环保性能的综合平衡。随着工业化进程的不断推进和BIM技术的应用，建筑业工业化水平不断提升。

图 2.10　德国装配式建筑发展历程

(1) 1926—1965 年

大板建筑是指以钢筋混凝土为主要材料，集中预制混凝土构件并进行现场安装的建筑，一般尺寸和自重较大。世界上最早的大板建筑是 1926—1930 年在柏林建造的战争伤残军人住宅区。该项目采用预制混凝土多层复合板材构件，构件最大重量达 7 t(吨)。德国在第二次世界大战期间建设的装配式建筑包括高层酒店、住宅、多层大跨度的教学楼等，至今仍然发挥着重要的作用。柏林施普朗曼居住小区是德国最早的预制混凝土建筑(见图 2.11)，柏林亚历山大广场是大板住宅(见图 2.12)。

(2) 1965—1990 年

第二次世界大战结束以后，由于受到战争破坏和大量战争难民回归本土，德国住宅严重紧缺。德国用预制混凝土大板技术建造了大量住宅，这些大板建筑为解决当时的住宅紧缺问题做出了贡献。模块化建筑采用木结构或钢结构作为骨架，将卧室、客厅、厨房、卫生间等按照设计需求并结合相关模数尺寸定制为一系列功能性模块(包括厨房和卫生间的水电)，像一个个集装箱直接运到工地现场(见图 2.13)，通过预埋件的拼插焊接拼接成一栋建筑。

图 2.11 柏林施普朗曼居住小区

图 2.12 柏林亚历山大广场

图 2.13 预制构件运输

(3) 1990年至今

德国的公共建筑、商业建筑、集合住宅项目大都因地制宜，根据项目特点，选择现浇与预制构件混合建造体系或钢混结构体系建设实施，并不追求高比例装配率，而是通过策划、设计、施工各个环节的精细化过程，寻求项目的个性化、经济性、功能性和生态环保性能间的综合平衡。随着工业化进程的不断推进和BIM(Building Information Modeling，建筑信息模型)技术的应用，建筑工业化水平不断提升，采用工厂预制、现场安装的建筑部品愈来愈多，占比愈来愈大。目前，德国小住宅(独栋和双拼)是采用预制装配式建造形式最广泛的领域。这类轻型小住宅，多以钢结构或木结构作为主体结构，墙体和屋面采用玻璃、塑料、木材等轻型美观的材料，使住宅轻型、舒适、环保、美观，能满足住户的个性化需求。

2. 德国装配式建筑的特点

(1) 大板建筑应用范围广

虽然大板建筑今天饱受诟病，但在当时符合德国的社会意识形态，人人平等，整齐划一。采用预制混凝土大板技术建造的工业化住宅，功能基本合理，拥有现代化的采暖和生活热水系统、独立卫生间，居住较为舒适。加上政府财政补贴，工业化住宅租金并不高，受到当地居民的欢迎。

(2) 装配式住宅与节能标准相互融合

德国是世界上建筑能耗降低幅度最大的国家，并且近几年提出了零能耗的被动式建筑。从大幅度的节能到被动式建筑，德国采取了装配式建筑来推动实施，这就需要装配式住宅与节能标准之间相互融合。一方面，高校、研究机构和企业共同研发，为装配式建筑的发展提供技术支持；另一方面，施工企业与机械设备供应商密切合作，确保机械设备、材料和物流的先进性。

2.1.5 新加坡装配式建筑的发展

1. 新加坡装配式建筑的发展历程

新加坡是世界上公认的住宅问题解决较好的国家，其住宅多采用建筑工业化技术建造。其中，住宅政策及装配式住宅发展理念是促使其工业化建造方式得到广泛推广、工业化建造技术得以提升的主要原因。具体发展历程如图2.14所示。

(1) 20世纪70年代

早期的装配式技术仅仅使用在预制管涵、预制桥梁构件上。20世纪70年代早期，新加坡建屋发展局(Housing Development Board，HDB)开始逐渐将装配式建筑理念引入住宅工程，并称之为建筑工业化。

(2) 20世纪80年代

新加坡开始引进预制技术，采用预制工法的构件主要有框架梁、墙体、楼板、垃圾槽以及楼梯。比起传统的现浇方案，预制技术显著降低了建筑成本，新加坡地产公司也逐渐开始尝试这种新兴建筑理念。

外国承建商开始向新加坡引进预制技术，新加坡的公司也逐渐开始尝试这种新兴建筑理念。

20世纪70年代

20世纪80年代

20世纪90年代至今

新加坡建屋发展局开始逐渐将装配式建筑理念引入住宅工程。

新加坡的装配式住宅已颇具规模,装配式政府组屋发展迅速。

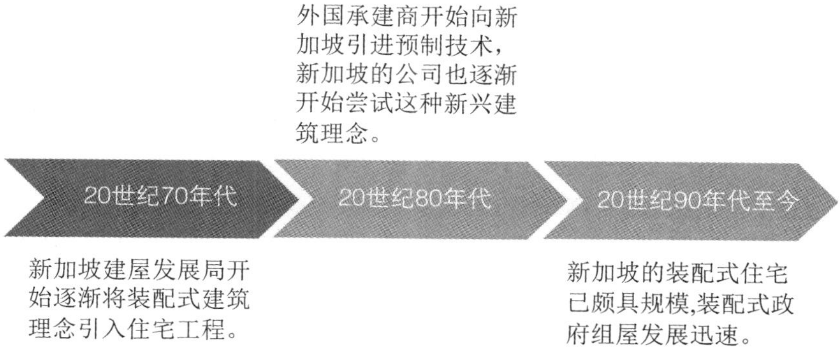

图 2.14 新加坡装配式建筑发展历程

(3) 20 世纪 90 年代至今

新加坡的装配式住宅已颇具规模，装配式政府组屋发展迅速，逐步实现“居者有其屋”的住房计划。图 2.15 所展示的是 2016 年新加坡皇冠假日酒店的预制构件吊装安装施工现场。

图 2.15 新加坡皇冠假日酒店的预制构件吊装安装施工现场

2. 新加坡装配式建筑的特点

(1) 响应“居者有其屋”政策，引进装配式住宅

新加坡的装配式建筑，始于政府多快好省地建设保障性住房的需求，建屋发展局于 20 世纪 80 年代始将装配式建筑理念引入住宅工程，也因政府“居者有其屋”这一住房保障政策而使其在全国全面普及。

(2) 规范引导结合物质激励，推动行业提质增效

装配式建筑的健康发展离不开政府制定的标准化规范以及恰当的产业政策。由于新加坡本国工人短缺，严重依赖外籍劳务，而半熟练和低成本的外籍劳务导致了建筑业生产率过低，工程质量也难以保证。因此，在提升施工效率和质量的同时，施工过程应尽可能简化，使劳动力供给不成为建筑工业化的短板。新加坡为此制定了易建性、强制性规范和大量奖励性计划来推动企业节省劳动力、提质增效。

(3) 从 PC 到 PPVC，政企共筑产业升级合力

历经半个世纪的发展，PC 建筑已全面普及，但新加坡并未止步于此。在 2010 年和 2014 年，政府相继颁布了两个建筑生产力路线图，分别提出综合模块化集成建设与预制厂建设规范、预制构件制造与装配设计规范。2017 年，建屋发展局推出行业蓝图，推行 DfMA(Design for Manufacturing & Assembly，面向制造和装配的设计)技术，PPVC(Prefabricated Pre-finished Volumetric Construction，预制预装修厢式建筑)技术属于 DfMA 这一转型计划的前沿。

2.1.6 经验借鉴与启示

1. 模数化设计作为装配式设计基础

建筑工业化的发展方向应该是工厂化、工具化、工业化、产业化的全面推进。建筑工业化是建立在标准化之上的，这就需要对住宅户型进行模数化设计，这样易于装配式预制构件的拆分、构件尺寸的选取和节点的设计。应因地制宜地选择合适的建造体系，发挥建筑工业化的优势，而不是盲目追求预制率水平。

2. 以节约生产力、节约材料工期为创新发展方向

中国推广装配式建筑的根本目的是提高建筑产品质量、加强建筑的环保和可持续性，要大幅提高建筑材料、部品、成品的质量标准要求和生产、建造、安装过程中的环保要求，达到提升建筑品质和环保性能的目的。目前，中国劳动力平均年龄老化，劳动力价格日趋高涨，节约生产力必须引起重视。相关部门应当对有创新贡献的企业进行鼓励，提高企业的创新积极性，而企业也应当肩负起提高工人技能、提升生产效率的重任。

3. 完善的配套政策制度

尽管国情不同，但不同国家建筑行业面临的问题和挑战有很多共通之处。从政府角度，除了履行政策制定的职责外，更应当支持和保护对非现场建造体系发展的投资与尝试，包括：

① 对于进行装配式建造设计与体系开发的投资者提供税收优惠。

② 政府主管部门与行业协会合作,完善房屋自建体系,促进非现场建造方式的尝试与实践。

③ 监控用地规划与分配系统,在房屋土地的供给方式和产权方面支持非现场建造房屋的推广。

④ 基于推进绿色节能住宅的政策和措施,以对建筑品质、性能的严格要求促进行业向新型建造模式转变。

⑤ 根据装配式建筑行业的专业技能要求,建立专业水平和技能的认定体系。

⑥ 除了关注设计、建造和开发外,还应注重扶持供应商和物流建设等全产业链的发展。

2.2 我国装配式建筑的发展

2.2.1 我国装配式建筑的发展历程

我国装配式建筑的起源可追溯到20世纪50年代,在70年代被大量推广应用,而80年代中期以后装配式建筑逐渐被大众所淡忘,工程师也只在极少量的高层建筑中采用了叠合梁、板结构。其间,我国在设计标准化、构件生产工业化、施工机械化等方面做了许多努力,装配式建筑类型也日益增多,并在大型砌块装配式住宅、装配式大板、装配整体式框架结构、框架轻板、工业厂房等装配式建筑方面取得了可贵的经验,初步形成了符合我国国情的装配式建筑形式。中国装配式建筑的发展历程大致可分为5个阶段(如图2.16所示)。

1. 1950—1978年

这是探索萌芽期。通过借鉴苏联以及东欧各国的相关经验,装配式建筑逐渐发展起来。国务院于1956年发布了《关于加强和发展建筑工业的决定》,提出"三化"发展方针,即设计标准化、构件生产工业化和施工机械化,标志着我国首次明确建筑工业化的发展方向。在此方针政策的指引下,全国各地预制构配件厂如雨后春笋般出现,逐步开展装配式建筑的探索。预制梁柱、空心楼板、预制屋架等构件得到大量使用,大型砌块、楼板、墙板等结构构件的施工技术也发展起来。1973年建成的天坛小区采用的就是装配式建造方式(见图2.17)。在这一阶段,由于资金缺乏、技术手段不足、科研滞后,该阶段所探索建造的装配式建筑存在一些质量问题。

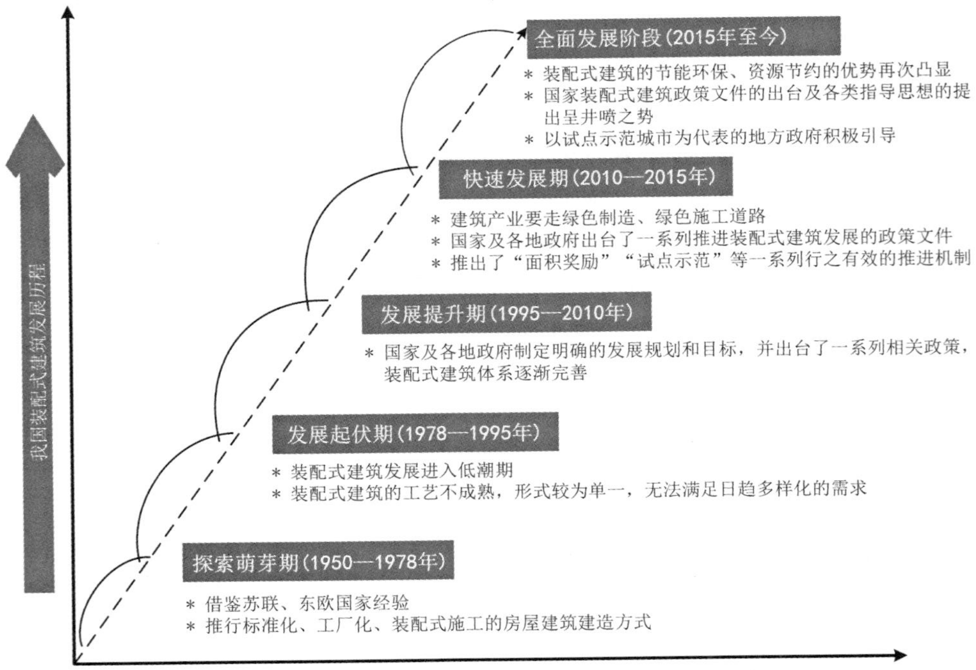

我国装配式建筑发展历程

全面发展阶段(2015年至今)

* 装配式建筑的节能环保、资源节约的优势再次凸显
* 国家装配式建筑政策文件的出台及各类指导思想的提出呈井喷之势
* 以试点示范城市为代表的地方政府积极引导

快速发展期(2010—2015年)

* 建筑产业要走绿色制造、绿色施工道路
* 国家及各地政府出台了一系列推进装配式建筑发展的政策文件
* 推出了“面积奖励”“试点示范”等一系列行之有效的推进机制

发展提升期(1995—2010年)

* 国家及各地政府制定明确的发展规划和目标，并出台了一系列相关政策，装配式建筑体系逐渐完善

发展起伏期(1978—1995年)

* 装配式建筑发展进入低潮期
* 装配式建筑的工艺不成熟，形式较为单一，无法满足日趋多样化的需求

探索萌芽期(1950—1978年)

* 借鉴苏联、东欧国家经验
* 推行标准化、工厂化、装配式施工的房屋建筑建造方式

图 2.16　我国装配式建筑发展历程

图 2.17　天坛小区(1973 年)

2. 1978—1995年

这是发展起伏期。改革开放后，在市场经济体制下，住房需求大幅提升，建筑业逐渐兴起，图2.18所展示的是当时北京市住宅壁板厂内景。但由于装配式建筑的工艺不成熟，形式较为单一，无法满足日趋多样化的需求。与此同时，现浇施工技术发展较为成熟，更加受到开发商的青睐，近乎全面占领了国内住宅建筑市场，而装配式建筑失去与之竞争的能力，发展停滞不前。

图2.18　北京市住宅壁板厂内景(1983年)

3. 1995—2010年

这是发展提升期。1996年以后，我国的经济发展已经取得了不错的成效，城市化进程不断加快。此时，现浇建筑污染大、功效低、资源浪费等问题逐渐显露，而装配式建筑将大量的部品部件放在工厂流水线上制造，操作规范，生产效率更高。图2.19所展示的是传统建筑施工现场和预制装配式建筑施工现场的对比图。于是，我国设立了住宅产业化促进中心，用于研究和推动装配式住宅的建设发展。1999年，国务院出台《关于推进住宅产业现代化提高住宅质量的若干意见》，成为我国进行住宅产业化工作的纲领性文件。在此期间，我国逐步开展并完善了住宅产业化示范基地和住宅产业化试点城市建设模式，加强以点带面和示范带动工作，装配式建筑发展迎来了新的机遇。国家及各地政府制定明确的发展规划和目标，并出台了一系列相关政策，装配式建筑体系逐渐完善。总体来看，这15年来装配式建筑的发展虽然重新得到了重视，但其发展速度依旧相对缓慢。

图 2.19　传统建筑与装配式建筑施工现场的对比

4. 2010—2015 年

这是快速发展期。党的“十八大”提出走新型工业化道路，建筑产业要走绿色制造、绿色施工道路，建筑业相关技术和服务模式要进行转型升级，这是装配式建筑发展的历史新机遇。在此背景下，国家及各地政府相继出台推进装配式建筑发展的政策文件，推出了“面积奖励”“税收优惠”“资金扶持”“试点示范”“宣贯引导”等一系列行之有效的推进机制，产业链中的市场主体也积极参与，共同推进装配式建筑朝着健全行业运行机制、形成良性市场互动的方向发展。图 2.20 所展示的是 2015 年中粮万科假日风景住宅小区。

图 2.20　中粮万科假日风景住宅(2015 年)

5. 2015 年至今

这是全面发展阶段。随着我国城市化进程的加快、经济的不断增长、发展理念的逐渐转变,建筑业对生态环境、可持续性愈发重视。装配式建筑的节能环保、资源节约的优势再次凸显。2015 年底,中央城市工作会议提出,通过推广"五化一体"为特征的装配式建筑,推动建造方式创新和建筑业转型升级。此后,国家陆续出台装配式建筑政策文件,以试点示范城市为代表的地方政府积极引导,因地制宜探索装配式建筑的发展方向,有力推进了装配式建筑项目的落地实施。

2.2.2 我国装配式建筑的发展现状

2016 年以来,国务院出台《关于大力发展装配式建筑的指导意见》等系列文件,明确提出"力争用 10 年左右的时间使装配式建筑占新建建筑的比例达到 30%"的具体目标,文件要求以京津冀、长三角、珠三角三大城市群为重点地区促进装配式建筑的推广。2017 年住房和城乡建设部(以下简称"住建部")颁发《"十三五"装配式建筑行动方案》《装配式建筑示范城市管理办法》《装配式建筑产业基地管理办法》三大文件,标志着发展装配式建筑已上升到国家战略层面。2022 年1 月住建部印发了《"十四五"建筑业发展规划》,指出"十四五"期间装配式建筑占新建建筑的比例要达到 30%以上,培育一批智能建造和装配式建筑产业基地。

经过多年的实践积累,装配式建筑形成了多种类型的技术体系。住建部发布了《装配式住宅建筑检测技术标准》(JGJ/T 485—2019)、《装配式建筑用墙板技术要求》(JG/T 578—2021)、《装配式内装修技术标准》(JGJ/T 491—2021)等标准,科学引导各地装配式技术的发展方向。31 个省、自治区、直辖市相继出台装配式建筑相关标准规范,为装配式建筑发展提供了扎实的技术支撑。

2017—2021 年,受房地产行业发展速度放缓等因素的影响,我国装配式建筑新开工面积增速有所下降,但总体仍呈现出持续增长的态势。2021 年装配式建筑行业新开工建筑面积达 7.4 亿 m^2,较 2020 年上涨 17.69%。据 CCPA(中国混凝土与水泥制品协会)统计,2022 年上半年全国新开工装配式建筑占新建建筑面积的比例超过 25%,装配式建筑建设面积累计达到 24 亿 m^2(如图 2.21 所示)。

2.2.3 我国装配式建筑发展中的主要问题

受各种因素影响,我国装配式建筑发展也遇到一些瓶颈,发展进程较为缓慢,主要表现在以下几方面:

1. 深化设计程度不足

装配式建筑的核心理念在于标准化设计、工厂化生产和装配化施工,它对设计的要求比较高。目前装配式建筑设计环节和施工环节相对割裂、设计环节与产业链脱节等问题仍未得到彻底解决。传统设计人员主要以施工图设计为主，对延伸的装配式深化设计工作介入较少，缺乏工厂生产、构件运输、现场吊装和现场施工等关键环节的知识储备。部分设计人员存在重构件拆分和深化详图设计，轻技术统筹规划和方案设计，重预制混凝土构件应用，轻装配式部品部件、围护体系及内装工业化应用的现象。

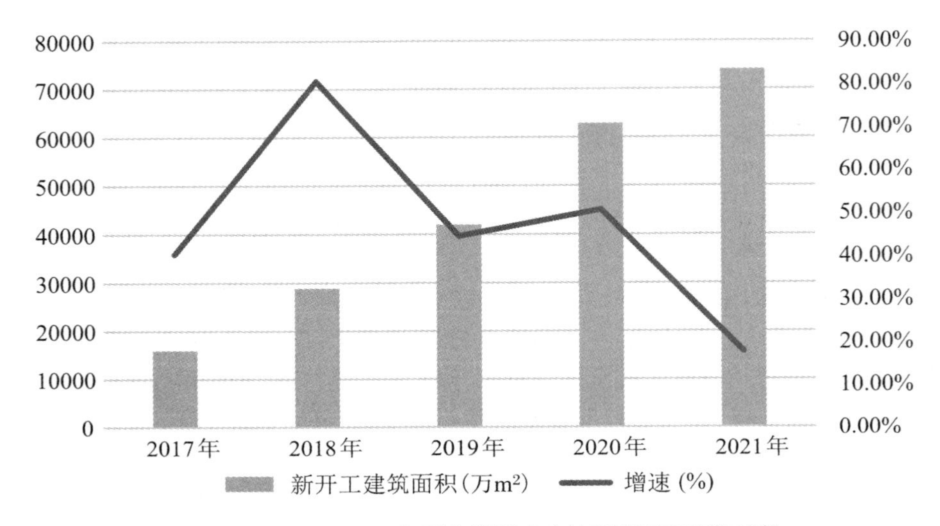

图 2.21　2017—2021 年国内装配式建筑新建面积变化趋势

2. 信息化发展滞后

装配式建筑是建筑信息化发展的重要载体。目前，BIM 技术虽有一定的实践应用，但总体上推进缓慢，基本上还停留在设计或模拟、展示层面，缺少对设计、生产、物流、施工全产业链的统筹应用。多数地区未建立信息化管理平台，信息化、智能化总体水平偏低。

3. 人才结构性短缺

装配式建筑施工增加了专业构件吊装、套筒灌浆、装配模板拆装等工作需求，从业人员的工种要求也随之发生了变化。但由于现有设计、施工、监理等从业人员相关技能知识和实践经验不足，导致装配式建筑领域人才紧缺。同时，装配式建筑人才培育机制尚未健全，各类培训缺乏系统性，特别是全日制的专业人才培育相对匮乏，高等院校、专职学校尚缺乏相关专业课设置，导致装配式建筑发展后备人才不足。人才短缺已成为制约装配式建筑高质量发展的主要瓶颈。

4. 地区发展不均衡

近年来，装配式建筑重点推进地区和鼓励推进地区之间在产业规模、技术能力、人才储备等方面的差距逐渐拉大。同时，各地执行的标准水平差异较大，导致项目水平参差不齐。截至 2020 年，北京市、山东省装配式建筑的采纳率在全国领先，居第一梯队位置，分别占全国装配式建筑项目的 16%和 15%；第二梯队则是上海、江苏、湖北和浙江地区，其装配式建筑项目占比分别为 14%、13%、7%和 6%；剩下的地区装配式建筑项目总占比为 29%（如图 2.22 所示）。

5. 标准化程度低

由于设计环节缺乏标准化和模数化的理念指导，导致实际应用中不同规格尺寸的构件较多，模具用量大，通用化生产水平低，生产、堆放、运输、安装等各个环节的管理相对困难，生产效率低，模具摊销成本和人工成本高。装配式建筑构件标准化、模数化程度较低，现阶段各环节标准化的落地实施还未能充分体现。虽然国内企业在装配式建筑标准制定环节做了大量工作，但离真正将标准融入企业的标准化发展还存在一定距离。

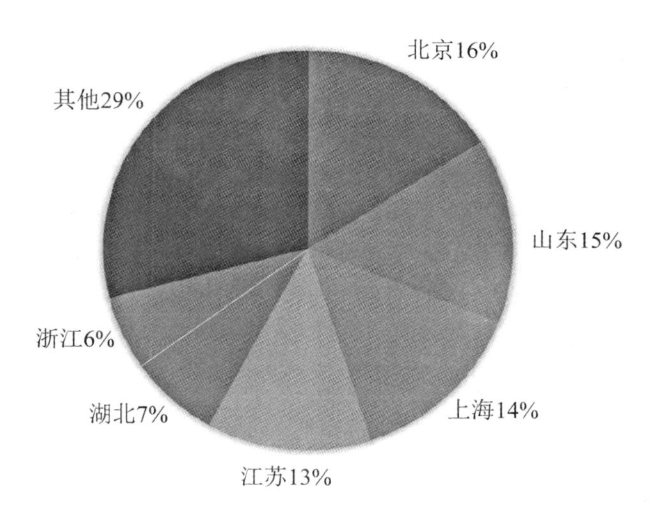

图 2.22　国内装配式建筑项目地区分布情况

6. 建设模式创新不够

装配式建筑是一个系统工程，其设计、生产、施工等产业链环节相互渗透、相互影响，适宜采用 EPC（Engineering-Procurement-Construction，设计-采购-施工）工程总承包的方式进行有效整合。目前，装配式建筑项目的 EPC 工程总承包管理水平也有待提升，多数地区工程总承包相关政策尚不完备，具有承接工程总承包项目能力的企业数量不足，全产业链各环节协同不足，难以实现预期项目效益。

第3章 装配式建筑政策分析与评价标准

政策驱动是推进装配式建筑发展的重要方式。装配式建筑是一种新型建造技术,在前期推广过程中由于市场规模小、成本较高等问题导致规模效应较难实现,市场调控推动功能受限,需要政府出台强有力的政策促进其发展。迄今为止,我国绝大多数省区市都出台了推动装配式建筑发展的政策文件,措施内容涉及行政、经济、技术、建设环节等各个方面,但这些文件在各地产生的效果并不相同。通过对政策措施的客观分析与评价,对激励装配式建筑产业链各类企业的积极性、促进我国装配式建筑平稳健康发展具有重要意义。

3.1 政策梳理

3.1.1 国家政策

在节能环保的大环境下,由于装配式建筑具有缩短现场建造时间、减少材料浪费、减少人工作业和现场湿法作业的优势,受到了国家政策的大力支持。我国政府自20世纪90年代以来,就开始加强对建筑产业现代化的研究,并大力推行建筑产业化示范城市建设,不断完善顶层设计,为装配式建筑的发展提供了动力和保障。

国家对装配式建筑行业的支持政策经历了"逐步建立建筑市场体系"到"积极发展建筑业"再到"推广绿色建筑和先进材料"的变化。"十三五"规划中,我国首次提出"推广装配式建筑","十四五"规划中再次明确"发展智能建造,推广装配式建筑"的重要任务。2006—2022年,中共中央、国务院、住建部、科技部、工信部等多部门陆续印发了支持装配式建筑行业的发展政策和指导意见,如图3.1所示。

通过对国家政策的汇总整理可知,所有政策大致可分为两类:

(1) 支持类政策

如大力发展绿色建筑,推广装配式建筑、节能门窗、绿色建材、绿色照明,全面推行绿色施工;推动建立以标准部品为基础的专业化、规模化、信息化生产体系;加快推动新一代信息技术与建筑工业化技术的协同发展,在建造全过程加大BIM、

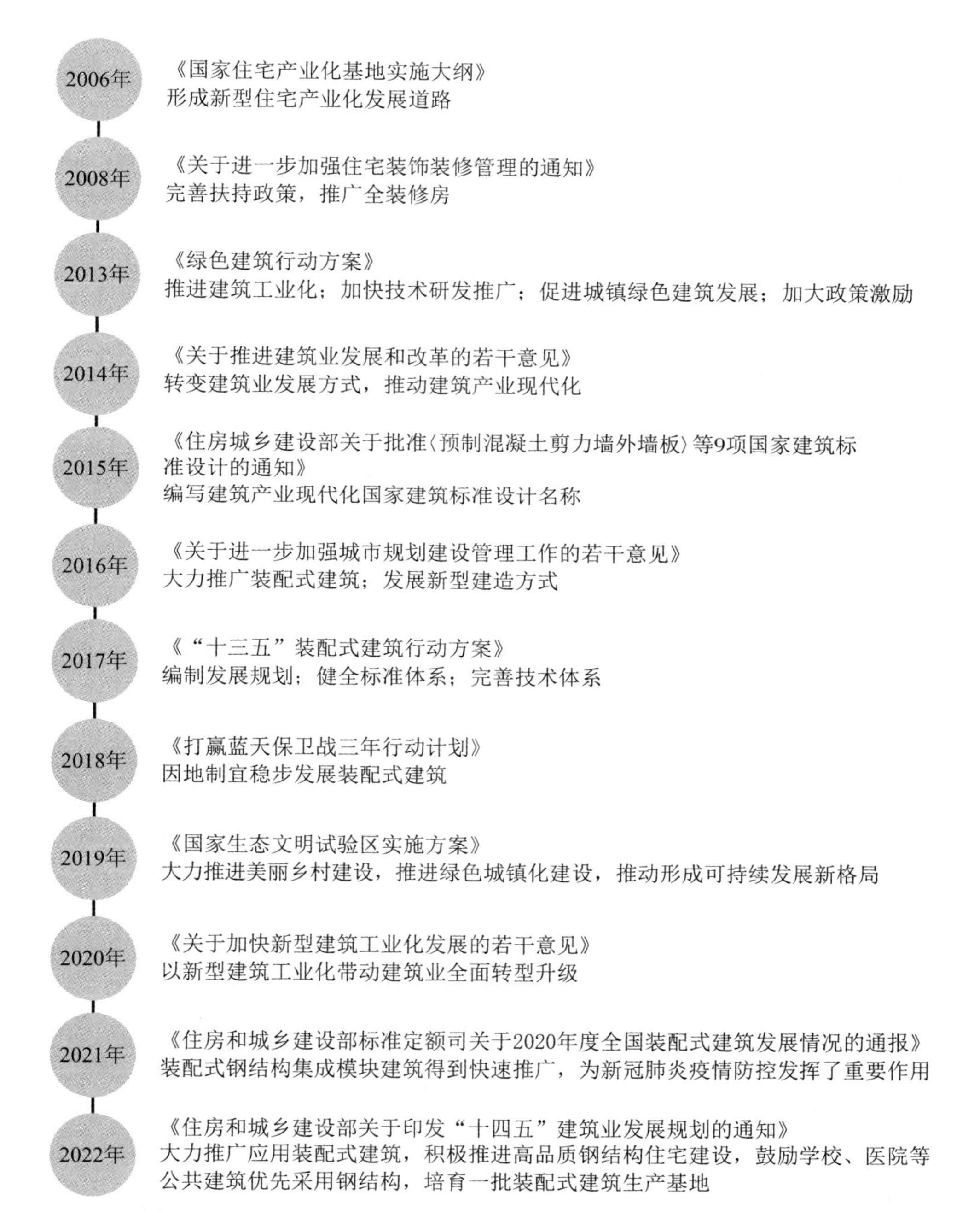

图 3.1 有关装配式建筑的国家政策文件

互联网、物联网、大数据、云计算、移动通信、人工智能、区块链等新技术的集成与创新应用等。

(2) 规范类政策

如鼓励新型冠状病毒肺炎应急救治设施优先采用装配式建造方式，新建工程项目宜采用整体式、模块化结构，结构形式选择优先考虑轻型钢结构等装配式建筑；提出装配式建筑施工员的定义以及主要工作任务；对装配式建筑技术标准做出规范等。

3.1.2 地方政策

为了促进装配式建筑的发展，各地也相继出台了装配式建筑发展政策。北京、深圳、上海等地积极响应国家号召，纷纷制定政策以促进装配式建筑的发展。以下收集并整理了地方政府发布的关于装配式建筑发展的相关政策，见表3.1。

表3.1　各地装配式建筑相关政策

	政策文件	主要内容
北京	北京市住房和城乡建设委员会《关于印发〈北京市绿色建筑创建行动实施方案(2020—2022年)〉的通知》(京建发〔2021〕168号)	稳步推进装配式混凝土结构发展，大力推广钢结构建造方式，新建公共建筑原则上采用钢结构。2022年，实现装配式建筑占新建建筑面积比例达到35%以上
天津	天津市住房和城乡建设委员会《市住房城乡建设委关于印发天津市绿色建筑发展"十四五"规划的通知》(津住建科〔2021〕19号)	合理布局装配式建筑，完善产业链建设，做好整体布局，建设产业平台，加大推广力度
上海	《上海市住房和城乡建设管理委员会关于印发〈上海市装配式建筑"十四五"规划〉的通知》(沪建建材〔2021〕702号)	通过政府引导和市场调节，到2025年，完善适应上海特点的装配式建筑制度体系、技术体系、生产体系、建造体系和监管体系，使装配式建筑成为上海地区的主要建设方式
河北	河北省住房和城乡建设厅《关于印发〈河北省新型建筑工业化"十四五"规划〉的通知》(冀建节科〔2021〕4号)	到2025年，城镇新建绿色建筑占当年新建建筑面积比例达到100%，新建装配式建筑占当年新建建筑比例达到30%

续表

	政策文件	主要内容
河南	《河南省住房和城乡建设厅等十部门关于印发河南省完善质量保障体系提升建筑工程品质实施意见的通知》(豫建质安〔2020〕396号)	充分体现绿色发展的理念,协同推进装配式建筑与绿色建筑、超低能耗建筑;突出装配式建筑优势和特点,推行装配式内装,推广新型建造方式;开展装配式超低能耗建筑工程示范,开展钢结构装配式住宅建设试点,研究实践装配式农房建设
辽宁	辽宁省住房和城乡建设厅等7部门《关于印发〈辽宁省新型城市基础设施建设实施方案〉的通知》(辽住建〔2021〕35号)	到2025年底,全省装配式建筑占新建建筑面积比例达到30%。全省智能建造与建筑工业化政策体系和技术体系基本建立,建筑工业化、数字化、智能化水平显著提高,培养一批智能建造优势企业
黑龙江	《黑龙江省住房和城乡建设厅关于印发黑龙江省"十四五"城镇住房发展规划和黑龙江省"十四五"建筑业发展规划的通知》(黑建函〔2021〕283号)	提高住宅绿色建筑、装配式建筑和全装修比重;推行装配式和全装修住宅。在权限范围内,进一步研究制定并落实好装配式建筑和全装修建筑在建设、经营等环节的税费减免和财政补贴政策,充分发挥财政资金的杠杆作用
吉林	吉林省住房和城乡建设厅《关于印发〈吉林省绿色建筑创建实施方案〉的通知》(吉建联发〔2020〕57号)	2022年,当年城镇新建建筑中绿色建筑面积占比达到70%,到2025年,当年城镇新建建筑中绿色建筑面积占比达到80%。国有资金投资(以国有资金投资为主)的体育、教育、文化、卫生等公益性建筑、保障性住房、棚户区改造及市政基础设施等项目应率先采用装配式建筑。提升装配式施工水平,大力发展全装修,推行工程总承包模式,确保工程质量安全
内蒙古	《内蒙古自治区政府办公厅关于促进新型建筑工业化绿色发展的实施意见》(内政办发〔2021〕41号)	到2025年,全区装配式建筑占当年新建建筑面积比例力争达到30%,其中,呼和浩特市、包头市主城区达到40%,其他盟市所在地主城区力争达到20%以上;到2030年,全区装配式建筑占当年新建建筑面积比例达到40%

续表

	政策文件	主要内容
山东	《山东省人民政府关于印发山东半岛城市群发展规划的通知》(鲁政发〔2021〕24号)	到2025年,累计新增绿色建筑面积5亿平方米以上,新开工装配式建筑占新建建筑比例达到40%
山西	山西省住房和城乡建设厅《关于印发〈山西省绿色建筑创建行动方案〉的通知》(晋建科字〔2020〕134号)	2022年全省当年新开工装配式建筑600万平方米,装配式建筑占新建建筑面积的比例达到21%
安徽	安徽省住房和城乡建设厅《关于印发〈安徽省“十四五”城市住房发展规划〉等10个专项规划的通知》(建综函〔2021〕1165号)	到2025年,各设区的市培育或引进设计、施工一体化企业不少于3家,培育一批集设计、生产、施工于一体的装配式建筑企业,产能达到5000万平方米,装配式建筑占到新建建筑面积的30%
江苏	江苏省住房和城乡建设厅《省住房城乡建设厅关于印发江苏省建筑业“十四五”发展规划的通知》(苏建建管〔2021〕110号)	“十四五”期间,新开工装配式建筑占同期新开工建筑面积比达50%,成品化住房占新建住宅70%,装配化装修占成品住房30%
浙江	《浙江省人民政府办公厅关于推动浙江建筑业改革创新高质量发展的实施意见》(浙政办发〔2021〕19号)	到2025年,要加快推行以机械化为基础、装配式建造和装修为主要形式、信息化和数字化手段为支撑的新型建筑工业化,装配式建筑占新建建筑比例达到35%,钢结构建筑占装配式建筑比例达到40%
陕西	《陕西省住房和城乡建设厅等部门关于推动智能建造与新型建筑工业化协同发展的实施意见》(陕建发〔2021〕1016号)	到2025年,新型建筑工业化政策体系和产业体系基本建立,装配式建筑占新建建筑的比例30%以上,城市中心城区住宅建筑实施全装修,使新型建筑工业化的开发、设计、施工、监理和生产企业、设备、技术、人才等综合能力得到显著提升
甘肃	《甘肃省人民政府办公厅关于印发〈甘肃省新型城镇化规划(2021—2035年)〉的通知》(甘政办发〔2021〕94号)	推行低碳化生产生活方式。积极发展光伏、光热和风能利用等分布式能源,推行多能互补、安全清洁的城市供热供冷体系。推广绿色建材、装配式建筑和钢结构住宅,支持建设超低能耗和近零能耗建筑,建设低碳城市

续表

	政策文件	主要内容
青海	《青海省住房和城乡建设厅等部门印发〈关于推动智能建造与新型建筑工业化协同发展的实施意见〉的通知》(青建工〔2021〕330号)	到2025年,西宁市、海东市装配式建筑占新建建筑的比例在20%以上,其他各州装配式建筑占新建建筑的比例在10%以上
宁夏	中共宁夏回族自治区住房和城乡建设厅党组《关于印发〈2022年全区住房城乡建设工作要点〉的通知》(宁建党发〔2022〕9号)	推动宁夏装配式建筑提标扩面,年内新建建筑中装配式建筑面积占比达到15%
福建	《福建省住房和城乡建设厅等9部门关于加快推动新型建筑工业化发展的实施意见》(闽建筑〔2021〕20号)	到2025年,全省实现装配式建筑占新建建筑的建筑面积比例达到35%
江西	江西省住房和城乡建设厅《关于印发江西省"十四五"住房城乡建设发展规划的通知》(赣建计〔2021〕42号)	到2025年,装配式建筑新开工面积占新建建筑总面积的比例达到40%
湖北	湖北省发展和改革委员会《省发改委关于印发〈湖北省长江经济带绿色发展"十四五"规划〉的通知》(鄂发改长江〔2021〕361号)	大力发展装配式建筑,培育一批装配式建筑设计、施工、部品部件规模化生产企业和工程总承包企业
湖南	《湖南省发展和改革委员会印发〈湖南省"十四五"新型城镇化规划〉的通知》(湘发改规划〔2021〕661号)	加快新型建筑工业化发展,推广新型绿色建造方式,大力发展装配式建筑。提高绿色建材应用比例,加快推进绿色建材产品评价认证,推进既有建筑绿色化改造
新疆	新疆维吾尔自治区住房和城乡建设厅等16部门联合印发《关于进一步推进自治区装配式建筑发展的若干意见》(新建建〔2021〕14号)	2025年,全区装配式建筑占新建建筑面积的比例达到30%。到2025年,全区新增5个国家级和15个自治区级装配式建筑产业基地,新建示范项目100个,形成涵盖装配式建筑设计、部品构件生产加工、施工安装、竣工验收、后期运营管理全过程的装配式建筑地方标准体系

续表

	政策文件	主要内容
西藏	西藏自治区住房和城乡建设厅发布《西藏自治区建筑业发展“十四五”规划》	加快推进装配式建筑和绿色建筑发展，到2025年，城镇每年新开工装配式建筑占当年新建建筑的比例达到30%
云南	《云南省住房和城乡建设厅关于印发〈云南省“十四五”建筑业发展规划〉的通知》(云建建〔2021〕158号)	到“十四五”末，城镇装配式建筑和采用装配式技术体系的建筑占新开工建筑面积比重预期达30%
贵州	《贵州省住房城乡建设厅关于印发〈贵州省“十四五”建设科技与绿色建筑发展规划〉的通知》(黔建科通〔2021〕95号)	力争到2025年底装配式建筑占城镇新建建筑比例达30%
重庆	《重庆市经济和信息化委员会关于印发〈重庆市现代建筑产业发展“十四五”规划(2021—2025年)〉的通知》(渝建发〔2021〕17号)	到2025年，装配式建筑占全市新建建筑面积达到30%
四川	《四川省住房和城乡建设厅关于印发〈提升装配式建筑发展质量五年行动方案〉的通知》(川建建发〔2021〕110号)	到2025年，全省新开工装配式建筑占新建建筑40%，装配式建筑单体建筑装配率不低于50%，建成一批A级及以上高装配率的绿色建筑示范项目
广东	《广东省住房和城乡建设厅关于印发〈广东省建筑业“十四五”发展规划〉的通知》(粤建市〔2021〕233号)	到2025年，珠三角地区城市装配式建筑占新建建筑面积比例达到35%，常住人口超过300万的粤东西北地级市中心城区达到30%，其他地区达到20%
广西	广西壮族自治区住房和城乡建设厅《自治区住房城乡建设厅关于征求〈广西新型建筑工业化发展“十四五”专项规划〉(征求意见稿)意见的函》(编号:20211158)	到2025年，形成一批研发能力强、掌握核心技术、具有自主创新能力、有能力辐射东盟和华南、西部省份的新型建筑工业化领军企业，全区装配式建筑项目建筑面积占新建建筑面积的比例达到30%
海南	《海南省住房和城乡建设厅关于印发〈海南省住房和城乡建设事业“十四五”规划〉的通知》(琼建法〔2021〕307号)	到2025年末，装配式建筑占新建建筑比例大于80%；建成国家级装配式建筑示范城市2个；实现预制构件年产能供需平衡

从表3.1中可以看出，全国各地都在推广绿色建筑、装配式建筑，尤其在新建建筑和政府投资建设项目中更加强调装配式建筑的占比，装配式建筑的发展力度持续加大。为了提高装配式建筑的覆盖率，各地出台了一系列优惠政策，进一步促进装配式建筑的发展，主要体现在以下6个方面：

① 财政类政策：对满足装配率比例的项目给予现金补贴；设立专项资金；利用原有专项资金政策，扩大使用范围；达到一定装配率，给予全额返还新型墙改基金、散水基金或专项资金奖励；建造增量成本纳入建设成本；等等。

② 金融类政策：优先给予信贷支持；贷款贴息；对消费者增加贷款额度和期限；等等。

③ 税收类政策：纳入高新技术的产业可享受高新技术产业相关政策及税收优惠政策；符合西部大开发税收优惠条件的，依法按15%缴纳企业所得税；享受增值税即征即退优惠；等等。

④ 土地类政策：优先支持装配式建筑企业、基地和项目用地；将装配式建筑要求纳入土地出让条件；等等。

⑤ 规划类政策：外墙预制部分不计入建筑面积；给予差异化容积率奖励；等等。

⑥ 鼓励支持类政策：纳入工程审批绿色通道；优先支持评奖评优；优先办理商品房预售；投标政策倾斜；支持构配件管理相关政策；等等。

试点带动效果越来越明显，相关技术标准产业聚集效应越来越凸显，一大批预制混凝土构件厂先后建成投产，同时，大量装配式混凝土结构住宅建筑也顺利完工。远大住宅工业集团股份有限公司、万科企业股份有限公司、龙信建设集团有限公司、宝业集团股份有限公司等一大批企业积极开展装配式建筑研发与实践工作。以湖南、辽宁、江苏为典型，全国范围内新建PC构件厂，引进了国内外自动化生产线及设备，加快了构件的工业化生产。

3.2 现有政策的主要问题与优化建议

3.2.1 主要问题

尽管我国出台了一系列政策支持装配式建筑发展，但对装配式建筑的激励作用仍然有限。主要存在以下几方面的问题：

(1) 增量成本问题尚未全面解决，直接成本较高

政府目前制定的税收减免、财政支持、贷款利率优惠等激励补偿政策，对装配式建筑的增量成本有一定的削减作用，短期内可以达到一定的激励效果。但总的看来，财政支持与税收优惠只能在一定程度上缓解开发者的部分压力。而且政府在激励时，由于自身存在着较大的财政压力，不可能采取大包大揽的补贴政策，其余政策则都侧重于一些间接性的扶持或保障，缺乏一些逆向激励措施的刺激。装配式建筑的建造成本高、利润较低这一主要问题并未得到全面解决，所以对装配式建筑发展的推动力不足。

以某实际装配式商品住宅为例，根据相关测算，该装配式建筑相比于传统现浇建筑的增量成本可达 425.26 元/m^2。按现阶段的激励补偿政策，政府的直接经济补贴在 50～150 元/m^2，加上一定的税收优惠，以及一些计容面积的奖励，虽然可以削减掉部分装配式建筑的增量成本，但仍有一定的缺口。

(2) 逆向激励政策缺乏，推动力不足

在一些领域，比如新能源汽车等新兴产业，国家在激励扶持这一产业的同时，也会同步出台一些逆向激励政策，用于监管未响应政府号召的企业，从而起到激励作用。目前，国内装配式建筑的激励措施却大都集中在正向激励这一方面，即通过补偿、奖励等方式激励装配式建筑开发商，以加强其开发装配式建筑的意愿，而忽视了逆向激励政策的运用，这些政策包括加强政府监管、提高传统现浇建方式开发成本等，发挥政府的监管作用，倒逼开发商进行装配式建筑的开发。正负两种激励措施未能有机结合。

(3) 政策实施力度不足，间接成本较高

现行的装配式建筑政策实施力度不够，其作用大打折扣。同时，部分政策的实施面有些窄，实施范围有限，并不能大范围地推广。另外，实施政策的间接成本较高，政策实施中间环节较多，存在报备、核算、审计等诸多环节，开发商依然要负担较高的银行贷款利息等，这使许多开发商望而却步。

(4) 精神激励手段缺乏，宣传不足

激励政策分为物质激励与精神激励，现阶段国内装配式建筑的激励政策，大部分属于物质激励，即通过实物来达到激励目的，包括财政支持、税收优惠等。而在精神激励方面，比如加强对装配式建筑的宣传、提升开发商的信用评价、推荐其参加评优评奖等激励措施却很少。

另外，政府对装配式建筑概念的普及教育、宣传力度还不够。装配式建筑的绿色、低碳、快速、安全等特点尚未被公众所认知。所以，公众对装配式建筑与传统建筑的区别并不清楚，对其效益的认识并不清晰，了解不够深刻，购买意愿不够强烈，从而导致了装配式建筑发展缓慢。

3.2.2 政策优化建议

由于装配式建筑的成本较高，短期收益不明显，企业对装配式建筑的推广力度不尽相同。完备的政策体系不仅能深化相关企业和机构的投入动机，也有利于降低传统企业涉足装配式建筑领域的风险，政策导向对装配式建筑发展有重要的指导意义，所以装配式建筑的发展离不开政府的支持。

1. 政策工具

政策从目标到实施结果，需要政策工具作为桥梁，将目标转化为路径措施。当前在研究中，由于分类标准不同，因而对政策工具种类的具体划分也大不相同。英国的公共政策学者 Rothwell 等将政策工具分为供给型、需求型和环境型三类。装配式是建筑工业化的体现，是对传统建造方式的创新，适用于供给、需求和环境的政策工具分类方式，层次性、可操作性强。

(1) 供给型政策工具

供给型政策工具主要是指政府通过行政手段，利用出台政策措施的方式直接为装配式建筑各方参与主体提供某种“资源”，这类“资源”是装配式建筑不可或缺的重要因素(通常包括人才、土地和技术等)，能直接推动装配式建筑的发展。供给型政策工具突出表现为政策对装配式建筑发展的推动力，结合我国目前装配式建筑出台的政策，可将技术管理、土地供应、科技开发、人才培育等纳入供给型政策工具。

(2) 需求型政策工具

需求型政策工具是政府与市场调控的结合点，体现为政府通过公共采购等相关措施增大装配式建筑市场需求，不但能调动装配式建筑产业各主体的开发积极性，还能有效刺激装配式建筑市场规模化进程，降低市场不确定性，起到减少风险、稳固市场的作用，拉动装配式建筑的发展。在装配式建筑政策里，需求型政策工具具体体现为提出重点地区及领域的发展规划、设定目标规划等。

(3) 环境型政策工具

环境型政策工具是装配式建筑发展外部环境的重要营造手段，是指政府通过出台有关政策保障，释放装配式建筑茁壮发展、前景可期的政策信号，提升社会主体对装配式建筑发展的认可度和信心，从经济、建设环节等方面吸引相关企业投入更多的人力物力到装配式建筑的生产和建设过程中去。环境型政策工具可细化为考评激励、示范带动、金融激励、建设环节支持、财税支持、法律规范保障等，主要表现为对装配式建筑发展的间接影响力。

从上述三类政策工具的作用方式来看，前两者在作用路径上更加简单直接，体现为直接对装配式建筑发展的推动或拉动作用，而后者则将工作重点放在营造装配式建筑发展的市场环境上，间接影响装配式建筑的发展（如图 3.2 所示）。就立法密度而言，供给型、需求型政策工具普遍较低，环境型政策工具更受政策制定者的青睐。

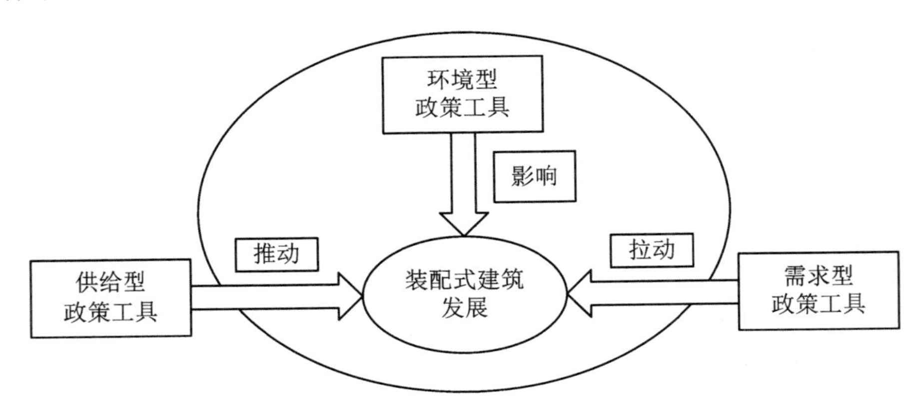

图 3.2　三类政策工具对装配式建筑发展的作用方式

目前，在我国所有的装配式建筑政策中，环境型和供给型政策工具过溢，需求型政策工具有所缺失。其中，环境型政策工具超过总量的一半，之所以存在过溢现象，是由于先前政策未切实执行或执行后未达到政策目标而在后续政策中需再次强调。供给型政策工具占比排名第二，由于装配式建筑与传统现场建造模式相比，更需要全产业链的整合，所以政府积极制定供给型政策推动装配式建筑发展来弥补市场的失灵。尽管中国装配式建筑发展政策涉及范围广，但仍存在部分缺位，在需求层面上的政策数量极少，因此制定需求型政策应成为未来政府工作的重点。

2. 优化建议

(1) 优化装配式建筑政策布局，填补政策措施缺位

现阶段装配式建筑政策体系主要以环境型政策工具和供给型政策工具为主，需求型政策工具占比小且种类单一，呈现政策结构布局不均衡的现象。目前我国装配式建筑发展逐渐步入正轨，应该有计划、有步骤地推动需求型政策工具的研究与实施，确保政策顶层设计的完整性、科学性与实用性。此外，将海外贸易等政策措施上升至国家政策层面，更有利于我国装配式建筑与国际接轨，走向世界，开辟国际市场，从而得到更大的发展。故在今后的政策制定中，要统筹政策工具类型的使用频次，弥补需求型政策工具的缺失，完善装配式建筑政策体系，使政策保障措施发挥一体化效应，更加协调高效地引导装配式建筑发展。

(2) 着眼地方特点，实施差异化政策

要充分考虑地方实际情况，因地制宜制定装配式建筑的推广路径，有的放矢采取有针对性的保障措施。装配式建筑发展较为落后的省市应加大政策支持力度，重视政策措施的完善性与覆盖广泛性，灵活运用规划引领、试点先行的建设经验，推动试点示范工程建设并配套支持政策，出台符合各地的新民居建设指引和奖补政策；装配式建筑发展初具规模时，应结合各省市实际发展状况查漏补缺，制定政策措施时要善用优势资源、重点突破、扬长避短，使装配式建筑发展更上一层楼；当装配式建筑市场成熟且装配率达到一定比例时，要减少政策投入成本，主动弱化政府政策影响，让市场来主导装配式建筑的发展，提升政策制定的高度，推动囊括装配式建筑、绿色建筑在内的建筑工业化飞速发展。

(3) 持续发挥环境政策工具的影响作用，重视示范引领、金融支持政策的制定

通过营造装配式建筑发展的产业环境，发挥环境型政策工具的影响作用。在装配式建筑发展前期，坚持“示范带动，试点先行”的发展路径不动摇。各省市可根据自身特点，调整税费等政策，探究更多金融类保障措施，缓解装配式建筑造价高、前期投入大的问题，驱动各方参与主体积极投入装配式建设过程中。

(4) 积极发挥供给型政策工具的推动作用，重视人才和技术资源的供给

在供给型政策工具中，技术人才政策措施尤为重要，主要针对施工企业建造、监管技术、构件生产企业生产技术和科研机构的研发能力、人才孕育能力、软实力的建设等。支持建筑企业参加高新技术企业认定、开发自主知识产权的专利和技术，鼓励与高校和科研单位合作，推进企业工程研究中心建设。企业从事技术开发、技术转让和与之相关的技术咨询、技术服务取得的收入，符合条件的按规定实施税费减免。把对建筑行业的科技创新支持力度提升到国家科技层面，加大对建筑人才梯队的培养力度。

(5) 重视需求型政策工具的拉动作用，丰富需求型政策工具内容

装配式建筑发展初期市场不健全，需要政府出台目标规划类政策来保证市场需求，故装配式建筑空缺较大的地区尤其要重视目标规划类政策的制定，做好政府与市场的纽带。装配式建筑发展中后期市场渐趋饱和，此时就需要增加需求型政策工具类型，如积极开拓海外市场，引领我国装配式建筑走出国门与世界接轨。故在选用需求型政策工具时要贴合发展情景，适时适当充实政策工具内容。

3.3 装配式建筑评价标准

3.3.1 国标《装配式建筑评价标准》(GB/T 51129—2017)

为推进装配式建筑健康发展，亟须构建一套适合我国国情的装配式建筑评价体系，对其实施科学、统一、规范的评价。按照“立足当前实际，面向未来发展，简化评价操作”的原则，国家制定了装配式建筑评价标准，随后各地也依据自身的实际情况制定了相应的装配式建筑评价标准。

1. 装配率的概念

装配率是指单体建筑室外地坪以上的主体结构、围护墙和内隔墙、装修和设备管线等采用预制部品部件的综合比例。计算公式为

$$P = \frac{Q_1 + Q_2 + Q_3}{100 - Q_4} \times 100\%$$

式中，Q_1 为主体结构指标实际得分值；Q_2 为围护墙和内隔墙指标实际得分值；Q_3 为装修和设备管线指标实际得分值；Q_4 为评价项目中缺少的评价项分值总和。

2. 装配式建筑评分

装配式建筑评分表见表 3.2 所示。

表 3.2 装配式建筑评分表

评价项		评价要求	评价分值	最低分值
主体结构(50 分)	柱、支撑、承重墙、延性墙板等竖向构件	35%≤比例≤80%	20～30*	20
	梁、板、楼梯、阳台、空调板等构件	70%≤比例≤80%	10～20*	
围护墙和内隔墙(20 分)	非承重围护墙非砌筑	比例≥80%	5	10
	围护墙与保温、隔热、装饰一体化	50%≤比例≤80%	2～5*	
	内隔墙非砌筑	比例≥50%	5	
	内隔墙与管线、装修一体化	50%≤比例≤80%	2～5*	

续表

评价项		评价要求	评价分值	最低分值
装修和设备管线（30分）	全装修	—	6	6
	干式工法楼面、地面	比例≥70%	6	—
	集成厨房	70%≤比例≤90%	3～6*	
	集成卫生间	70%≤比例≤90%	3～6*	
	管线分离	50%≤比例≤70%	4～6*	

注：① 表中带*项的分值采用“内插法”计算，计算结果取小数点后1位。
② 比例是指预制部品部件的应用比例。

3. 装配式建筑评价等级划分

当评价项目满足下列要求时，可进行装配式建筑等级评价：
① 主体结构部分的评价分值不低于20分。
② 围护墙和内隔墙部分的评价分值不低于10分。
③ 采用全装修。
④ 装配率不低于50%。
⑤ 主体结构竖向构件中预制部品部件的应用比例不低于35%。
装配式建筑评价等级划分为A级、AA级、AAA级，应符合下列规定：
① 装配率为60%～75%时，评价为A级装配式建筑。
② 装配率为76%～90%时，评价为AA级装配式建筑。
③ 装配率为91%及以上时，评价为AAA级装配式建筑。

3.3.2 北京市《装配式建筑评价标准》(DB11/T 1831—2021)

1. 装配率的概念

装配率是指单体建筑室外地坪以上的主体结构、围护墙和内隔墙、装修和设备管线等采用预制部品部件及加分项的综合比例。计算公式为

$$P = \frac{Q_1 + Q_2 + Q_3}{100 - Q_4} \times 100\% + \frac{Q_5}{100} \times 100\%$$

式中，Q_1 为主体结构指标实际得分值；Q_2 为围护墙和内隔墙指标实际得分值；Q_3 为装修和设备管线指标实际得分值；Q_4 为建筑功能中缺少的评价项分值总和；Q_5 为加分项分值总和。

2. 装配式建筑评分

装配式建筑评分表见表3.3。

表3.3　北京市装配式建筑评分表

<table>
<tr><th colspan="3">评价项</th><th>评价要求</th><th>评价分值</th><th>最低分值</th></tr>
<tr><td rowspan="2">主体结构
Q_1(45分)</td><td colspan="2">柱、支撑、承重墙、延性墙板等竖向构件</td><td>35%≤比例≤80%</td><td>20～30*</td><td rowspan="2">15</td></tr>
<tr><td colspan="2">梁、楼板、屋面板、楼梯、阳台、空调板等构件</td><td>70%≤比例≤80%</td><td>10～15*</td></tr>
<tr><td rowspan="4">围护墙和内隔墙 Q_2
(20分)</td><td colspan="2">围护墙非砌筑非现浇</td><td>比例≥60%</td><td>5</td><td rowspan="4">10</td></tr>
<tr><td colspan="2">围护墙与保温、装饰一体化</td><td>50%≤比例≤80%</td><td>2～5*</td></tr>
<tr><td colspan="2">内隔墙非砌筑</td><td>比例≥60%</td><td>5</td></tr>
<tr><td colspan="2">内隔墙与管线、装修一体化</td><td>50%≤比例≤80%</td><td>2～5*</td></tr>
<tr><td rowspan="9">装修和
设备管线
Q_3(35分)</td><td colspan="2">全装修</td><td>—</td><td>5</td><td>5</td></tr>
<tr><td rowspan="2">公共区域装修采用干式工法</td><td>公共建筑</td><td>比例≥70%</td><td>3</td><td rowspan="8">6</td></tr>
<tr><td>居住建筑</td><td>比例≥60%</td><td>3～6*</td></tr>
<tr><td>干式工法楼面、地面</td><td>—</td><td>70%≤比例≤90%</td><td>3～6*</td></tr>
<tr><td>集成厨房</td><td>—</td><td>70%≤比例≤90%</td><td>3～6*</td></tr>
<tr><td>集成卫生间</td><td>—</td><td>70%≤比例≤90%</td><td>2～5*</td></tr>
<tr><td rowspan="3">管线分离</td><td>电气管线</td><td>60%≤比例≤80%</td><td rowspan="2">1～2*</td></tr>
<tr><td>给(排)水管线</td><td>60%≤比例≤80%</td></tr>
<tr><td>供暖管线</td><td>70%≤比例≤100%</td><td>1～2*</td></tr>
<tr><td rowspan="3">加分项
Q_5(6分)</td><td colspan="2">信息化技术应用</td><td>设计、生产、施工全过程应用</td><td>3</td><td>—</td></tr>
<tr><td colspan="2" rowspan="2">绿色建筑评价星级等级</td><td>二星级</td><td>2</td><td></td></tr>
<tr><td>三星级</td><td>3</td><td></td></tr>
</table>

注:表中带*项的分值采用“内插法”计算,计算结果取小数点后1位。

3.3.3 广东省《装配式建筑评价标准》(DBJ/T 15—163—2019)

1. 装配率的概念

装配率是指建筑评价范围以内(室外地坪以上)的主体结构、围护墙、内隔墙、装修和设备管线等采用预制部品部件及标准化设计、绿色与信息化技术应用、施工与管理等的综合比例。计算公式为

$$P = \frac{Q_1 + Q_2 + Q_3 + Q_5}{100 - Q_4} \times 100\% + \frac{Q_6}{100} \times 100\%$$

式中,Q_1 为主体结构指标实际得分值;Q_2 为围护墙和内隔墙指标实际得分值;Q_3 为装修和设备管线指标实际得分值;Q_4 为评价项目中缺少的评价项分值总和,不含 Q_5;Q_5 为细化项实际得分值;Q_6 为鼓励项实际得分值。

2. 装配式建筑评分

装配式建筑评分表见表 3.4。

表 3.4　广东省装配式建筑评分表

评价项			评价要求	评价分值	最低分值
Q_1 主体结构(50 分)	Q_{1a}	柱、支撑、承重墙、延性墙板等竖向构件	35%≤比例≤80%	20～30*	20
	Q_{1b}	梁、板、楼梯、阳台、空调板等构件	70%≤比例≤80%	10～20*	
Q_2 围护墙和内隔墙(20 分)	Q_{2a}	非承重围护墙非砌筑	比例≥80%	5	10
	Q_{2b}	围护墙与保温、隔热、装饰集成一体化	50%≤比例≤80%	2～5*	
	Q_{2c}	内隔墙非砌筑	比例≥50%	5	
	Q_{2d}	内隔墙与管线、装修集成一体化	50%≤比例≤80%	2～5*	
Q_3 装修和设备管线(30 分)	Q_{3a}	全装修	—	6	—
	Q_{3b}	干式工法楼面、地面	比例≥70%	6	
	Q_{3c}	集成厨房	70%≤比例≤90%	3～6*	
	Q_{3d}	集成卫生间	70%≤比例≤90%	3～6*	
	Q_{3e}	管线分离	50%≤比例≤70%	4～6*	

续表

<table>
<tr><th colspan="4">评价项</th><th>评价要求</th><th>评价分值</th><th>最低分值</th></tr>
<tr><td rowspan="8">Q_5 细化项（22 分）</td><td rowspan="2">Q_{51}</td><td>Q_{51a}</td><td>主体结构竖向构件细化项</td><td>5%≤比例≤35%</td><td>7~10*</td><td rowspan="2">—</td></tr>
<tr><td>Q_{51b}</td><td>预制外墙板</td><td>5%≤比例≤15%</td><td>7~10*</td></tr>
<tr><td rowspan="2">Q_{52}</td><td rowspan="2">围护墙和内隔墙细化项</td><td>围护墙与保温、隔热集成一体化</td><td>50%≤比例≤80%</td><td>1~2.5*</td><td rowspan="2">—</td></tr>
<tr><td>内隔墙与管线集成一体化</td><td>50%≤比例≤80%</td><td>1~2.5*</td></tr>
<tr><td rowspan="4">Q_{53}</td><td rowspan="4">装修和设备管线细化项</td><td>干式工法楼面、地面</td><td>50%≤比例<70%</td><td>1~2*</td><td rowspan="4">—</td></tr>
<tr><td>集成厨房</td><td>50%≤比例<70%</td><td>1~1.5*</td></tr>
<tr><td>集成卫生间</td><td>50%≤比例<70%</td><td>1~1.5*</td></tr>
<tr><td>管线分离</td><td>30%≤比例<50%</td><td>1~2*</td></tr>
<tr><td rowspan="11">Q_6 鼓励项（8 分）</td><td rowspan="3">Q_{61}</td><td rowspan="3">标准化设计鼓励项</td><td>平面布置标准化</td><td rowspan="3">—</td><td>1</td><td rowspan="3">—</td></tr>
<tr><td>预制构件与部品标准化</td><td>1</td></tr>
<tr><td>节点标准化</td><td>1</td></tr>
<tr><td rowspan="5">Q_{62}</td><td rowspan="5">绿色与信息化应用鼓励项</td><td rowspan="3">绿色建筑</td><td>取得绿色建筑评价一星</td><td>0.5</td><td rowspan="3">—</td></tr>
<tr><td>取得绿色建筑评价二星</td><td>1</td></tr>
<tr><td>取得绿色建筑评价三星</td><td>1.5</td></tr>
<tr><td>BIM 应用</td><td>满足运营，维护阶段应用要求</td><td>1</td><td rowspan="2">—</td></tr>
<tr><td>智能化应用</td><td>—</td><td>0.5</td></tr>
<tr><td rowspan="3">Q_{63}</td><td rowspan="3">施工与管理鼓励项</td><td rowspan="2">绿色施工</td><td>绿色施工评价为合格</td><td>1</td><td rowspan="2">—</td></tr>
<tr><td>绿色施工评价为优良</td><td>1.5</td></tr>
<tr><td>工程总承包</td><td>一家单位/联合体单位</td><td>0.5</td><td>—</td></tr>
</table>

注：① 表中带 * 项的分值采用“内插法”计算，计算结果取小数点后 1 位。

② Q_{51}合计得分如大于 10 分，按 10 分计算，Q_{51a}不应与 Q_{1a}同时得分，Q_1 最低得分可包含 Q_{51}得分，Q_1 与 Q_{51}合计得分不应大于 50 分；Q_{52}不应与 Q_{2b}、Q_{2d}同时得分，Q_2 最低得分可包含 Q_{52}得分；Q_{53}不应与 Q_{3b}、Q_{3c}、Q_{3d}、Q_{3e}同时得分。

③ 单元式幕墙满足保温、隔热节能指标时，可参照 Q_{2b}进行评价。

3. 装配式建筑评价等级划分

当评价项目满足“主体结构部分的评价分值不低于20分、围护墙和内隔墙部分的评价分值不低于10分、采用全装修、装配率不低于50%”的要求，可进行装配式建筑等级评价。装配式建筑评价等级应划分为基本级、A级、AA级、AAA级，并应符合下列规定：

① 满足以上全部要求时，评价为基本级装配式建筑。

② 装配率为60%～75%，且主体结构竖向构件中预制部品部件的应用比例不低于35%时，评价为A级装配式建筑。

③ 装配率为76%～90%，且主体结构竖向构件中预制部品部件的应用比例不低于35%时，评价为AA级装配式建筑。

④ 装配率为91%及以上，且主体结构竖向构件中预制部品部件的应用比例不低于35%时，评价为AAA级装配式建筑。

3.3.4 安徽省《装配式建筑评价技术规范》(DB34/T 3830—2021)

1. 装配率的概念

装配率是指单体建筑室外地坪以上的主体结构、围护和内隔墙、装修和设备管线等采用预制部品部件的综合比例。计算公式为

$$P=\left(\frac{Q_1+Q_2+Q_3}{100-Q_4}+\frac{Q_5}{100}\right)\times 100\%$$

式中，Q_1为主体结构指标实际得分值；Q_2为围护墙和内隔墙指标实际得分值；Q_3为装修和设备管线指标实际得分值；Q_4为Q_1、Q_2、Q_3中缺少的评价项分值总和；Q_5为鼓励项实际得分值。

2. 装配式建筑评分

装配式建筑评分表见表3.5。

表3.5 安徽省装配式建筑评分表

评价项			评价要求	评价分值	最低分值
主体结构 Q_1(50分)	Q_{1a}	柱、支撑、承重墙、延性墙板等竖向构件	35%≤比例≤80%	20～30*	20
			15%≤比例<35%	15～35*	
	Q_{1b}	梁、板、楼梯、阳台、空调板等水平构件	50%≤比例≤80%	5～20*	

续表

<table>
<tr><th colspan="4">评价项</th><th>评价要求</th><th>评价分值</th><th>最低分值</th></tr>
<tr><td rowspan="8">围护墙和内隔墙
Q_2(22 分)</td><td colspan="2" rowspan="2">Q_{2a}</td><td rowspan="2">非承重围护墙非现场砌筑</td><td>比例≥80%</td><td>5</td><td rowspan="8">10</td></tr>
<tr><td>50%≤比例<80%</td><td>2~5*</td></tr>
<tr><td rowspan="2">Q_{2b}</td><td>Q_{2b1}</td><td>围护墙与保温、隔热、装饰一体化</td><td>35%≤比例≤80%</td><td>1~5*</td></tr>
<tr><td>Q_{2b2}</td><td>保温装饰板</td><td>50%≤比例≤80%</td><td>1~3*</td></tr>
<tr><td colspan="2" rowspan="2">Q_{2c}</td><td rowspan="2">内隔墙非现场砌筑</td><td>比例≥50%</td><td>5</td></tr>
<tr><td>30%≤比例<50%</td><td>2~5*</td></tr>
<tr><td colspan="2">Q_{2d}</td><td>内隔墙与管线、装修一体化</td><td>35%≤比例≤80%</td><td>1~5*</td></tr>
<tr><td colspan="2">Q_{2e}</td><td>预制混凝土栏板</td><td>50%≤比例≤80%</td><td>1~2*</td></tr>
<tr><td rowspan="7">装修和设备管线
Q_3(28 分)</td><td colspan="4">全装修</td><td>6</td><td rowspan="12">6</td></tr>
<tr><td colspan="2" rowspan="2">Q_{3a}</td><td rowspan="2">干式工法楼面、地面</td><td>比例≥70%</td><td>6</td></tr>
<tr><td>50%≤比例<70%</td><td>3~6*</td></tr>
<tr><td colspan="2">Q_{3b}</td><td>集成厨房</td><td>70%≤比例≤90%</td><td>3~5*</td></tr>
<tr><td colspan="2">Q_{3c}</td><td>集成卫生间</td><td>70%≤比例≤90%</td><td>3~5*</td></tr>
<tr><td colspan="2">Q_{3d}</td><td>水、暖管线分离</td><td>50%≤比例<70%</td><td>1~3*</td></tr>
<tr><td colspan="2">Q_{3e}</td><td>电气管线分离</td><td>50%≤比例<70%</td><td>1~3*</td></tr>
<tr><td rowspan="5">鼓励项
Q_5(10 分)</td><td colspan="4">绿色建筑与绿色建材应用</td><td>1~3</td></tr>
<tr><td colspan="2">Q_{5a}</td><td>采用高精度模板或免拆模板技术</td><td>50%≤比例<70%</td><td>1~2*</td></tr>
<tr><td colspan="4">标准化设计</td><td>1.5</td></tr>
<tr><td colspan="4">BIM 技术与信息化管理应用</td><td>1~2</td></tr>
<tr><td colspan="4">EPC 工程总承包管理模式</td><td>1.5</td></tr>
</table>

注:① 表中带 * 项的分值采用“线性内插法”计算,计算结果取小数点后 1 位。

② Q_{2b1} 与 Q_{2b2} 二者仅能取其一。

3. 装配式建筑评价等级划分

本规范将装配式建筑评价等级分为基本级、一星级、二星级、三星级,并应符合下列规定:

① 同时满足各评价项最低分值要求时，评价为基本级装配式建筑。

② 装配率为60%～70%时，评价为一星级装配式建筑。

③ 装配率为71%～80%时，评价为二星级装配式建筑。

④ 装配率为81%及以上时，评价为三星级装配式建筑。

对于评价等级为一星级、二星级、三星级的装配式建筑必须做全装修。上述装配率以四舍五入的方式取整数。

3.3.5 《合肥市装配式建筑装配率计算方法》(合建〔2020〕53号)

1. 装配式建筑计算公式

合肥市装配式建筑装配率按下式计算：

$$P = \left(\frac{Q_1 + Q_2 + Q_3}{100 - Q_4}\right) \times 100\% + \frac{Q_5}{100} \times 100\%$$

式中，Q_1 为主体结构指标实际得分值；Q_2 为围护墙和内隔墙指标实际得分值；Q_3 为装修和设备管线指标实际得分值；Q_4 为装配率评价项目 Q_1、Q_2、Q_3 中缺少的评价项分值总和；Q_5 为装配式建筑技术应用得分，包括应用项、鼓励项和创新项，当计算得分超过12分时，按12分计入。

2. 装配式建筑评分

装配式建筑评分表见表3.6。

表3.6 合肥市装配式建筑评分表

评价项		评价要求	评价分值	最低分值
主体结构 Q_1(50分)	柱、支撑、承重墙、延性墙板等竖向构件	35%≤比例≤80%	20～30*	10(20)
	梁、板、楼梯、阳台、空调板等水平构件	70%≤比例≤80%	10～20*	
围护墙和内隔墙 Q_2(20分)	非承重围护墙非现场砌筑	比例≥80%	5	5(10)
		50%≤比例<80%	2～5*	
	围护墙与保温、隔热、装饰一体化	50%≤比例≤80%	2～5*	
	内隔墙非现场砌筑	比例≥50%	5	
		30%≤比例<50%	2～5*	
	内隔墙与管线、装修一体化	50%≤比例≤80%	2～5*	

续表

评价项			评价要求	评价分值	最低分值
装修和设备管线 Q_3(30分)	全装修		—	6	-(6)
	干式工法的楼面、地面		比例≥70%	6	—
			50%≤比例≤70%	3~6*	
	集成厨房		70%≤比例≤90%	3~6*	
	集成卫生间		70%≤比例≤90%	3~6*	
	管线分离	水、暖管线分离	50%≤比例≤70%	1~3*	
		电气管线分离	50%≤比例≤70%	1~3*	
装配式建筑技术应用 Q_5	应用项	工程承包方式	工程总承包	2	2(2)
		应用 BIM 技术	全过程应用 BIM 技术	1~2	1(1)
		应用新型模板系统	50%≤比例≤70%	1~2	1(1)
		关键岗位作业人员专业化	培训合格率达到 100%	1	1(1)
	鼓励项	标准化设计	应用比例≥60%	1~3	—
		消能减震或隔震技术应用	应用	1	
		BIM+RFID 电子标签	应用率≥95%	1	
	创新项	创新技术应用	装配式建筑创新技术	1~3	

注:括号内数值为装配率不小于 50%时的最低分值。

3.4 装配式建筑装配率计算案例

3.4.1 项目简介

W 项目位于安徽省合肥市,于 2022 年 3 月开工建设,2024 年 9 月竣工。项目位于新站 CLD(Central Living District,中央居住区),以大众路黄金中轴为核心。该项目由 15 栋住宅(1 栋 13 层、2 栋 15 层、1 栋 16 层、9 栋 18 层、2 栋 24 层)、幼儿园、商业及物业用房等配套。总建筑面积约为 13.1 万 m^2,其中地上建筑面积 9.82 万 m^2,地下建筑面积 3.28 万 m^2,项目建成图如图 3.3 所示。

图 3.3　W 项目建成图

本项目结构形式为装配整体式剪力墙结构。装配式构件主要包括：竖向构件采用预制混凝土夹心保温外墙板及剪力墙，水平构件采用预制叠合板、预制梁、预制飘窗板、预制空调板、预制楼梯等，外围护采用预制混凝土墙板、预制保温墙板，内隔墙采用 ALC（Autoclaved Lightweight Concrete，蒸压轻质混凝土）轻质内隔条板，外墙保温隔热一体板采用 200 mm + 90 mm 厚设计。采用全装修 + Q_5 项，即工程总承包、应用 BIM 技术、新型模板系统（铝模）、关键岗位作业人员专业化。其中，1 栋住宅楼共 16 层，其中地上建筑面积 5502.30 m^2，屋面层面积 415.17 m^2，突出屋面附属设施面积 27.14 m^2，小于 1/4，不列入计算。1 栋住宅楼装配式建筑装配率工程量明细见表 3.7。

表 3.7　1 栋楼装配式建筑装配率工程量明细表

序号	类型	项目名称	单位	工程量	备注
一	竖向构件	预制剪力墙	m^3	274.79	
		现浇剪力墙	m^3	487.36	
		小计	m^3	762.14	
二	水平构件	预制叠合板	m^2	2768.70	
		板缝	m^2	339.75	
		预制楼梯	m^2	105.80	
		预制设备板	m^2	103.71	
		预制阳台板	m^2	460.20	
		叠合梁	m^2	160.51	
		现浇板	m^2	1081.04	不含 16 层
		现浇梁	m^2	577.81	
		小计	m^2	5597.52	

续表

序号	类型	项目名称	单位	工程量	备注
三	非承重围护墙非现场砌筑	预制外围护墙	m^2	2618.12	
		非预制外围护墙	m^2	1684.82	
		小计	m^2	4302.95	
四	围护墙与保温、隔热、装饰一体化	夹心保温墙	m^2	2941.80	
		外保温面积	m^2	4267.35	不含架空层
五	内隔墙非现场砌筑	预制内隔墙	m^2	1614.57	
		非预制内隔墙	m^2	2280.76	
		小计	m^2	3895.33	

3.4.2 装配率计算

1 栋住宅楼的装配率计算表见表 3.8。

依据《合肥市装配式建筑装配率计算方法》(合建〔2020〕53 号)中装配率的计算规则，该项目 1 栋住宅楼装配率的计算如下。

(1) Q_1 的每项评价分值

柱、支撑、承重墙、延性墙板等竖向构件：

$$\frac{274.79}{762.14} = 36.05\%$$

$$20 + \frac{36.05\% - 35\%}{80\% - 35\%} \times (30 - 20) = 20.23$$

梁、板、楼梯、阳台、空调板等水平构件：

$$\frac{3938.67}{5597.52} = 70.36\%$$

$$10 + \frac{70.36\% - 70\%}{80\% - 70\%} \times (20 - 10) = 10.36$$

$$Q_1 = 20.23 + 10.36 = 30.59$$

(2) Q_2 的每项评价分值

非承重围护墙非现场砌筑：

$$\frac{2618.12}{4302.95} = 60.84\%$$

$$2 + \frac{60.84\% - 50\%}{80\% - 50\%} \times (5 - 2) = 3.08$$

表 3.8 1 栋装配式建筑装配率计算表

评价项		评价要求	评价分值	最低分值	项目实施情况	体积或面积或长度	对应部分总体积或总面积或总长度	比例	评价分值	得分
主体结构 Q_1（50 分）	柱、支撑、承重墙、延性墙板等竖向构件	35%≤比例≤80%	20～30	20	实施	274.79	762.14	36.05%	20.23	30.59
	梁、板、楼梯、阳台、空调板等水平构件	70%≤比例≤80%	10～20		实施	3938.67	5597.52	70.36%	10.36	
围护墙和内隔墙 Q_2（20 分）	非承重围护墙非现场砌筑	比例≥80%	5	10	实施	2618.12	4302.95	60.84%	3.08	10.69
		50%≤比例<80%	2～5							
	围护墙与保温、隔热、装饰一体化	50%≤比例≤80%	2～5		实施	2941.80	4267.35	68.94%	3.89	
	内隔墙非现场砌筑	比例≥50%	5		实施	1614.57	3895.33	41.45%	3.72	
		30%≤比例<50%	2～5							
	内隔墙与管线、装修一体化	50%≤比例≤80%	2～5		—					

续表

<table>
<tr><th colspan="3">评价项</th><th>评价要求</th><th>评价分值</th><th>最低分值</th><th>项目实施情况</th><th>体积或面积或长度</th><th>对应部分总体积或总面积或总长度</th><th>比例</th><th>评价分值</th><th>得分</th></tr>
<tr><td rowspan="6">装修和设备管线 Q_3（30 分）</td><td colspan="2">全装修</td><td>—</td><td>6</td><td>6</td><td>实施</td><td></td><td></td><td></td><td>6</td><td rowspan="6">6</td></tr>
<tr><td colspan="2">干式工法的楼面、地面</td><td>比例≥70%</td><td>6</td><td rowspan="5">—</td><td>—</td><td></td><td></td><td></td><td></td></tr>
<tr><td colspan="2">集成厨房</td><td>70%≤比例≤90%</td><td>3～6</td><td>—</td><td></td><td></td><td></td><td></td></tr>
<tr><td colspan="2">集成卫生间</td><td>70%≤比例≤90%</td><td>3～6</td><td>—</td><td></td><td></td><td></td><td></td></tr>
<tr><td rowspan="2">管线分离</td><td>水、暖管线分离</td><td>50%≤比例≤70%</td><td>1～3</td><td>—</td><td></td><td></td><td></td><td></td></tr>
<tr><td>电气管线分离</td><td>50%≤比例≤70%</td><td>1～3</td><td>—</td><td></td><td></td><td></td><td></td></tr>
<tr><td rowspan="8">装配式建筑技术应用 Q_5</td><td rowspan="4">应用项</td><td>工程承包方式</td><td>工程总承包</td><td>2</td><td>2</td><td>实施</td><td></td><td></td><td></td><td>2</td><td rowspan="8">5</td></tr>
<tr><td>应用 BIM 技术</td><td>全过程应用 BIM 技术</td><td>1～2</td><td>1</td><td>实施</td><td></td><td></td><td></td><td>1</td></tr>
<tr><td>应用新型模板系统</td><td>50%≤比例≤70%</td><td>1～2</td><td>1</td><td>实施</td><td></td><td></td><td></td><td>1</td></tr>
<tr><td>关键岗位作业人员专业化</td><td>培训合格率达到 100%</td><td>1</td><td>1</td><td>实施</td><td></td><td></td><td></td><td>1</td></tr>
<tr><td rowspan="3">鼓励项</td><td>标准化设计</td><td>应用比例≥60%</td><td>1～3</td><td rowspan="4">—</td><td>—</td><td></td><td></td><td></td><td></td></tr>
<tr><td>消能减震或隔震技术应用</td><td>应用</td><td>1</td><td>—</td><td></td><td></td><td></td><td></td></tr>
<tr><td>BIM + RFID 电子标签</td><td>应用率≥95%</td><td>1</td><td>—</td><td></td><td></td><td></td><td></td></tr>
<tr><td>创新项</td><td>创新技术应用</td><td>装配式建筑创新技术</td><td>1～3</td><td>—</td><td></td><td></td><td></td><td></td></tr>
</table>

围护墙与保温、隔热、装饰一体化：

$$\frac{2941.80}{4267.35} = 68.94\%$$

$$2 + \frac{68.94\% - 50\%}{80\% - 50\%} \times (5 - 2) = 3.89$$

内隔墙非现场砌筑：

$$\frac{1614.57}{3895.33} = 41.45\%$$

$$2 + \frac{41.45\% - 30\%}{50\% - 30\%} \times (5 - 2) = 3.72$$

$$Q_2 = 3.08 + 3.89 + 3.72 = 10.69$$

(3) Q_3、Q_4、Q_5 的评价分值

$$Q_3 = 6;\quad Q_4 = 0;\quad Q_5 = 2 + 1 + 1 + 1 = 5$$

(4) 装配率

$$\begin{aligned} P &= \frac{Q_1 + Q_2 + Q_3}{100 - Q_4} \times 100\% + \frac{Q_5}{100} \times 100\% \\ &= \frac{30.69 + 10.69 + 6.00}{100 - 0} \times 100\% + \frac{5}{100} \times 100\% \\ &= 52.28\% \end{aligned}$$

第4章 装配式建筑成本构成与成本管理

装配式建筑的产生改变了我国建筑业的发展模式，提升了施工技术，在一定程度上促进了其在精度、质量、施工工艺以及管理水平等方面的提高。近年来，虽然装配式建筑已经越来越多地应用于实际施工作业中，但由于管理效率低、产业集中度低以及成本高于现浇技术等问题，导致装配式建筑发展滞后，装配式建筑的成本管理仍处于探索阶段。因此，对装配式建筑成本的分析具有重要的现实意义。准确把握装配式建筑的成本构成特点，从增量成本的角度评析阻碍装配式建筑发展的根本缘由，积极探索成本控制措施，不仅是建筑企业稳步发展的需要，也是社会发展的需要。

4.1 装配式建筑成本构成及分析

4.1.1 装配式建筑成本构成

由于建造方式的差异，装配式建筑与传统现浇建筑相比较，增加了预制构件的设计、生产加工、运输和堆放、安装等环节，各个环节相互配合又相互影响，最终实现设计、生产、运输、施工一体化。为了更加全面地探究装配式建筑成本的影响因素，下面分别从设计阶段、生产阶段、运输阶段和安装阶段分析装配式建筑的成本构成(如图4.1所示)。

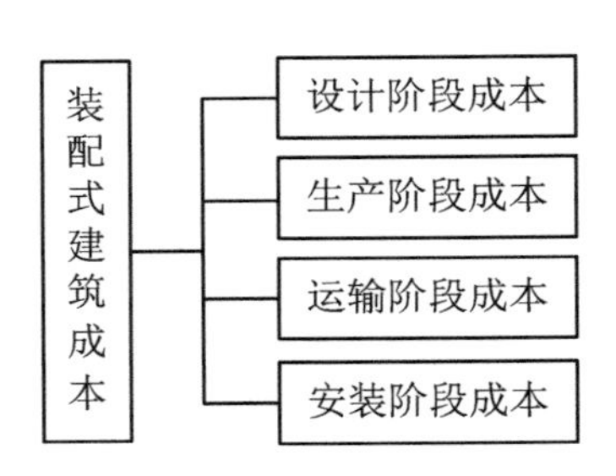

图4.1 装配式建筑成本构成

4.1.2 设计阶段成本分析

装配式建筑设计阶段的成本是指为了对预制构件做出科学合理的设计，便于构件的生产、运输和安装而花费的成本。在设计阶段，装配式建筑的主要任务是将决策意图用图纸的形式展现出来，为后续施工提供详细具体的依据。设计阶段的合理性影响着整个装配式建筑的建造成本。与传统建筑相比，装配式建筑设计流程多了两个环节——建筑技术策划环节和部品部件深化设计环节。建筑技术策划是对项目定位、技术路线、成本控制做出明确要求，而部品部件的深化设计则是为了将各系统内部的结构构件、设备、管线进行深化设计，完成能够指导工厂生产和安装阶段的设计图纸。装配式建筑设计成本主要包括基本设计费和其他设计费（如图 4.2 所示）。

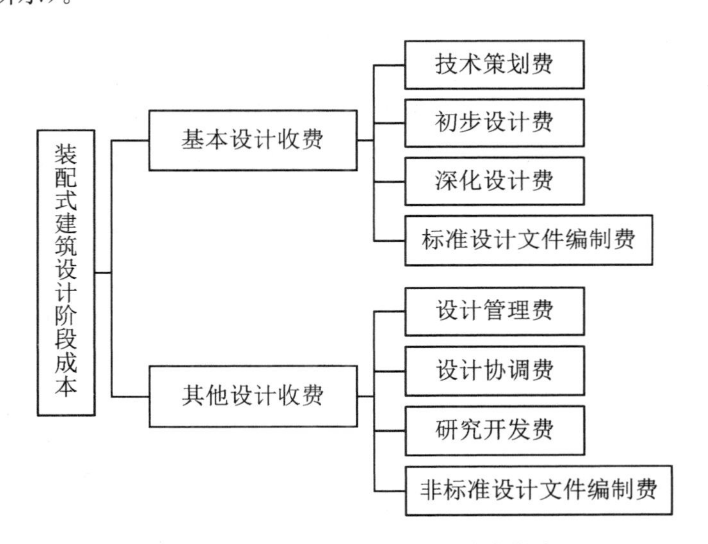

图 4.2　装配式建筑设计阶段成本构成

为达到装配式建筑成本最优、资源节约等效果，在设计阶段，对成本的影响主要体现在以下因素中：

(1) 装配率

装配式建筑既要满足装配率需求，又要有效控制建安成本，这是大多数企业面临的难题。伴随装配率的提升，成本会增加，但不同区间成本的增幅不同。开发企业结合项目所在地对装配率的要求和可接受的增量成本，选择最优方案。

(2) 构件标准化程度

在装配式建筑设计过程中，构件标准化程度越高，所需设计的构件种类越少，对构件模具和生产设备的需求量就越少，提高已有构件及模具的利用率，可加快劳动生产率与施工进度，减少设计成本和后期不确定成本，提高项目的综合效益。

(3) 设计拆分率

由于装配式建筑的设计标准和规范尚不够完善，在深化设计时，需根据构件的受力情况、施工特点等要求将构件设计拆分为不同的单元。合理的拆分设计将降低后续生产、运输和安装的难度，提高项目的施工效率与经济效益。

(4) 集成化设计水平

集成化设计是指在对装配式建筑进行设计时，利用先进的信息化技术，如 BIM 技术、云计算等，连接设计过程中相对独立的过程及信息，将设计阶段与后续过程交叉进行，可提高设计效率，节约设计成本。

4.1.3 生产阶段成本分析

装配式建筑生产阶段的成本是指装配式建筑在生产阶段的构件生产加工所耗费的费用总和。预制构件生产主要分为以下几个环节：制作模具、绑扎钢筋、浇筑混凝土、构件养护、构件脱模、仓储或运输。预制构件厂根据设计要求的相关尺寸规模和规范标准，经过专业模具和设备生产预制构件。预制构件的成品价格将直接影响工程项目成本。预制构件在生产阶段的主要成本包括生产费用和其他费用（如图 4.3 所示）。

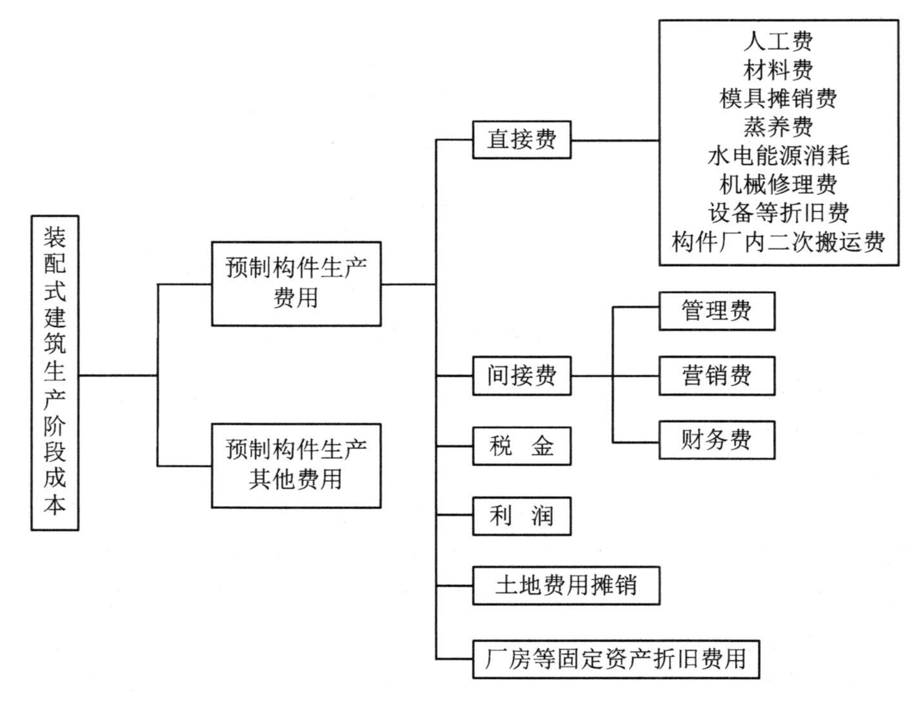

图 4.3 装配式建筑生产阶段成本构成

在生产过程中,对成本的影响主要体现在以下因素中:

(1) 生产规模

项目的生产规模对生产成本具有较大影响,当项目规模较小时,对构件的需求量较少,构件生产的单价和成本较高,生产企业缺乏投入自动化生产设备的动力。当项目达到一定的生产规模时,可大幅提高构件生产效率,增加项目整体的生产效益。

(2) 生产工艺选择

预制构件常用的生产工艺有平台法、线台座法和机组流水线法等。在生产过程中,根据构件的不同特点选择先进且成熟的生产工艺,可加快生产进度,节约生产成本。

(3) 模具周转率

预制构件厂依据构件设计图定制模具,构件的模具化可以提高装配式建筑在生产施工过程中构件的通用性,增加模具周转次数,降低摊销成本,提高施工效率,保证工程质量。

4.1.4 运输阶段成本分析

装配式建筑运输阶段的成本主要是指将施工阶段的预制构件从加工生产的预制厂运送到施工安装现场所需要耗费的费用总和,包括运输费、构件保护费、二次转运费、堆放保管费等(如图 4.4 所示)。我国装配式建筑的构件尺寸规格种类多,较多采用散装运输,根据预制构件的种类、长短、重量、规格采用专用运输车辆运输,并配备专业的运输架,运载工具以重型半挂式牵引车为主。运输阶段成本作为装配式建筑建造过程中重要的一部分,所占比例很大。

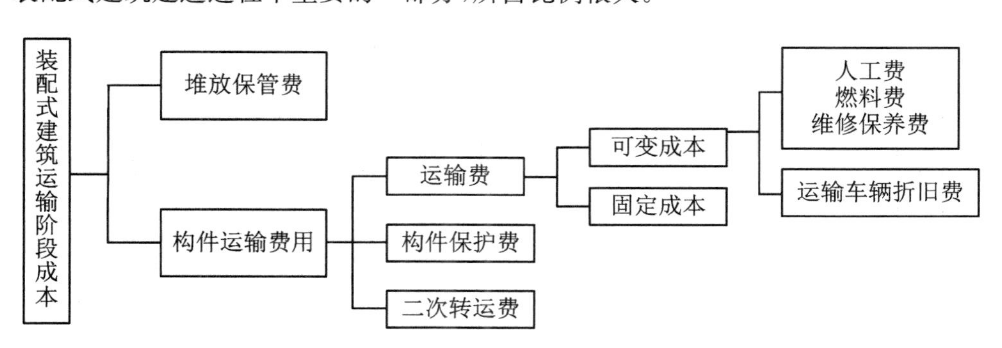

图 4.4 装配式建筑运输阶段成本构成

在运输过程中,对成本的影响主要体现在以下因素中:

(1) 运输距离

运输距离的长短对运输成本具有较大的影响,合适的运输距离可保证预制构件的高效运输,避免运输过程中造成的构件损坏和过高的运输费用。

(2) 装载方案

在运输过程中,科学合理地规划构件摆放方式与装运形式,能大幅节省运输空间,提高车辆荷载率,减少运输次数,降低运输成本。

(3) 运输环境

从预制构件厂到施工现场的运输环境影响构件的运输损耗和二次搬运。路况环境较差、构件固定措施不到位等问题,易造成构件在运输过程中因受力不均而导致的一定程度的损耗。同时,环境欠佳也会导致运输车辆不易直接到达目的地,从而产生二次搬运等额外成本。

4.1.5 安装阶段成本分析

装配式建筑安装阶段的成本主要是指将预制完成的构件按照一定的标准和技术规范安装成型所需要花费的费用。如何对预制构件进行现场拼装,不仅关乎建筑质量,而且对建筑成本有直接影响。预制构件的连接方式决定了装配式建筑的稳定性。连接方式分为干连接和湿连接,干连接是通过预埋的钢筋焊接进行构件之间的连接,湿连接则是通过调配好的混凝土和水泥砂浆灌注到构件中,以此进行构件之间的连接。因此,装配式建筑的安装成本可分为吊装费用和现浇工程相关费用(如图 4.5 所示)。

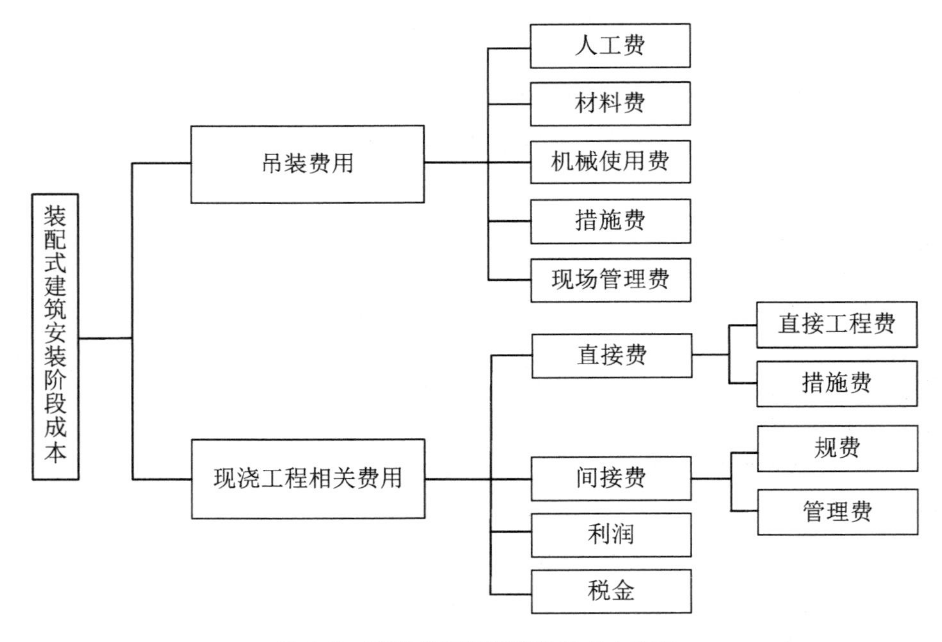

图 4.5 装配式建筑安装阶段成本构成

在安装过程中，对成本的影响主要体现在以下因素中：

(1) 吊装方案

构件运输至施工现场后，要进行现场吊装工作。吊装施工需精确设置各连接点、连接预埋件等工序，根据构件的规格尺寸确定吊装用具和吊装方式，形成高效率、低成本的吊装方案。

(2) 工人技术水平

由于预制构件的种类多，不同构件的安装工艺存在差异，工人对构件安装的熟练程度影响建筑的质量和使用功能。因此，应对安装工人的技术水平有较高的要求，避免因重新拆卸或返工而产生不必要的间接成本。

(3) 构件损坏率

在安装过程中，由于构件自身重力太大或工人操作不当等因素造成了构件损坏，需对构件进行维修或更换而致使成本增加。

4.2 装配式建筑与传统建筑成本的差异分析

装配式建筑的建造作为一种新型建造方法，其成本与传统建筑成本存在很大的差异。一是材料差异。装配式建筑主体结构构件采用工厂化生产、施工现场安装的模式，工厂生产预制构件，除钢筋、混凝土等材料费用外，模板的成本、养护设备的投入等均不可忽略，又由于通常生产工厂与项目施工现场有一定的运输距离，最后导致预制构件的价格比起传统建筑单纯的混凝土、钢材价格增加不少。行业普遍将这种材料价格的增加，直接作为对比装配式建筑与传统建筑的成本增量。二是措施差异。传统现浇施工的关键建筑材料混凝土为流体状态，钢筋为零散状态，可根据用量或者转运器具的大小，决定单次转运的数量。而装配式建筑预制构件代替了原来零散的混凝土和钢筋，大的单块构件如剪力墙、凸窗、阳台、楼梯对施工吊机的要求更高，在装配式建筑项目中，施工器具的升级也增加了费用。另外，为了保证剪力墙、柱子等竖向预制构件安装的安全可靠性，还需要增设斜杆和横杆等临时支撑，这种施工措施也是传统现浇建筑没有的。

下面从人工费、材料费、机械费和其他费用4个方面对装配式建筑和传统建筑成本的差异进行比较分析(见表4.1)。

表 4.1　装配式建筑与传统建筑成本差异对比

项目	装配式建筑	传统现浇建筑	比较
人工费	① 预制工厂生产过程中的各种人工费用； ② 从预制工厂到施工现场运输途中所发生的一系列人工费用； ③ 施工现场各分部分项工程所包含的人工费用	① 土石方的开挖、回填过程中产生的一系列人工费； ② 混凝土的制作、运输、振捣、搅拌产生的人工费； ③ 钢筋的绑扎、剪切产生的人工费； ④ 砌筑工程中，砌块的砌筑、放线产生的人工费； ⑤ 防水和隔热工程中，材料运输及铺设产生的人工费用； ⑥ 模板、脚手架以及零星项目所产生的人工费用等	① 预制构件在预制工厂的生产以及运输过程中产生一系列人工费；但现场砌筑工程量、抹灰工程量等大幅度减少了人工消耗； ② 两者在工种的需求量上也发生了变化。预制构件在一个全新的预制工厂进行生产制作，然后运输到施工场地，全过程流水线生产、信息化管理，产生了有别于传统建筑项目的人工费用；构件在其安装过程中，需要的工种也发生了相应的变化，需要专业技能更强的技术工人
材料费	原材料、辅助材料、组件、成品或半成品、技术设备以及在生产和建造过程中产生的成本等	构成上与装配式建筑现场施工所需材料大体一致，只是无预制现场和构件吊装黏合材料，具体种类上远远少于装配式建筑，并且在数量上大不相同	材料费在分部分项工程上的分布大致没有很多变化，只是在用量上以及种类上有所改变或者有所不同。由于装配式建筑的特性，装配式预制构件在预制工厂中生产，并且其整体性能优于现浇建筑，但是为了保证这些构件的强度，通常必须增加预制构件中的材料种类和数量
机械费	主要产生于构件的生产、运输、吊装、校正。包括汽车式起重机、塔式起重机、载重汽车、灰浆搅拌机、交流电焊机、空压机、套丝机、外用电梯、升降机等产生的费用。除此以外还有其他租用的机械设备费用	具体是指现场施工期间发生的建筑机械使用成本和设备使用成本。施工机械的使用费用主要包括折旧费用、损坏维修费、日常维修费用、安装和拆卸费用、场外运费、燃料动力费、税金和人工费。其中的人工费是指机械操作人员及相关人员的费用	① 在运输阶段产生了起重机和运输汽车费用，是装配式建筑项目新增的费用； ② 在装配式建筑现场施工时，比传统建造项目所用的机械增多，例如吊装设备、注浆设备等；并且预制构件因尺寸和重量大，其机械设备的需求也增大了；因吊装需要，还增加了垂直运输机械费、单日租赁费以及使用费

续表

项目	装配式建筑	传统现浇建筑	比较
其他费用	包括企业管理费、利润、措施项目费、规费和税金，其中包括竞争性费用和非竞争性费用	除去占大部分的人工、材料、机械费用，剩余辅助生产用费用主要是企业管理费、利润、措施项目费、规费和税金	在计费维度和种类上，两者并无差异，都统计在企业管理费、利润、措施项目费、规费和税金5个维度，分散统计在各个维度的详细种类上，只是金额会因直接费金额发生变化相应发生变动

4.3 装配式建筑增量成本

4.3.1 增量成本的概念

装配式建筑的成本构成相较于传统现浇建筑有许多差异之处，装配式建筑的成本普遍高于传统现浇建筑，即产生了“增量成本”。装配式建造方式的增量成本可以分为两类：一是建造方式的改变必然带来的成本差异；二是通过技术革新、管理改进和政策调整可以避免的增量部分。在不同的阶段，装配式建筑具有不同的增量成本（见表4.2）。

表4.2 成本增量组成

组成	具体分析
设计增量成本	设计阶段针对构件连接部分增加的深化设计所产生的费用
预制构件增量成本	同一预制部件采用不同生产方式计算综合单价所导致的增量成本
措施增量成本	预制构件从工厂到施工现场组装直至吊装完成所产生的施工措施增量成本

4.3.2 增量成本的构成

1. 设计阶段增量成本分析

传统现浇建筑的设计模式主要面向现场施工，设计阶段与生产、施工、建设等单位的协调配合工作较少。而装配式建筑则将施工阶段的问题提前至设计阶段，将设计模式由面向现场施工转变为面向工厂加工和现场施工的新模式，与各单位之间实现分工与合作，使研发、设计、生产和施工等过程形成完整的协作机制，可以减少后期返工和变更，体现出装配式建筑设计集成的特点。

不难看出，设计阶段的增量成本为拆分设计、构件加工设计等深化设计成本。同时，标准化设计可以提高设计效率、减低设计成本。但由于目前装配式建筑的标准化设计技术尚不成熟，其在设计阶段的降本增效并不显著。整体而言，目前我国装配式建筑的设计成本较传统现浇建筑有所增加，设计费增量为 15～20 元/m²。

2. 生产阶段增量成本分析

装配式建筑相比传统现浇建筑增加了预制构件的生产阶段。相关研究表明，在装配率为 40%的情况下，预制构件的成本费折合到单位建筑面积的成本可达到 500 元/m²，约占到装配式建筑总成本的 1/5。因此，预制构件成本是装配式建筑的主要增量成本之一，具体成本构成如图 4.6 所示。

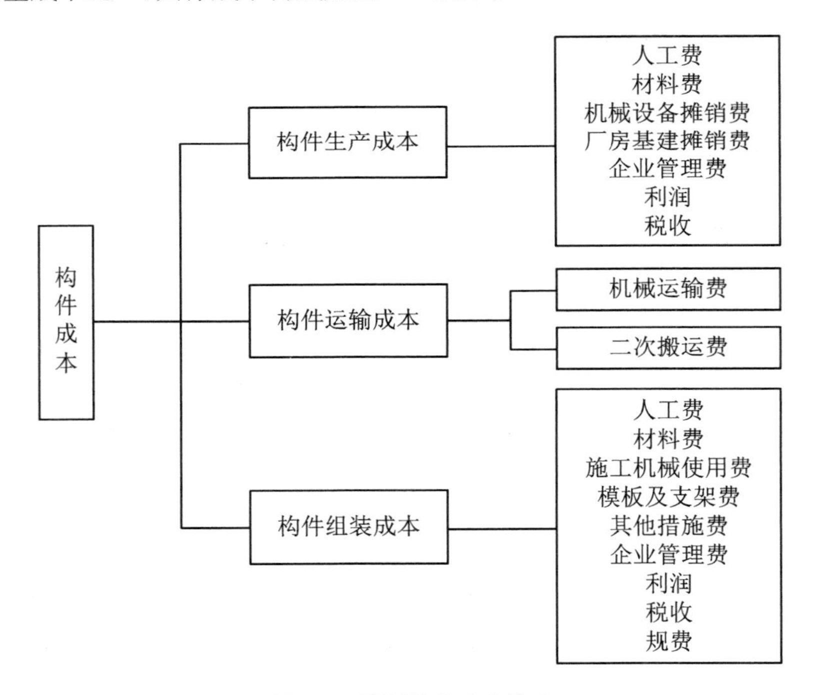

图 4.6　预制构件成本构成

(1) 构件生产成本

预制构件生产成本一般由人工费、材料费、制作费、措施费、场内运输费、管理费、利润和税金等费用组成。人工费是指生产人员及工厂辅助人员的全部工资性费用、劳动保险、公积金等费用。预制构件的生产材料增项包括施工用预埋件(包含预制墙板连接套筒、外挂架及支、吊装等)、加工用预埋件和预埋机电管线等。预制构件施工时所用建材主要增加了灌浆料及配套材料、耐候胶及辅助性材料、安装预留口的封堵材料等。制作费主要包括水、电、蒸汽等能源费和工具分摊费、低值易耗品分摊等费用。措施费主要包括模具摊销费和固定资产折旧费。管理费一般按直接费的15%以内进行计算,利润一般按5%～10%进行计算。税金由政府定价,不在本文分析范围内。

(2) 构件运输成本

构件运输成本主要包括构件本身运输车辆费用、构件运输的专用吊具和托架等费用、构件吊装需要大吨位起重机的购置费或租赁费分摊费用等。运输成本与运输方式和运输距离密切相关,总体约占预制构件生产和运输成本构成的8%左右。

(3) 构件组装成本

根据调研,构件组装成本主要包括人工费、耗材费(接缝处理、封堵灌浆、填充密封胶等)、周转材料费(斜撑、固定件、拉结件)、机械费(电焊机、灌浆机、切割机等小型机械设备费,吊车等台班费及进出场费)和税费。其中,人工费约占32%,耗材费约占43%,周转材料费约占7%,机械费约占15%,税费约占3%。人工费和耗材费两项合计约占预制构件组装总成本的75%。构件吊装费用主要包括构件组装费、构件垂直运输费和专用工具摊销等费用。

3. 不同预制率下的增量成本

预制率是装配式建筑特有的评价指标,是衡量装配式建筑预制构件利用程度的重要指标,也是国家制定装配式建筑扶持政策的主要依据。由于装配式建筑产生的时间较短、相关的法律法规不够健全,且在预制率方面的要求比较模糊,因此,各级地方政府对装配式建筑预制率的规定也存在较大的差异。装配式建筑项目由于预制率的不同致使不同项目增量成本差异很大,现以3个不同预制率的项目为例,以安徽省2018版计价依据,测算预制构件综合单价的增量成本(见表4.3)。A项目在叠合楼板、楼梯上进行预制,预制率为14%,增量成本为33.21元/m^2;B项目在楼梯、外墙、内剪力墙、阳台上进行预制,预制率为31%,增量成本为315.49元/m^2;C项目在叠合楼板、楼梯、内剪力墙上进行预制,预制率为27%,增量成本为79.79元/m^2。很显然,B项目的预制率最高,产生的增量成本也最多。

表 4.3　不同预制率下的综合单价增量成本测量表

项目	预制率测算						项目综合单价增量成本测算(元/m²)					
	叠合楼板	楼梯	外墙	内剪力墙	阳台	合计	叠合楼板	楼梯	外墙	内剪力墙	阳台	合计
项目 A	8%	6%	—	—	—	14%	13.04	20.17	—	—	—	33.21
项目 B	—	3%	20%	2%	6%	31%	—	16.64	244.15	7.83	46.87	315.49
项目 C	12%	5%	—	10%	—	27%	22.67	21.43	—	35.69	—	79.79

4.3.3　增量成本产生的原因及控制要点

1. 设计阶段

目前我国绝大多数装配式建筑的设计思路沿用传统的设计方式,相较于现浇式建筑项目增加了预制构件的深化设计费用。在预制构件的深化设计阶段,其受力情况、节点处的配筋要求、预埋件以及预留孔均需呈现在图纸上,因此装配式建筑的设计费高出现浇式建筑。而且,预制构件在生产阶段的通用性不足以及安装施工阶段的匹配性不合理,导致装配式建筑全寿命周期成本大幅度提高。

由于设计对最终的造价起决定作用,在设计阶段应系统考虑建筑方案对深化设计及构件生产、运输、安装施工环节的影响,合理确定设计方案和设计流程,强化参与深化设计的设计人员、施工人员、咨询人员、构件生产商在深化设计阶段的协作。针对装配式设计经验不足的问题,应选择易生产、便于安装、成本相对低的形式,避免复杂、异形的结构部件,重点把握预制率和重复率,利用标准化的模块促进构件的精细化设计,降低生产、施工变更对成本的负面影响。

2. 生产阶段

(1) 人工费的增加

目前,我国装配式建筑发展仍处于初级阶段,预制构件的生产效率相对较低,装配式建筑领域的工人及管理人员相对匮乏,从事预制构件生产且技术熟练的工人数量较少、缺乏经验,造成实际的人工费偏高。而且,项目的构件质量与生产周期对工人的依赖性较强,在工人入职前需进行相关的技术培训,加之每年都会有大量技术培训合格的工人频繁流失,也直接导致了预制构件生产阶段人工费的增加。

(2) 材料费的增加

装配式建筑构件在预制生产时,大量的混凝土和钢筋等材料都转移到了工厂内。但由于现行的装配式建筑结构设计还未实现标准化与模块化,预制构件的配筋仍是以现浇式构件为基础，需在节点处设立连接钢筋。相关数据统计显示，预制构件比现浇式构件增加了30%以上的钢筋用量。

(3) 生产机械设备折旧费的增加

我国现阶段的装配式建筑项目还未实现规模化发展，预制构件生产需求量相较于设计产能依旧不足。预制构件工厂不能满负荷生产，同时还需采用专业的加工机械，因此耗费了过多的机械购置费、定期保养费以及折旧费。

(4) 模具周转次数少

目前，我国装配式建筑标准化程度不高，统一模数系统不完善，标准化预制构件目录不健全，构件规格尺寸多、通用化程度低。预制构件生产厂不会对某种构件形成大规模的生产，导致模具不能在不同的项目之间进行流转使用，模具的通用性不足。模具的规格多、周转次数少、利用不充分等因素，都会造成模具摊销成本较高，模具费用得不到有效降低。目前预制构件生产存在模具笨重、组模和拆模速度慢、生产效率低的弊端，应革新模具构造并改进为流水线生产形式，优化固定模台，提高模具的周转次数。同一规格的预制构件应根据项目实际施工进度分批次生产，并及时对模具进行清理维护，增加模具的使用频次。针对构件生产企业工人技术不熟练的问题，应加强对产业工人的培训与激励管理，多措并举，以此吸引更多的产业工人转而进入装配式建筑生产行业，逐渐增加产业工人供应量，应对产业工人技术不熟练、技术链条断裂、人工消耗量大、企业议价能力低而导致成本增加等问题。

3. 运输阶段

在构件运输过程中，运输道路路况差、缺乏针对性的构件装载方案、装运放置不合理、构件尺寸体积大、规格型号多等因素，在降低运输效率的同时，还会使构件成品在运输途中因受力不均发生碰撞、损坏的现象，增加额外的成本。预制构件工厂一般位于偏远地区，距离越远，运输效率越低，运输成本越高。此外，预制构件在生产厂家养护完毕后运输到施工现场，需要有专门的场地对成品进行存放与养护，在这期间还要有专人负责管理，造成人工成本和仓储场地建设成本增加。

4. 安装阶段

当前预制构件的生产、运输与安装存在一定脱节，降低了预制构件的安装效率。在现场的吊装环节中，构件的垂直运输数量及距离明显增加，而构件的尺寸和重量偏大，传统的塔吊、汽车吊等吊装机械无法满足施工要求，需采用大型吊装机械，无疑导致了租赁成本的增加。当构件安装选用专业性较强、可靠度较高的钢筋套筒灌浆连接工艺时，使用的钢筋套筒数量较多，灌浆材料的价格偏高，造成施工成本大幅度增加。与此同时，还需考虑为固定构件设置临时支撑的费用、劳动保护费及安全设施费等。

现阶段尽管装配式建筑的成本高于传统建筑，但其在经济、环境和社会方面也都产生了效益。经济效益主要包括工期变化产生的增量效益、“四节”产生的增量效益、销售价格的增量效益；环境效益主要反映在建造过程和使用过程中所产生的碳排放量减少带来的效益；社会效益主要包括建造过程优势、居住舒适度。另外，地方政府对于装配式建筑实行组合式鼓励政策，如面积奖励政策、现金补贴政策等，这些组合政策在一定程度上弥补了装配式建筑的增量成本。

4.4 装配式建筑成本管理要点

4.4.1 装配式建筑成本管理的概念和内容

装配式建筑成本管理是指在保证质量的前提下，对装配式建筑建造的全过程进行科学合理的管理，力求以最少生产耗费取得最大的生产成果。装配式建筑成本管理，有别于传统的成本管理。要抓住与传统建筑的差异特征，实施针对性的管理方法，系统考虑深化设计及构件生产、运输、安装施工环节的影响，让构件模块化、标准化生产，减少事后修改，提高成本管理效率。因此，装配式建筑成本管理的主要内容包括：

① 要进行精准调研，尤其要对预制构件厂的技术水平、位置布局、资金实力等因素进行调研。

② 装配式设计是成本管理的关键要素，包括确定合理设计方案、综合各专业进行全面审核等。

③ 对预制构件的采购管理进行优化、创新，从预制率、技术体系、规模化、标准化、资金成本等多方面进行综合平衡。

4.4.2 装配式建筑成本管理的流程

成本管理包括了成本预测、成本计划、成本控制、成本分析和成本考核等内容，其核心为成本控制。依据建设工程项目全寿命周期的划分标准，可以把装配式建筑全过程成本控制划分为5个阶段，每一阶段都有成本控制的侧重点。严格控制好每一阶段的成本，才能做好项目全过程的成本控制（如图4.7所示）。

1. 决策阶段的成本控制

决策阶段的成本控制是对投资估算编制进行合理的控制。在缺乏大量装配式建筑成本数据的情况下，如何编制出合理且最优的投资估算是该阶段成本控制的难点。通过细化与深化项目的可行性研究，多方位比选初步设计方案，合理把控装配率，从而设置出合理的目标成本，编制出最优的投资估算。

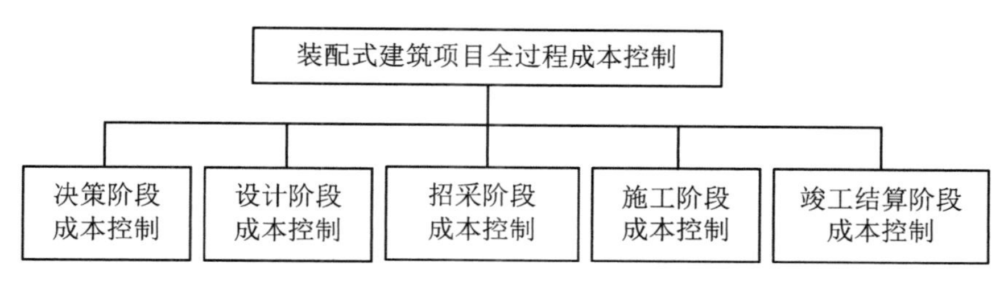

图 4.7　装配式建筑项目全过程成本控制阶段划分图

2. 设计阶段的成本控制

设计阶段是项目全过程成本控制的重中之重，设计师应具有成本控制的观念以及成本控制的能力，将动态的成本控制贯穿于整个设计过程中，在设计过程中及时调整成本。在设计阶段就应该确定 PC 构件生产厂家，形成以设计师为总负责人、建设单位与 PC 构件生产厂家为成员的项目团队，团队内部应及时有效地进行沟通，在设计过程中做到装配式建筑成本的动态控制，以达到工程总造价最优。设计优化会提高装配式建筑的构件规格重复使用率，减少模具种类，提高模具周转次数，减少返工浪费。

3. 招采阶段的成本控制

招采阶段主要从以下 3 个方面对成本产生影响：

(1) 选择有承建装配式建筑经验与能力的施工方

装配式建筑作为新兴的建筑形式，不是所有的承包商都有承建的经验与能力，一个承建技术比较成熟的施工方会在施工过程中节省成本，使成本得到很好的控制。

(2) 编制完善合理的装配式建筑总包合同条款

传统总包合同条款已经不适用于装配式建筑。在签订总包合同前，双方应编制并完善相适应的合同条款。

(3) 合理准确地确定合同价

由于 PC 构件在全国或者某些地区并没有一个相对统一稳定的市场价格，这就为合同价的确定带来很多不确定性，为成本的控制带来大量风险。在确定承包商后，建设方与施工方应组织相关成本人员组成询价小组，收集询问相关 PC 构件的价格，建立 PC 构件价格数据库，形成比较稳定的价格系统，从而降低成本控制的风险。

4. 施工阶段的成本控制

施工方的相关负责人应加入以设计师为总负责人的装配式建筑技术经济攻关团队，设计师与PC构件生产厂家应及时对施工方技术人员进行技术交底，对图纸进行分析与审核，及时调整与变更不合理的设计，减少施工过程中的工程变更，以便施工方的技术成本人员编制合理的施工组织方案。优秀的施工组织方案包括设计最经济的运输方案、选择低费用的吊装机械、合理安排流水施工以缩短施工空闲时间，提高施工效率，降低安装成本。一个合理优秀的施工组织方案不仅能推进工程的顺利进行，更能节省工程总成本，从而使工程成本得到有效控制。

5. 竣工结算阶段的成本控制

在竣工结算过程中，一方面要确保施工过程资料的准确、完整与真实性，这样可以减少建设方与承包方相关人员不必要的交涉，从而节省人力、物力与时间的投入；另一方面是严格按照合同约定、相关造价文件进行结算，尤其是涉及PC构件价格的调整。

4.5 装配式建筑增量成本分析案例

4.5.1 项目简介

X项目位于安徽省合肥市，于2021年12月开工建设，2024年6月竣工。项目周边配套齐全，生活便利，自带商业、酒店、写字楼和底商，购物休闲方便，北边有瑶海公园和生态公园，为休闲散步的好去处。该项目由11栋可售住宅、1栋租赁住宅、2栋配电房、11栋商业楼、1栋写字楼、1栋酒店、1栋幼儿园组成。总建筑面积约为20.49万m^2，其中地上建筑面积为16.21万m^2，地下建筑面积为4.28万m^2。项目建成图见图4.8。

本项目结构形式为装配整体式剪力墙结构，装配率为合肥市标准65%。装配式构件主要包括：竖向构件采用预制混凝土夹心保温外墙板及剪力墙，水平构件采用预制叠合板、预制梁、预制飘窗板、预制空调板、预制楼梯等，外围护采用预制混凝土墙板、预制保温墙板，内隔墙采用ALC轻质内隔条板，外墙保温隔热一体板采用200 mm + 90 mm厚设计。本项目装配率楼栋采用集成厨房工艺，并采用全装修+水、暖管线分离+Q_5项[工程总承包、应用BIM技术新型模板系统(铝模)、关键岗位作业人员专业化]。其中3栋住宅楼总建筑面积为7920 m^2，PC构件专项设计费增加费用为12.24元/m^2；该户型装配式工程量、现浇工程量见表4.4、表4.5。

图 4.8 项目建成图

表 4.4 3 栋住宅采用装配式建筑时的建造结构成本

项目		单位	工程量	综合单价	小计
预制构件	预制叠合板	m^3	275.40	3288.00	905515.20
	预制空调板/飘窗板	m^3	52.02	3333.00	173382.66
	预制剪力墙	m^3	249.00	3240.00	806760.00
	预制隔墙	m^3	429.45	3085.00	1324853.25
	预制叠合梁	m^3	96.39	2955.00	284832.45
	预制保温一体化板	m^3	297.38	3340.00	993249.20
	ALC 内墙	m^3	326.20	1282.00	418188.40
	小计				4906781.16
传统工艺构件	一般内砌体墙	m^3	422.54	977.00	412821.58
	一般外砌体墙	m^3	179.04	977.00	174922.08
	模板	m^2	12479.20	77.00	960898.40
	钢筋	t	232.31	6175.00	1434514.25
	现浇剪力墙	m^3	722.32	726.00	524404.32
	现浇楼板	m^3	874.54	726.00	634916.04
	外墙抹灰	m^2	3042.25	35.50	107999.88
	外墙保温	m^2	637.26	75.00	47794.50
	小计				4298271.05

续表

项目		单位	工程量	综合单价	小计
措施费及其他	PC塔吊(含塔司)	月/台	11	55000.00	605000.00
	PC塔吊进出场	台次	1	55000.00	55000.00
	PC塔吊基础	台次	1	71500.00	71500.00
	其他措施费差异	m^2	7920	17.00	134640.00
	小计				866140.00

表4.5　3栋住宅采用传统现浇工艺时的建造结构成本

项目		单位	工程量	综合单价	小计
传统工艺构件	一般内砌体墙	m^3	748.7	977.00	731479.90
	一般外砌体墙	m^3	722.9	977.00	706273.30
	模板	m^2	21134.8	73.00	1542840.40
	钢筋	t	242.2	6175.00	1495585.00
	现浇剪力墙	m^3	927.9	720.00	668088.00
	现浇楼板	m^3	1274.1	720.00	917352.00
	外墙抹灰	m^2	6575.3	35.50	233423.15
	外墙保温	m^2	3940.0	75.00	295500.00
	小计				6590541.75
措施费及其他	传统塔吊(含塔司)	月/台	5	40330.00	201650.00
	传统塔吊进出场	台次	0.5	39600.00	19800.00
	传统塔吊基础	台次	0.5	60500.00	30250.00
	小计				251700.00

4.5.2　增量成本分析

根据表4.4和表4.5的数据，对该项目的数据按照增量成本(仅结构费用)的构成进行分析，计算结果见表4.6。

表 4.6　3 栋住宅楼增量成本分析　　单位:元

差异项目		装配式	现浇	差额	增量成本
预制构件	预制叠合板	905515.20	0	905515.20	114.33
	预制空调板/飘窗板	173382.66	0	173382.66	21.89
	预制剪力墙	806760.00	0	806760.00	101.86
	预制隔墙	1324853.25	0	1324853.25	167.28
	预制叠合梁	284832.45	0	284832.45	35.96
	预制保温一体化板	993249.20	0	993249.20	125.41
	ALC 内墙	418188.40	0	418188.40	52.80
	小计				619.53
传统工艺构件	一般内砌体墙	412821.58	731479.90	−318658.32	−40.23
	一般外砌体墙	174922.08	706273.30	−531351.22	−67.09
	模板	960898.40	1542840.40	−581942.00	−73.48
	钢筋	1434514.25	1495585.00	−61070.75	−7.71
	现浇剪力墙	524404.32	668088.00	−143683.68	−18.14
	现浇楼板	634916.04	917352.00	−282435.96	−35.66
	外墙抹灰	107999.88	233423.15	−125423.27	−15.84
	外墙保温	47794.50	295500.00	−247705.50	−31.28
	小计				−289.43
措施费及其他	PC 塔吊(含塔司)	605000.00	201650.00	403350.00	50.93
	PC 塔吊进出场	55000.00	19800.00	35200.00	4.44
	PC 塔吊基础	71500.00	30250.00	41250.00	5.21
	其他措施费差异	134640.00	0	134640.00	17.00
	小计				77.58

1. 预制构件设计增量成本

装配式建筑相比传统现浇建筑的全方位设计，成本主要增加在深化设计费和施工模拟费。根据提供的数据可得，该项目单位面积设计增量成本：

$$\Delta C_{设计} = 12.24(元/\mathrm{m}^2)$$

2. 构件增量成本

预制叠合板增量成本 = (905515.20 − 0)/7920 = 114.33(元/m^2)

预制空调板/飘窗板增量成本 = (173382.66 − 0)/7920 = 21.89(元/m^2)

预制剪力墙增量成本 = (806760.00 − 0)/7920 = 101.86(元/m^2)

预制隔墙增量成本 = (1324853.25 − 0)/7920 = 167.28(元/m^2)

预制叠合梁增量成本 = (284832.45 − 0)/7920 = 35.96(元/m^2)

预制保温一体化板增量成本 = (993249.20 − 0)/7920 = 125.41(元/m^2)

ALC 内墙增量成本 = (418188.40 − 0)/7920 = 52.80(元/m^2)

$$\begin{aligned}\Delta C_{预制} &= 114.33 + 21.89 + 101.86 + 167.28 \\ &\quad + 35.96 + 125.41 + 52.80 \\ &= 619.53(元/\mathrm{m}^2)\end{aligned}$$

一般内砌体墙增量成本 = (412821.58 − 731479.90)/7920 = −40.23(元/m^2)

一般外砌体墙增量成本 = (174922.08 − 706273.30)/7920 = −67.09(元/m^2)

模板增量成本 = (960898.40 − 1542840.40)/7920 = −73.48(元/m^2)

钢筋增量成本 = (1434514.25 − 1495585.00)/7920 = −7.71(元/m^2)

现浇剪力墙增量成本 = (524404.32 − 668088.00)/7920 = −18.14(元/m^2)

现浇楼板增量成本 = (634916.04 − 917352.00)/7920 = −35.66(元/m^2)

外墙抹灰增量成本 = (107999.88 − 233423.15)/7920 = −15.84(元/m^2)

外墙保温增量成本 = (47794.50 − 295500.00)/7920 = −31.28(元/m^2)

$$\begin{aligned}\Delta C_{传统工艺} &= -40.23 - 67.09 - 73.48 - 7.71 \\ &\quad - 18.14 - 35.66 - 15.84 - 31.28 \\ &= -289.43(元/\mathrm{m}^2)\end{aligned}$$

该项目单位面积构件增量成本为

$$\Delta C_{构件} = 619.53 - 289.43 = 330.10(元/\mathrm{m}^2)$$

3. 预制构件措施增量成本

PC 塔吊(含塔司)增量成本 = (605000.00 − 201650.00)/7920 = 50.93(元/m^2)

PC 塔吊进出场增量成本 = (55000.00 − 19800.00)/7920 = 4.44(元/m^2)

PC 塔吊基础增量成本 = (71500.00 − 30250.00)/7920 = 5.21(元/m^2)

其他措施增量成本 = (134640.00 − 0)/7920 = 17.00(元/m^2)

该项目单位面积措施增量成本为

$$\begin{aligned}\Delta C_{措施} &= 50.93 + 4.44 + 5.21 + 17.00 \\ &= 77.58(元/\mathrm{m}^2)\end{aligned}$$

4. 预制构件总增量成本

$$\begin{aligned}\Delta C &= \Delta C_{设计} + \Delta C_{构件} + \Delta C_{措施} \\ &= 12.24 + 330.10 + 77.58 \\ &= 419.92(元/\mathrm{m}^2)\end{aligned}$$

式中，ΔC 为装配式建筑相对于传统现浇建筑总的增量成本；$\Delta C_{设计}$ 为装配式建筑相对于传统现浇建筑在预制构件设计方面产生的增量成本；$\Delta C_{构件}$ 为装配式建筑相对于传统现浇建筑关于构件材料成本、生产和运输成本、构件组装成本方面产生的增量成本；$\Delta C_{措施}$ 为装配式建筑相对于传统现浇建筑在预制构件有关措施费方面产生的增量成本。

第5章　装配式建筑决策阶段成本管理

投资决策对于任何建设项目而言，直接关系到投资项目的经济效益，甚至直接决定项目的成败。因此，有必要对工程项目各类资源进行梳理，分析和确定装配式建筑的可行性、必要性和合理性，从而做出正确的决策。投资估算和方案比选是装配式建筑决策阶段的重要工作，也是成本管理的重要环节，必须建立科学合理的决策机制，才能有效做好成本控制。

5.1　装配式建筑决策阶段的主要工作

项目投资决策是选择和决定投资行动方案的过程，是对拟建项目的必要性和可行性进行经济和技术论证，对不同建设方案进行比较选择，做出判断和决定的过程。项目投资决策是投资行动的准则，正确的投资行动来源于科学合理的投资决策。在装配式建筑中，投资决策的好坏关系到企业长期的经济效益和未来的发展方向。一般而言，装配式建筑投资决策大体经历以下程序：确定拟建项目要达到的目标；根据确定的目标，提出若干个有价值的投资方案；通过方案比选，选出最佳投资方案；最后对最佳方案进行评价，以判断其可行程度。一般工作流程如图5.1所示。

投资决策的实质在于选择最佳方案，使得投资资源得到最优配置，实现投资决策的科学性和民主性，从而取得更好的经济效益。装配式建筑投资决策阶段的主要工作包括：

(1) 市场调研

市场调研是指用科学的方法系统搜集、记录、整理和分析市场情况，了解市场的现状及其发展趋势，为企业的决策者制定政策、进行市场预测、做出经营决策、制定计划提供客观和正确的依据。

(2) 项目建议书

在项目早期，往往由于项目条件不够成熟，仅有规划意见书，对项目的具体建设方案还不明晰，对市政、环保、交通等专业咨询意见尚未征询，因此项目建议书主要论证项目建设的必要性，建设方案和投资估算比较粗。

(3) 可行性研究

可行性研究是在投资决策之前，对与拟建项目有关的自然、社会、经济、技术等进行调研、分析比较以及预测建成后的社会经济效益，并对其进行全面经济和技术分析的科学论证。这是一项具有决定性意义的工作。

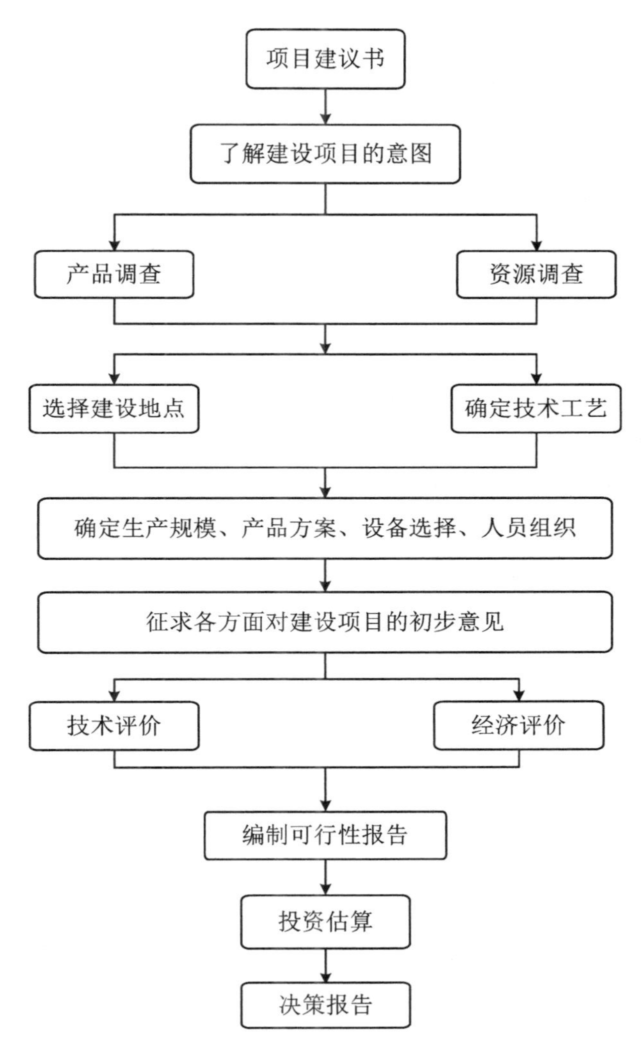

图 5.1 装配式建筑投资决策阶段的工作流程图

(4) 市场定位

市场定位是指根据产品在市场上所处的位置，针对用户对产品的某种特征或属性的重视程度，强有力地塑造出与众不同的、给人印象深刻的、个性鲜明的形象，并通过一套特定的市场营销组合把这种形象迅速生动地传递给顾客，从而使该产品在市场上确定适当的位置。

(5) 方案比选

即对项目方案的比较与选择，是寻求合理的经济和技术决策的必要手段，也是投资项目评估工作的重要组成部分。

5.2 装配式建筑投资估算

5.2.1 投资估算的概念

投资估算是指在项目投资决策过程中，依据现有的资料和特定的方法，对建设项目的投资数额进行的估计。在项目建议书、预可行性研究、可行性研究、方案设计阶段（包括概念方案设计和报批方案设计）应编制投资估算。

投资估算是项目建设前期编制项目建议书和可行性研究报告的重要组成部分，是进行建设项目经济评价和投资决策的基础。投资估算的准确与否不仅会影响到项目建议书和可行性研究工作的质量和经济评价结果，也直接关系到下一阶段设计概算和施工图预算的编制，对建设项目资金筹措方案也有直接影响。因此，全面准确地估算建设项目的工程造价，是可行性研究乃至整个决策阶段成本管理的重要任务。

5.2.2 投资估算的阶段划分和精度要求

根据建设项目投资估算的精度要求及其特点，在选择工程建设项目的各阶段投资估算方法时需要达到以下几点要求：

(1) 项目规划阶段的投资估算

项目规划阶段是指有关部门根据国民经济发展规划、地区发展规划和行业发展规划的要求，编制一个建设项目的建设规划。此阶段是按项目规划的要求和内容，粗略估算建设项目所需投资额，其对投资估算精度的要求为允许误差超过±30%。

(2) 项目建议书阶段的投资估算

项目建议书阶段是指按项目建议书中的产品方案、项目建设规模、产品主要生产工艺、企业车间组成、初选建厂地点等，估算建设项目所需要的投资额。其对投资估算精度的要求为误差控制在±30%以内。

(3) 初步可行性研究阶段的投资估算

初步可行性研究阶段，是在掌握了更详细、更深入的资料条件下，估算建设项目所需的投资额。其对投资估算精度的要求为误差控制在±20%以内。

(4) 详细可行性研究阶段的投资估算

详细可行性研究阶段是指对项目进行较详细的技术经济分析，决定项目是否可行，并比选出较优的投资方案。此阶段的投资估算经审核批准后，即是工程设计任务书中规定的项目投资限额，对工程设计概算起控制作用。其对投资估算精度的要求为误差控制在±10%以内。

5.2.3 投资估算的作用

投资估算的作用包括：

① 项目建议书阶段的投资估算，是项目主管部门审批项目建议书的依据之一，并对项目的规划和规模起参考作用。

② 项目可行性研究阶段的投资估算是项目投资决策的重要依据，也是研究、分析和计算项目投资经济效果的重要条件。

③ 项目投资估算对工程设计概算起控制作用，设计概算不得突破有关部门批准的投资估算，并应控制在投资估算额以内。

④ 项目投资估算可作为项目资金筹措及制定建设贷款计划的依据，建设单位可根据批准的项目投资估算额，进行资金筹措和制定贷款计划。

⑤ 项目投资估算是核算建设项目固定资产投资需要额和编制固定资产投资计划的重要依据。

⑥ 项目投资估算是进行工程设计招标、优选设计方案的依据之一，也是工程限额设计的依据。

5.2.4 装配式建筑投资综合估算指标

住房和城乡建设部为满足装配式建筑工程前期投资估算的需要，进一步推进装配式建筑工程建设发展，于2020年编制了《装配式建筑工程投资估算指标》(以下简称《指标》)。《指标》适用于新建装配式建筑工程项目，扩建和改建的项目可参考使用。《指标》中提到的各项指标是装配式建筑工程前期编制投资估算、多方案比选和优化设计的参考，是项目决策阶段评价投资可行性、分析投资效益的主要经济指标。

装配式建筑投资估算额由建筑工程费、安装工程费、设备购置费、工程建设其他费和基本预备费的单项指标组成(未含涨价预备费，该费用可自行考虑)，见表5.1。其中建筑工程费和安装工程费之和即建安工程费，占总造价的比例最大，由人工费、材料费、机械费、综合费(企业管理费、利润及规费)和税金组成。综合费、税金、工程建设其他费及基本预备费的费率是根据现行相关规定收费标准取定的。

表 5.1 装配式建筑投资估算指标计算程序

序号	项目	取费基数及计算式
一	建安工程费	(一)+(二)+(三)
(一)	人材机合计	1+2+3
1	人工费	
2	材料费	
3	机械费	
(二)	综合费	(一)×综合费费率
(三)	税金	[(一)+(二)]×税率
二	设备购置费	原价+运杂费
三	工程建设其他费	(一+二)×工程建设其他费费率
四	基本预备费	(一+二+三)×基本预备费费率
	指标基价	一+二+三+四

《指标》包括综合指标与分项调整指标。其中综合指标由主体结构、围护墙和内隔墙、装修与安装工程 3 个分项调整指标组成,分项调整指标是综合指标的详细分解。综合指标适用于项目建议书与可行性研究阶段,当设计文件进一步明确时,则可选用分项调整指标。各地区也可以根据本地区的实际情况用分项调整指标对综合指标进行重新计算。公共类建筑和居住类建筑的估算指标会由于装配率的不同呈现较大差别,低层或多层建筑、高层框架结构建筑和高层框剪结构建筑也会因装配率不同而不同。

5.3 装配式建筑方案比选

项目方案比选是寻求合理的经济和技术决策的必要手段,也是投资项目评估工作的重要组成部分。项目方案比选所包含的内容十分广泛,既包括技术水平、建设条件和生产规模等的比选,也包括经济效益和社会效益的比选,同时还包括环境效益的比选。因此,进行投资项目方案比选时,可以按各个投资项目方案的全部因素进行全面的经济技术对比，也可仅就不同因素进行局部的对比。

5.3.1 装配式建筑评价标准选择

《装配式建筑评价标准》(GB/T 51129—2017)对装配式建筑的评价分为两级："认定"和"评级"。"认定"的技术组合和经济评价相对简单，第3.0.3条规定"装配率不低于50%"。"评级"则有两点更高的要求，一是第5.0.1条的规定"主体结构竖向构件中预制部品部件的应用比例不低于35%"，二是进行装配式建筑等级评价的门槛是装配率60%。

从目前行业数据看，装配率提高，建安成本也会相应提高。根据近年来全国完成的项目统计，对应的建安成本增量数据估算见表5.2。其中，AAA级装配式建筑的装配率最高为91%，成本增量也达到最高每平方米800元，净增量为每平方米150元。但从长期来看，逐渐提高装配率是发展趋势，现行达到50%装配率就"认定"为装配式建筑只是过渡性安排，在有条件的情况下应努力提高装配率，积极参加装配式建筑"评级"。

表5.2 不同等级装配式建筑的建安成本增量 单位：元/m^2

评价项	"认定"	"评级"		
		A级装配式	AA级装配式	AAA级装配式
装配率	≥50%	≥60%	≥70%	≥91%
成本增量	约450	约550	约650	约800
净增量	—	100	100	150

5.3.2 装配式建筑的部品部件选择

一般按照以下先后顺序对部品部件进行选择：

(1) 优先做技术应用创新和加分项

创新加分项是指各地在国标基础上因地制宜增加的评分项，一般都有得分上限。有的城市是在国标评价表的后面增加了"其他项""创新加分项"，有的城市是直接融入了评价标准的三大项中，有的城市是单独出了补充说明文件。例如合肥市的装配式建筑评价标准中也有对装配式建筑技术应用加分的项目，包括应用项、鼓励项和创新项。具体评价项目和评价要求、分值见表5.3。

表 5.3 合肥市装配式建筑技术应用加分评价表

序号	评价项		评价要求	评价分值
1	应用项	工程承包方式	工程总承包	2
2		应用 BIM 技术	全过程应用 BIM 技术	1～2
3		应用新型模板系统	50%≤比例≤70%	1～2
4		关键岗位作业人员专业化	培训合格率达到 100%	1
5	鼓励项	标准化设计	应用比例≥60%	1～3
6		消能减震或隔震技术应用	应用	1
7		BIM + RFID 电子标签	应用率≥95%	1
8	创新项	创新技术应用	装配式建筑创新技术	1～3

(2) 优先考虑有奖励政策的部品部件

对有奖励政策的构件进行技术经济分析，优先考虑。例如合肥市规定，符合装配式建筑标准的商品房项目，其外墙预制部分建筑面积可不计入成交地块的容积率（不计容建筑面积最大不得超过建筑单体地上建筑面积的 3%）。2022 年，合肥市住宅销售均价 14824.08 元/m^2，考虑 3%容积率奖励，折算后相当于增加收入 451.98元/m^2。

(3) 优先选择绿色构件

装配式建筑发展要优先采用绿色构件。如合肥市全面推行“1 + 5”建造模式，即“装配式建筑” + “EPC 工程总承包 + 建筑信息模型（BIM） + 新型模板 + 专业化队伍 + 绿色建筑”；随后又出台了《合肥市装配式建筑装配率计算方法》《合肥市装配式建筑工程项目招标投标实施导则》《合肥市装配式建筑工程总承包管理工作方案》等配套文件，细化“1 + 5”建造模式各项指标要求，不断丰富各项工作实操流程和关键点控制。

在装配式建筑中，绿色构件的选择标准包括以下 5 个方面：

① 节能。构件性能优于传统建筑结构，可减少建筑运行能耗，节能效果显著。

② 节材。施工材料可循环使用，浪费现象得到有效遏制，材料使用率显著提升。

③ 节水。施工现场进行装配，需要的施工人员和施工材料较少，生活用水与生产用水大大减少，节约水资源。

④ 节地。无须单独设置场地进行混凝土生产，可节约土地资源。

⑤ 环保。施工现场以装配施工为主，无须运输水泥、砂石等材料，施工现场粉尘污染大大减少，且无需进行夜间施工，不会产生光污染、噪声污染，不会影响施工现场周边居民正常生活。

(4) 尽量不选择非标构件和异形构件

在预制率一定的前提下尽量不选择非标构件和异形构件。异形构件外形复杂,模具消耗量大,生产难度大,运输和安装效率低,综合成本高。而平板构件的外形简单,模具消耗量小,生产难度小,运输和安装效率高,综合成本低。

优先对哪一类部品部件进行装配,受多种因素影响,例如有无市场资源、技术上是否可行、经济上是否可以承受等。此外,还要综合考虑项目所适用的装配考核指标、技术体系、奖励政策,以及是否采用外立面装饰一体化技术等多种因素来提升项目的质量和档次。

5.3.3 单一部品部件选择的体系和比例

1. 在部品部件层面,需要进行体系和比例的选择与平衡

以楼板为例,可选择的结构方案有多种,但每种的成本均有差异,应从成本角度来选择最合适的构建体系。比如,可做如下分析:

① 一般预应力构件的优势是可以大跨度、无支撑,可标准化生产、效率高、成本低,成本普遍低于非预应力。

② 目前装配式建筑大多是住宅项目、开间不大,普遍选择最为经济的钢筋桁架叠合板方案。一是施加了预应力,最小板厚 35 mm,二是钢筋桁架改成了钢管桁架,节约混凝土和钢筋,还提高强度和应用跨度、减轻自重。相对于钢筋桁架叠合板可以降低成本 40 元/m^2 以上,可以免支撑或省去大部分费用。

③ 预应力双 T 板叠合板(双 T 板),适用于跨度大、层高较高的公建项目。同样楼盖面积下,双 T 板方案的每平方米造价比钢筋桁架叠合板低 15%左右,减少了现浇结构的高支模成本,同时构件总数大幅减少,没有叠合次梁顶筋和主次梁节点的安装作业,施工效率更高。

2. 在同一构件或部品部件上要进行楼层、部位等具体位置的选择

主要是在满足规范限制条件的前提下考虑方便生产、运输、安装和成本因素。

① 竖向部位的选择标准是优先选择标准层,避免选择非标层、屋顶层。不同业态、不同预制率下 PC 起始楼层有一般经验做法(见表 5.4),叠加别墅因为本身施工层数较低,一般在四层左右,PC 指标难以均衡,均从一层开始施工;高层公寓因层数高,且标准层数量多,指标容易平衡,无论 PC 率多少均可考虑从标准层开始施工;多层洋房如有标准层,则根据 PC 率不同考虑不同楼层开始施工。为了给前期的 PC 设计和生产争取更多时间进行缓冲和优化,选择构件楼层时往往从顶层往底层进行选择。实际中,为更精确地对某部位进行成本管理,需要结合项目特点和需要进行调整。

表 5.4　不同业态、不同 PC 率下的施工起始楼层

业态	15%	30%	40%
叠加别墅	一层	一层	一层
洋房	标准层	二层	一层
高层	标准层	标准层	标准层

② 横向部位的选择原则是在各个方向的外立面中,优先选择造型简单的外立面,避免选择复杂的外立面。例如侧立面、背立面一般比较规整和简洁;而正立面因建筑效果的需要一般造型相对复杂、用材相对高档,预制构件的成本增量一般相对较大,施工难度也较大。

5.4　装配式建筑决策阶段成本控制

装配式建筑项目决策阶段发生的成本较低,但该阶段工作对整个项目的影响却比较大,是装配式建筑全寿命周期成本管理的重要环节。在装配式建筑项目决策阶段进行成本控制,需要综合分析相关法律法规、税收优惠政策和激励补贴政策,充分调研及合理评判市场和客户对装配式建筑产品实际需求,充分明确装配式建筑项目的绿色星级目标,充分了解融资渠道、融资来源、通货膨胀和贷款利率等因素。当前我国装配式建筑发展尚不成熟,项目实践不够,建设方、咨询方都缺少相关经验,对前期市场调研和策划的重视程度不够,忽视了成本管理的重要性。

装配式建筑决策阶段成本管理的影响因素众多,如市场定位、政策分析等。为提高装配式建筑项目成本管理的效果,应从以下方面采取有效管控措施:

① 对装配式建筑项目的整体规划和流程进行科学有效的分析,进一步确认项目整体的规模和目标,加大研究力度,进而保证决策的科学性和合理性,确保项目具有可行性,科学控制成本。

② 对当前发展现状进行充分反思、总结和优化,积极洞察市场情况,加大对市场环境和社会需求的了解,对装配式建筑项目有关的法律法规及标准有清晰的认识,建立顺畅的沟通与信息获取渠道,对已有政策的变动、新政策的出台具有较强的敏感性。

③ 注重成本精细化管理,要精准把握质量、效率、成本与安全之间的关系,通过质量、安全管理和进度协同管控,减少客观因素对成本控制与管理的负面影响,有效降低成本、提高经济效益。

④ 积极践行全过程成本控制,保证成本控制的普及力度和宣传力度。

5.5 装配式建筑投方案比选案例

5.5.1 项目简介

H项目位于合肥市，共由3栋高层租赁用房(2栋大高、1栋小高)、17栋可售高层(3栋大高、14栋小高)、5栋小商业、6栋小配套、1栋幼儿园和地下1层车库组成，总建筑面积为236679.36 m^2，其中地上建筑面积为177940.00 m^2，地下建筑面积为58739.36 m^2。项目于2021年9月开工建设，2023年12月竣工，项目建成图见图5.2。

图5.2 案例项目建成图

项目结构形式为装配整体式剪力墙结构，装配式构件主要包括：竖向构件采用预制混凝土夹心保温外墙板及剪力墙，水平构件采用预制叠合板、预制梁、预制飘窗板、预制空调板、预制楼梯等，外围护采用预制混凝土墙板、预制保温墙板，内隔墙采用预制轻质内隔墙，外墙保温隔热一体板采用200 mm + 90 mm厚设计；本项目装配楼栋采用户内干法地面做法，采用全装修和水、暖管线分离，设计施工采用EPC工程总承包方式。项目主力户型楼栋XG15＃、XG20标准层结构平面布置图如图5.3所示。

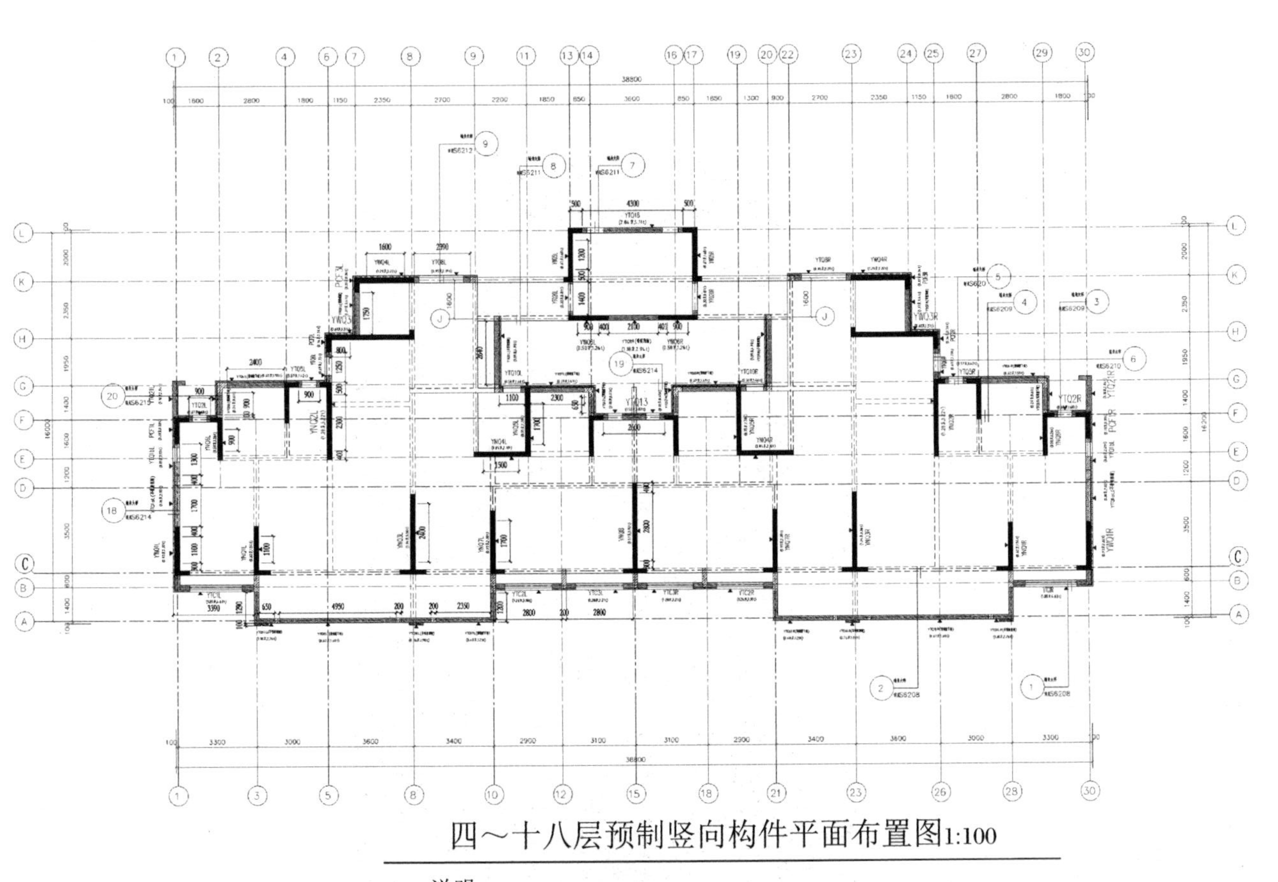

说明:
1. 预制区域降板范围详结构图。
2. ▲表示预制构件的安装方向。

图 5.3　案例项目标准层结构平面图

5.5.2 不同装配率下构件消耗量指标估算

H 项目要求装配率为国标 60%，采用《装配式建筑评价标准》(GB/T 51129—2017)进行计算。根据《装配式建筑工程投资估算指标》，按照表 5.1 所示的装配式建筑投资估算指标计算程序，结合已完工程成本资料和经验数据，对项目进行成本估算和分析。考虑成本基价指标会因装配率不同而有所差异，对本项目希望能进一步分析装配式建筑在不同装配率情况下的成本差异，以便根据成本差异进行方案比选和科学决策。

由于项目是按照装配率 60%来确定建设方案的，并未实际采用装配率 30%、50%和 70%进行项目建设。因此，参考装配率 60%的建设方案，根据经验数据和实际做法，经调整得到装配率 30%、50%和 70%情况下的建设方案，以进一步确定装配率 30%、50%和 70%情况下的构件指标消耗和成本数据。具体方案调整方法如下：

① 装配率 50%的数据通过将装配率 60%做法改为“取消干法地面、厨房叠合板改为现浇板”来进行估算。

② 装配率 30%的数据进一步通过将装配率 50%做法改为“取消竖向承重构件、外墙夹心保温承重墙改为现浇、按配 PCF 板考虑”来进行估算。

③ 装配率 70%的数据通过将装配率 60%做法改为“顶层现浇板改为同标准层的预制板、边卫现浇板改为叠合板，并考虑增加集成厨房得分项”来进行估算。

综上所述，共得到 H 项目的 4 种实施方案。以结构工程主要构件的消耗量为对象进行比较分析，预制混凝土构件主要分析预制混凝土外墙板、预制混凝土夹心保温外墙板、预制混凝土外墙面板（PCF 板）、预制混凝土内墙板、叠合梁、叠合板、空调板、楼梯的建筑面积单方含量、不含税综合单价、不含税建筑单方造价，现浇混凝土构件主要分析剪力墙、柱、梁、有梁板、楼梯以及其他构件的建筑面积单方含量、不含税综合单价、不含税建筑单方造价。

(1) 装配率 60%

在装配率 60%的情况下，结构工程主要构件消耗量分析见表 5.5，通过表内数据可以看出：

① 预制混凝土构件的建筑面积单方含量为 0.217 m^3，不含税建筑单方造价为 631.2 元/m^2。

② 现浇混凝土构件的建筑面积单方含量为 0.250 m^3，不含税建筑单方造价为 187.19 元/m^2。

③ 主要构件（包含预制混凝土构件和现浇混凝土构件）的单方造价为 818.39 元/m^2。

表 5.5　H项目结构工程主要构件消耗量分析(装配率 60%)

项目名称		定额人工消耗量（工日）	建筑面积单方含量（m^3/m^2）	不含税综合单价（元/m^3）	不含税建筑单方造价（元/m^2）
预制混凝土构件	预制混凝土外墙板	1.059	0.035	2874.05	101.29
	预制混凝土夹心保温外墙板	0.940	0.093	2912.04	269.47
	预制混凝土外墙面板(PCF 板)	2.159	0.006	2446.10	14.21
	预制混凝土内墙板	0.879	0.026	2986.51	78.11
	预制混凝土叠合梁	1.530	0.003	2991.35	10.33
	预制混凝土叠合板	1.824	0.046	2974.67	135.41
	预制混凝土空调板	2.103	0.005	2670.65	14.62
	预制混凝土楼梯	1.351	0.003	2900.65	7.76
	小计		0.217		631.20
现浇混凝土构件	剪力墙	0.444	0.110	761.03	84.08
	柱	0.310	0.008	759.49	5.75
	梁	0.260	0.007	745.65	4.92
	有梁板	0.212	0.113	745.65	84.13
	楼梯	0.288	0.002	737.49	1.24
	其他	0.365	0.010	743.10	7.07
	小计		0.250		187.19
合计			0.467		818.39

(2) 装配率 50%

在装配率 50%的情况下，结构工程主要构件消耗量分析见表 5.6，通过表内数据可以看出：

① 预制混凝土构件的建筑面积单方含量为 0.214 m^3，不含税建筑单方造价为 624.17 元/m^2。

② 现浇混凝土构件的建筑面积单方含量为 0.251 m^3，不含税建筑单方造价为 188.08 元/m^2。

③ 主要构件(包含预制混凝土构件和现浇混凝土构件)的单方造价为 812.25 元/m^2。

表 5.6 H项目结构工程主要构件消耗量分析(装配率 50%)

项目名称		定额人工消耗量（工日）	建筑面积单方含量（m^3/m^2）	不含税综合单价（元/m^3）	不含税建筑单方造价（元/m^2）
预制混凝土构件	预制混凝土外墙板	1.059	0.035	2874.05	101.29
	预制混凝土夹心保温外墙板	0.940	0.093	2912.04	269.47
	预制混凝土外墙面板(PCF 板)	2.159	0.006	2446.10	14.21
	预制混凝土内墙板	0.879	0.026	2986.51	78.11
	预制混凝土叠合梁	1.530	0.003	2991.35	10.33
	预制混凝土叠合板	1.824	0.043	2974.67	128.38
	预制混凝土空调板	2.103	0.005	2670.65	14.62
	预制混凝土楼梯	1.351	0.003	2900.65	7.76
	小计		0.214		624.17
现浇混凝土构件	剪力墙	0.444	0.110	761.03	84.08
	柱	0.310	0.008	759.49	5.75
	梁	0.260	0.007	745.65	4.92
	有梁板	0.212	0.114	745.65	85.02
	楼梯	0.288	0.002	737.49	1.24
	其他	0.365	0.010	743.10	7.07
	小计		0.251		188.08
合计			0.465		812.25

(3) 装配率 30%

在装配率 30%的情况下，结构工程主要构件消耗量分析见表 5.7，通过表内数据可以看出：

① 预制混凝土构件的建筑面积单方含量为 0.172 m^3，不含税建筑单方造价为 497.10 元/m^2。

② 现浇混凝土构件的建筑面积单方含量为 0.293 m^3，不含税建筑单方造价为 220.00 元/m^2。

③ 主要构件(包含预制混凝土构件和现浇混凝土构件)的单方造价为 717.10 元/m^2。

表 5.7 H项目结构工程主要构件消耗量分析(装配率 30%)

项目名称		定额人工消耗量(工日)	建筑面积单方含量(m^3/m^2)	不含税综合单价(元/m^3)	不含税建筑单方造价(元/m^2)
预制混凝土构件	预制混凝土外墙板	1.059	0.031	2874.05	87.72
	预制混凝土夹心保温外墙板	0.940	0.075	2912.04	217.91
	预制混凝土外墙面板(PCF 板)	2.159	0.012	2446.10	30.44
	预制混凝土内墙板	0.879	0.000	2986.51	0.00
	预制混凝土叠合梁	1.530	0.003	2991.35	10.33
	预制混凝土叠合板	1.824	0.043	2974.67	128.32
	预制混凝土空调板	2.103	0.005	2670.65	14.62
	预制混凝土楼梯	1.351	0.003	2900.65	7.76
	小计		0.172		497.10
现浇混凝土构件	剪力墙	0.444	0.152	761.03	116.00
	柱	0.310	0.008	759.49	5.75
	梁	0.260	0.007	745.65	4.92
	有梁板	0.212	0.114	745.65	85.02
	楼梯	0.288	0.002	737.49	1.24
	其他	0.365	0.010	743.10	7.07
	小计		0.293		220.00
合计			0.465		717.10

(4) 装配率 70%

在装配率为 70%的情况下,结构工程主要构件消耗量分析见表 5.8,通过表内数据可以看出:

① 预制混凝土构件的建筑面积单方含量为 0.219 m^3,不含税建筑单方造价为 639.94 元/m^2。

② 现浇混凝土构件的建筑面积单方含量为 0.247 m^3,不含税建筑单方造价为 185.25 元/m^2。

③ 主要构件(包含预制混凝土构件和现浇混凝土构件)的单方造价为 825.19 元/m^2。

表 5.8　H项目结构工程主要构件消耗量分析(装配率 70%)

项目名称		定额人工消耗量(工日)	建筑面积单方含量(m^3/m^2)	不含税综合单价(元/m^3)	不含税建筑单方造价(元/m^2)
预制混凝土构件	预制混凝土外墙板	1.059	0.035	2874.05	101.29
	预制混凝土夹心保温外墙板	0.940	0.093	2912.04	269.47
	预制混凝土外墙面板(PCF 板)	2.159	0.006	2446.10	14.213
	预制混凝土内墙板	0.879	0.026	2986.51	78.112
	预制混凝土叠合梁	1.530	0.003	2991.35	10.330
	预制混凝土叠合板	1.824	0.048	2974.67	144.14
	预制混凝土空调板	2.103	0.005	2670.65	14.62
	预制混凝土楼梯	1.351	0.003	2900.65	7.76
	小计		0.219		639.94
现浇混凝土构件	剪力墙	0.444	0.110	761.03	84.08
	柱	0.310	0.008	759.49	5.75
	梁	0.260	0.007	745.65	4.92
	有梁板	0.212	0.110	745.65	82.19
	楼梯	0.288	0.002	737.49	1.24
	其他	0.365	0.010	743.10	7.07
	小计		0.247		185.25
合计			0.466		825.19

通过表 5.5 至表 5.8 的 4 组数据可以看出：

① 随着装配率增加，该项目结构工程的主要构件(包含预制混凝土构件和现浇混凝土构件)的建筑单方造价也有所增加，即装配率越高，增量成本越高。

② 相较于装配率 60%，装配率 30%、装配率 50%、装配率 70%情况下主要构件的消耗量发生了变化(表 5.9)，进而影响到单方造价。

A. 装配率 50%时取消干法地面、厨房叠合板改为现浇板，因此预制混凝土叠合板、有梁板的建筑面积单方含量有所不同。预制混凝土叠合板的建筑面积单方含量从 0.046 m^3 减少至 0.043 m^3，有梁板建筑面积单方含量从 0.113 m^3 增加至 0.114 m^3。

B. 装配率 70%时将顶层现浇板改为同标准层的预制板、边卫现浇板改为叠合板、考虑增加集成厨房得分项，消耗量的主要差异依然体现在预制混凝土叠合板、有梁板上，预制混凝土叠合板的建筑面积单方含量从 0.046 m^3 增加至 0.048 m^3，有梁板建筑面积单方含量从 0.113 m^3 减少至 0.110 m^3。

C. 装配率30%时继续取消竖向承重构件、外墙夹心保温承重墙改为现浇、按配PCF板考虑。因此,预制混凝土外墙板、预制混凝土夹心保温外墙板、预制混凝土外墙面板(PCF板)、预制混凝土内墙板、预制混凝土叠合板、剪力墙、有梁板以及钢筋的建筑面积单方含量均有所不同。预制混凝土外墙板建筑面积单方含量从0.035 m^3 减少至0.031 m^3,预制混凝土夹心保温外墙板建筑面积单方含量从0.093 m^3 减少至0.075 m^3,预制混凝土外墙面板(PCF板)建筑面积单方含量从0.006 m^3 增加至0.012 m^3,预制混凝土内墙板建筑面积单方含量从0.026 m^3 减少至0 m^3,预制混凝土叠合板建筑面积单方含量从0.046 m^3 减少至0.043 m^3,现浇剪力墙建筑面积单方含量从0.110 m^3 增加至0.152 m^3,有梁板建筑面积单方含量从0.113 m^3 增加至0.114 m^3。

表5.9 不同装配率下主要构件的单方建筑含量

项目名称		单位	国标60%	国标50%	国标30%	国标70%
预制混凝土构件	预制混凝土外墙板	m^3/m^2	0.035	0.035	0.031	0.035
	预制混凝土夹心保温外墙板	m^3/m^2	0.093	0.093	0.075	0.093
	预制混凝土外墙面板(PCF板)	m^3/m^2	0.006	0.006	0.012	0.006
	预制混凝土内墙板	m^3/m^2	0.026	0.026	0.000	0.026
	预制混凝土叠合梁	m^3/m^2	0.003	0.003	0.003	0.003
	预制混凝土叠合板	m^3/m^2	0.046	0.043	0.043	0.048
	预制混凝土空调板	m^3/m^2	0.005	0.005	0.005	0.005
	预制混凝土楼梯	m^3/m^2	0.003	0.003	0.003	0.003
	小计	m^3/m^2	0.217	0.214	0.172	0.219
现浇混凝土构件	剪力墙	m^3/m^2	0.110	0.110	0.152	0.110
	柱	m^3/m^2	0.008	0.008	0.008	0.008
	梁	m^3/m^2	0.007	0.007	0.007	0.007
	有梁板	m^3/m^2	0.113	0.114	0.114	0.110
	楼梯	m^3/m^2	0.002	0.002	0.002	0.002
	其他	m^3/m^2	0.010	0.010	0.010	0.010
	小计	m^3/m^2	0.250	0.251	0.293	0.247
合计		m^3/m^2	0.467	0.465	0.465	0.466

5.5.3 不同装配率下结构工程成本对比

表5.5至表5.8对装配率30%、50%、60%和70%情况下的预制混凝土构件和现浇混凝土构件的消耗量和价格进行了分析。再进一步整理计算预制钢筋构件、现浇钢筋构件、木模板、铝模板、砌体、轻质隔墙的成本消耗数据,得到表5.10所示的装配率30%、50%、60%和70%情况下装配式结构工程成本比较。

从表5.10中可以分析不同装配率下的建安工程费用中人工费、主要构件、主要材料的变化情况。

(1) 人工消耗量

提高装配率使得机械化程度提高,人工消耗量下降。当装配率从30%提高到70%时,单方人工消耗量从1.081工日下降到0.992工日。主要原因包括:

① 装配式建筑采用机械化施工方式,施工现场虽增加少量的吊装工和注胶工,但大幅度减少了钢筋工、木工和砌筑工等施工劳务人员的需求数量。因此随着装配率的上升,机械化程度也越来越高,对于人工的需要逐渐减少。

② 预制混凝土构件在工厂内模数化、集约式生产制作,可以同时将建筑部分、结构部分和装饰部分工程一体化完成,省去了外墙保温、装饰等工序,也没有外脚手架拆除工序,减少了人工消耗量,节约了人工费。

我国建筑业劳动力的老龄化趋势加快,劳动力资源短缺问题日益严重,劳动力成本上涨幅度也远高于材料和机械价格。在建筑业的发展规模持续增大的情况下,装配化程度提高,人工费占建安工程费用的比例就越低。很显然,装配式建筑发展对于建筑工人职业化、缓解建筑业劳动力紧缺具有重要意义。

(2) 预制混凝土构件

随着装配率的提高,预制混凝土构件建筑面积单方含量增加,从装配率30%时的0.172 m^3上升到装配率70%时的0.219 m^3;综合单价也随之提高,但上升幅度不大,仅为1%左右;装配率从30%提高到50%时,建筑单方造价增长了25.55%,装配率继续提高到60%、70%时,单方造价上升幅度很小。

(3) 预制钢筋

随着装配率提高,预制钢筋建筑面积单方含量也随之提高,从装配率30%时的14.483 kg上升到装配率70%时的18.209 kg,上升幅度随着装配率的上升而逐渐减小;单方造价也随之上涨,从装配率30%提高到装配率50%时,预制钢筋单方造价上升了20.64%,增长幅度最大,装配率继续提高到60%、70%时,单方造价上升幅度很小。

表 5.10 不同装配率下装配式结构工程成本比较

装配率	项目名称	人工	预制混凝土构件	现浇混凝土构件	预制钢筋	现浇钢筋	木模板	铝模板	砌体	轻质隔墙	结构工程建筑单方造价
	单位	工日	m^3	m^3	kg	kg	m^2	m^2	m^3	m^3	元/m^2
国标 30%	建筑面积单方含量	1.081	0.172	0.293	14.483	27.130	0.624	1.620	0.052	0.050	
	综合单价		2881.12	753.91	6.35	6.35	67.41	70.26	874.49	1214.59	
	建筑单方造价		497.10	220.00	91.91	172.16	42.07	114.13	45.78	61.03	1152.27
国标 50%	建筑面积单方含量	1.005	0.214	0.251	17.472	25.031	0.621	1.285	0.052	0.050	
	综合单价		2909.83	752.72	6.35	6.35	67.41	70.26	874.49	1214.59	
	建筑单方造价		624.12	188.08	110.88	158.85	41.86	90.31	45.78	61.03	1210.03
国标 60%	建筑面积单方含量	0.999	0.217	0.250	17.802	24.890	0.621	1.246	0.052	0.050	
	综合单价		2910.54	752.75	6.35	6.35	67.41	70.26	874.49	1214.59	
	建筑单方造价		631.20	187.19	112.97	157.93	41.86	87.52	45.78	61.03	1212.51
国标 70%	建筑面积单方含量	0.992	0.219	0.247	18.209	24.710	0.621	1.201	0.052	0.050	
	综合单价		2911.39	752.83	6.35	6.35	67.41	70.26	874.49	1214.59	
	建筑单方造价		639.94	185.26	115.55	156.82	41.86	84.40	45.78	61.03	1215.09

注:预计混凝土构件建筑单方造价中已经包含了钢筋的费用,因此计算“结构工程建筑单方造价”时不加入预制钢筋费用。

(4) 现浇混凝土构件

装配率由30%提高到50%时,现浇混凝土构件单方含量从0.293 m^3下降到0.247 m^3,之后便不再随装配率提高而变化;现浇混凝土构件的单方造价随着装配率提高逐渐下降,下降率为14.51%、0.47%和1.04%。

(5) 现浇钢筋

装配率由30%提高到50%时,现浇钢筋单方含量从27.130 kg下降到25.031 kg,之后变化幅度较小;现浇钢筋的单方造价随装配率提高逐渐下降,下降率为7.73%、0.58%和0.7%。

(6) 木模板

木模板的建筑面积单方含量、综合单价与建筑面积单方造价受装配率变化的影响较小。

(7) 铝膜板

装配率由30%提高到50%时,铝膜板单方含量从1.620 m^2下降到1.285 m^2,之后变化幅度较小;铝膜板的单方造价随着装配率提高逐渐下降,下降率分别为20.87%、3.09%和3.56%。

(8) 砌体和轻质隔墙

砌体和轻质隔墙的建筑面积单方含量、综合单价与建筑面积单方造价在不同装配率方案下变化不大。

综上所述,随着装配率提高,预制混凝土构件和预制钢筋的消耗量逐渐上升,人工现浇混凝土构件和现浇钢筋的消耗量逐渐下降,并且在低装配率下变化明显,而在高装配率下变化不明显。

我们再进一步看单方造价的变化情况。从数据上看,随着装配率的提高,结构工程建筑单方造价也随之上升,从装配率30%时的1152.27元/m^2上升到装配率70%时的1215.09元/m^2;从装配率30%提高到装配率50%时,结构工程建筑单方造价上升了6.17%,增长幅度最大;当装配率继续提高到60%、70%时,单方造价上升幅度很小。装配率30%不符合很多地方的要求,当装配率达到50%以上时边际成本是降低的,从这个角度看,追求高装配式既符合当前大趋势,成本也相对最优。当然,单纯用单方造价来评价装配式占多少是最优方案显然不合理,应从全寿命周期的角度,结合装配式建筑产生的综合效益、国家和地方对装配率的要求、国家绿色发展战略和“双碳”目标实现来综合考虑。还有一点也是需要考虑的,现阶段预制构件的生产规模偏小,有效需求不足,产品标准化程度不高,尚未形成规模效应,工厂厂房、设备、模板等摊销费难以合理分摊,预制混凝土构件价格一直较高。未来几年通过制定标准化设计体系、提高模块化标准化构件的比例、优化预制构件厂布局,不断提高生产效率、扩大市场规模,预制混凝土构件价格就会下降,进而装配式建筑成本也会降低。

第6章　装配式建筑设计阶段成本管理

设计阶段决定整个项目的经济效益，设计成果的好坏影响着项目进度与产品质量。在装配式建筑中，设计阶段对项目总成本有明显影响，但是由于我国许多设计院缺少装配式建筑设计经验，仍然按照传统现浇建筑的设计思维，没有考虑装配式建筑的复杂性、系统性和整体性的设计特点，因此给生产和施工带来诸多问题，既不经济，也不合理。对于装配式建筑而言，要解决其因成本问题而遇的发展瓶颈，应当从设计阶段着手，推进设计优化工作，运用精细化设计方法和管理手段，做好限额设计，进一步提升装配式建筑项目的市场价值和竞争力，推动我国装配式建筑的推广和普及。

6.1　装配式建筑设计阶段成本管理概述

6.1.1　装配式建筑设计阶段工作内容与流程

1. 设计阶段工作内容

我国装配式建筑发展尚处于初级阶段，项目设计人员、构件生产和运输人员、施工人员在相互配合上仍显不足，由此产生的额外工作也会导致建造成本的增加。比如，装配式建筑要求实现构件设计的标准化和模块化，否则容易造成构件拆分种类过多，在构件生产阶段则会降低模具的重复利用率，增加构件生产成本，在施工安装过程中则会增加安装工作量，产生额外的时间和材料成本，降低建筑项目的总体经济效益。此外，在装配率相同的情况下，不同的构件拆分方案也代表着高低不同的成本投入，因此设计的合理与否是影响建造成本的重要因素。方案设计、初步设计以及施工图设计是传统现浇建筑设计的3项基本工作，而装配式建筑因强调构件和项目管理的协同性，其设计内容增加了前期技术策划和构件深化设计。装配式建筑设计5个阶段的工作内容如下：

(1) 技术策划阶段

因装配式建筑的特殊性，为保证后期设计方案的可行性，初期通过技术策划对项目特点进行专门考察，明确整个设计方案的意图。该阶段综合考虑各方面的因素，设计人员应当充分考察项目的建设可行性和经济合理性，了解项目所处的外界环境条件，重点明确装配式建筑的建设周期、项目目标、建筑规模、项目定位以及成本限额等，考察当地的运输条件，结合施工安装水平、技术人员素质及项目管理水平等，提前规避可能遇到的技术问题，最后综合以上内容确定项目的技术实施方案、设计深度及各专业分工，为后续设计工作提供依据，同时要重视提升各专业的协作水平。

(2) 方案设计阶段

这一阶段主要是基于前期技术策划，遵循项目规划目的和要求，做好建筑的平面设计和立面设计，并为下一设计阶段奠定基础。平面设计围绕“少规格、多组合”展开，在满足建筑物使用功能的同时实现装配式建筑构件设计的标准化和模数化，并考虑成本的经济性和合理性；立面设计旨在结合建筑产品的特点，分析不同类型预制构件生产的可行性，追求建筑产品的个性化和多样化。建设方等其他项目利益相关者可以在这一阶段根据建筑产品的特点和用途，向设计人员提出在建筑外形、空间安排、材质等方面的要求。

(3) 初步设计阶段

这一阶段主要依据前一阶段的技术要求，各专业开展协同设计。结合建设项目成本、进度以及施工质量等方面的要求，优化改进技术方案，确定预制构件的种类及布置方案。布置预制构件时要以实现模数化、标准化为方向，尽量减少构件结构的变化。针对设计方案中不易施工安装的部位，可以采用现浇施工方式。

(4) 施工图设计阶段

施工图设计按照上一设计阶段制定的技术方案展开，这一阶段的设计主体是各参与方、各专业方，主要内容是落实各自负责的施工位置的施工工艺和方法，参考预制构件的设计参数，充分考虑施工图中各专业的预留预埋位置，遵循各节点处的防水、防火、隔声以及节能等规范要求，并预先综合考虑构件的生产、运输及施工安装等环节。

(5) 构件深化设计阶段

作为装配式建筑设计特有的阶段之一，本阶段的主要内容是优化预制构件设计方案。构件的加工图纸由设计方和构件加工厂及施工方合作完成，需加强沟通交流，并以施工生产进度为导向，完成各类构件的模板图、钢筋图、节点详图和构配件信息等。

2. 设计阶段工作流程

设计阶段是装配式建筑成本控制的重要环节，在装配式建筑整个建造过程中发挥着主导作用。设计的好坏直接决定最终投入的建造成本的多少，如何拆分设计构件、采用何种生产线以及如何安装等都直接影响施工难易程度和成本的增减，这就要求设计人员时刻考虑成本控制要素，将动态的成本控制贯穿于整个项目设计过程中，实现最优设计下的最优成本。同时，该阶段要求形成以设计人员为核心，以构件生产人员、施工人员为成员，必要时邀请用户参与其中的设计团队，团队内部及时有效地交流沟通，设计人员也在各专业当中起着重要的协调作用。装配式建筑的完成需要设计人员统筹把握设计、生产及施工全过程，在设计阶段为构件生产人员及施工人员就构件生产和施工方面的问题提出解决办法，完善设计方案，减少构件生产制作和安装阶段不必要的变更，加强对装配式建筑建造成本的控制力度。

装配式建筑设计流程如图 6.1 所示。

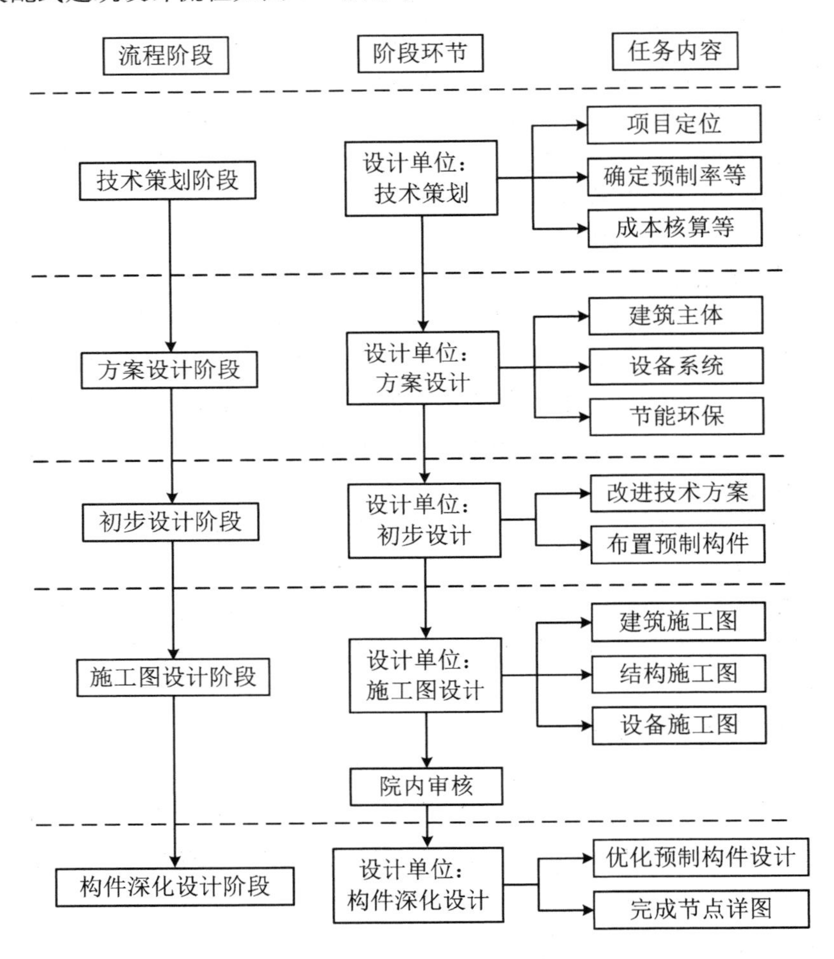

图 6.1　装配式建筑设计流程

6.1.2　装配式建筑设计阶段成本分析

由于国内大多数设计方尚不具备丰富的装配式建筑项目设计经验，缺乏专门针对装配式建筑设计成本管理的系统方法。设计阶段作为控制项目成本的第一关，不成熟的设计会致使项目成本的不必要增加。对于建筑工程而言，建设成本控制在预估总价内为合理状态。若想做到这一点，就必须在建筑的设计阶段，努力提高设计的合理性，减少工程建设期间因为设计问题所产生的成本费用额外支出。据统计，装配式建筑全生命周期的成本构成中，设计成本只占整个建设工程总成本的1%～2%。但设计成果对项目整体成本具有决定性作用，决定了建筑项目总成本的70%以上。因此，设计阶段对装配式建筑进行成本管控最为有效。装配式建筑设计阶段的成本构成主要有以下几个方面：

1. 设计费

结合装配式建筑工程的特点来看，需要设计的预制构件较多，内容和种类繁杂，对设计的质量提出了严格的要求。设计人员在方案设计、初步设计、施工图设计时不仅要综合考虑装配率、预制率等指标，还要注意建筑、结构、电气、暖通、消防、智能化及精装修等专业之间的协同配合，设计内容繁多复杂。同时，设计人员必须结合装配式建筑项目规模，考虑构件的质量以及后期的运输安装。因此，装配式建筑工程设计阶段人工费及其相关管理费用成本相较于传统现浇建筑明显增多。

2. 预制率

预制率是指工业化建筑室外地坪以上主体结构和围护结构中预制部分的混凝土用量占对应构件混凝土总用量的体积比。相关研究和实践表明，预制装配式住宅在未形成规模化建设时造价会高于传统现浇混凝土住宅，且与预制率的增高成正比。提高预制构件应用率可以降低材料和劳动力消耗，也可以发挥塔吊的使用效率，加快建设进度，从而达到节约人工成本和机械费用的目的。但是在我国现阶段的技术水平和行业背景下，不太成熟的施工技术及现场管理方式会增加预制构件安装阶段的人工费和材料费等。

3. 构件设计标准化程度

装配式建筑设计环节的一个核心问题就是构件标准化程度，统一规格的构件只有达到一定数量以上才有预制的意义，而规模小、单体重复率低的项目采用装配式会导致成本增高。将模板图包含在混凝土构件深加工图中，在保证建筑安全和构件适用性的同时，尽可能做到构件具有泛用性。另外，各种零件设备的泛用性也要大大提高，尽可能避免返工。构件设计的高标准化，使构件大规模批量化生产，提升构件的生产效率，不仅能有效降低成本，而且能够提升质量，缩短总工期。

4. 预制构件分解

装配式建筑设计需要结合建筑的整体图纸，对建筑的主要构件进行拆分。如果预制构件拆分的整体尺寸比较大，数量也就相对较少，虽然这样可以显著地提高建设的效率，但是在预制构件生产以及运输过程中可能会出现成本增大等问题，在吊装过程中存在断裂、倾覆等安全隐患。而如果预制构件拆分的尺寸较小，生产所消耗的模具数量就较多，且整体施工效率优势不明显，会增大施工成本。同时，构件重复率是在拆分阶段需要重视的问题，重复率高能减少模具的分摊费用，“少规格、多组合”的设计原则是为了提高构件重复率。

5. 预制构件的选择

预制构件的选择包括构件类型的选择和构件的组合。不同类型的构件对整个构件成本费的敏感程度不同，对成本产生的影响也就有差异。考虑到装配式混凝土建筑需要满足当地工业化建筑认定标准或者其他政策文件中对预制率的最低要求，同时兼顾生产、施工阶段的可行性和便利性，因此设计阶段构件的组合方案更加凸显出重要性，要求既能保障结构安全又不会引起增量成本。

6.1.3 装配式建筑设计阶段成本管理要点

从装配式建筑设计阶段的成本分析可以看出，预制构件的标准化程度、拆分合理性以及预制构件的选择对装配式建筑设计阶段成本有明显影响。在装配式建筑设计阶段，预制构件要从建筑、结构、设备等多专业进行综合考量，立面图、剖面图及构件连接详图都需要详细反映在拆分图上。因此，预制构件的成本管理是装配式建筑设计阶段成本管理的重点内容，其管理要点主要包括以下 4 个方面：

1. 合理设定预制率

预制率的高低决定了整个建筑模式的类型及工业化程度，预制率作为衡量装配式建筑的工业化程度指标，对于全寿命周期成本有着重要影响。预制率在 20%～60%时，对于成本的影响基本呈现线性正相关关系，但超过 60%时，对成本的影响会呈现下降趋势。但并不是预制率越高成本就会越低，需要根据建筑形式进行合理设计，而非为装配而提高预制率。预制率高会促进装配式建筑发展，同时会加大预制构件的生产规模，规模经济会带来预制构件成本降低。但是预制率越高，也会导致运输量增大、现场安装工作量增加，进而导致成本的增加。因此，预制率并不是越高越好，需要合理设定预制率，实现最优成本目标。

2. 合理拆分预制构件

在设计过程中，装配式建筑较传统现浇建筑增加了深化设计、构件拆分及协同化设计工作。合理拆分构件是其中一项重要内容，一个构件具体如何拆分，拆分的大小与尺寸都会对后面的生产、运输造成影响，对设计成本的影响程度达到60%～

70%。预制构件的生产、运输流程均以构件拆分设计图作为参考依据，应满足后续的生产、运输及施工安装作业，满足建筑、结构、电气、供暖及给排水工程间的协调性，还应考虑运输路线中的限高、运输路线、车辆型号选择及吊装时的机械型号等。因此，构件拆分应有理有据，根据构件受力点、施工实际情况及建设单位要求进行。模具的周转使用次数越多，成本则会越低，因此构件拆分时要增大模具的周转使用率，充分考虑现浇构件与预制构件的连接问题，从而达到降低成本的目的。

3. 合理选用构件种类

装配式建筑中涉及预制构件种类众多，每种预制构件的预制单价也不同。即使在预制率一定的情况下，预制构件种类不同也会影响装配式建筑成本。应结合已经完工的装配式建筑典型项目，选取出最适合本项目特征且成本最优的预制构件种类的结合，实现项目利润最大化。

4. 设计优化

根据《装配式混凝土建筑技术标准(GB/T 5 1231—2016)》，装配式建筑由结构系统、外围护系统、设备与管线系统以及内装系统组成。因此，对装配式建筑结构系统、外围护系统、设备与管线系统以及内装系统进行优化设计，制定科学可行的优化方案，可在满足建筑质量要求的同时，达到缩短工期、节约成本的目的。

6.2 装配式建筑四大系统设计优化

6.2.1 结构系统设计优化

装配式建筑的结构系统主要包括梁、板、柱、剪力墙、支撑等承受或传递荷载作用的结构构件。装配式结构设计主要从结构体系选型、构件布置原则、配筋原则以及结构设计注意要点 4 个方面进行优化。

1. 结构体系选型

结构体系的选择直接决定了装配式建筑的适用性和经济性。要根据建筑功能选取适合的结构体系，如高层住宅建议采用装配整体式剪力墙结构，多层办公楼建议采用装配整体式框架结构。目前装配整体式框架现浇剪力墙结构较难达到40%装配率的要求，建议通过采用减震隔震技术、替代剪力墙构件等措施达到提升装配率的目的。表 6.1 为某装配式建筑项目结构方案对比，采用设置黏滞阻尼器的装配整体式钢筋混凝土框架结构，提高了结构单体预制率，减小了结构的地震效应(地震剪力减小35%～40%),优化了预制框架梁和框架柱的截面尺寸及配筋,方便预制梁柱节点的设计及施工安装、减轻了结构自重,降低了结构造价和施工费用。可见,必须注重结构体系的选择,选择最优的结构设计方案,以降低装配式建筑成本。

表6.1　某装配式建筑项目结构方案对比

项目		装配整体式框架－现浇剪力墙结构	装配整体式钢筋混凝土框架＋防屈曲约束支撑结构	装配整体式钢筋混凝土框架＋黏滞阻尼器
柱(mm)		900×900	800×800	700×800/800×800
梁(mm)		500×1000	400×1000	400×900
混凝土用量(m^3)	总用量	6443	5497	5443
	现浇混凝土/预制混凝土	3737/2706	2983/2514	2921/2522
预制率		42%	45.73%	46.33%
混凝土工程综合造价(万元)		2247.38	1913.26(节约334.12)	1903.62(节约343.76)
耗能构件数量		—	60组	48组
多遇地震下附加阻尼比		—	0.00%	3.00%
基底剪力(KN)	X向	14720	13205	10960
	Y向	14496	13685	11509
最大层间位移角		1/811	1/561	1/612

2. 构件布置原则

结构构件布置对装配式建筑设计十分重要,要考虑装配式建筑的特点来布置:

① 对于板构件,住宅建筑建议取值140 mm,不宜低于120 mm,预制层60 mm厚;若楼板跨度较大,建议增加预制层至70 mm厚,预制层厚度不宜低于60 mm,若低于60 mm,在生产和运输过程中容易破损。现浇层厚不宜低于70 mm,主要考虑现浇层内需要穿管以及覆盖上层钢筋,否则现场极易出现线管及上层钢筋无法覆盖的情况;公共建筑如明敷管线,则建议楼板取值130 mm,不宜低于120 mm。

② 对于梁、柱构件,首先应避免十字相交的梁出现,尽量采用单向梁布置,原因是十字交叉处预制梁钢筋较难处理。如采用预留钢筋的形式,则构件运输效率较低;如采用留槽的形式,给构件的生产和吊装带来了一定难度。其次,尽可能少布置次梁,从而提升构件的标准化程度。对于相交梁构件,应设置至少100 mm高

差，梁柱在保证建筑功能的情况下，应尽量居中布置，梁柱截面尽量做宽，以保证节点核心区域钢筋的排布。柱子应尽量减少截面类型，通过调整混凝土强度等级的方式，控制轴压比，减少上下层变截面的次数，实现上下层构件的标准化，从而降低装配式建筑的成本。

3. 配筋原则

对于结构的配筋，以框架结构为例，梁尽量归并配筋，宜采用大直径钢筋，减少钢筋根数，避免梁底部钢筋种类过多；预制柱上下配筋数量尽可能保持一致，配筋采用大直径、少根数的形式；对于板的配筋，需要考虑其脱模、吊装工况等施工工况，避免脱模吊装工况下出现配筋不足的情况。

4. 结构设计注意要点

在进行装配式建筑结构系统设计优化时，要充分重视结构设计的注意要点，避免增量成本的发生。对于结构设计的注意事项有 6 点：

① 注意结构荷载的变化，一些项目中外墙采用预制混凝土外墙和夹心保温外墙，一定要明确连接处荷载传递路径。

② 需要合理考虑预制外填充墙对结构的刚度影响，尤其是要注意在预制层与现浇层相交处刚度容易产生突变。

③ 抗侧力构件如采用预制形式，则需要现浇抗侧力构件，应适当放大地震作用下的弯矩。

④ 若需提高抗震等级，预制剪力墙结构高度要大于 70 m，则抗震等级为二级，严于现浇结构。

⑤ 边缘构件采用浆锚形式连接，最大适用高度降低 10 m。

⑥ 构件预制时要避免受力关键区域和薄弱区域，如底部加强区、首层柱、大开洞、大悬挑，若采用预制方式，则需要加强保护措施。

6.2.2 外围护系统设计优化

装配式建筑围护结构依据所在位置的差异可以分为两种类型，即内围护与外围护。内围护主要用于室内分割和隔声等功能，外围护结构具有隔声、保温隔热、防火、抗渗防水等功能，主要用于抵抗风雨、太阳辐射等。外围护系统主要用于分隔建筑室内外环境，主要包括建筑外墙（幕墙）、屋面、外门窗及其他与外部环境直接接触的部品部件等，外围护结构功能关系如图 6.2 所示。

装配式建筑外围护结构相比传统建筑围护结构最突出的特征就是生产工厂化、建造装配化，图 6.3 展示的是预制墙体、图 6.4 展示的是叠合（楼）屋面板。外围护系统的设计应符合模数化、标准化的要求，并满足建筑立面效果、制作工艺、运输及施工安装条件。在装配式建筑外围护系统中影响成本的主要三大要素分别是墙体、屋面和门窗，因此，在装配式建筑设计阶段要重视这三方面的优化设计。以此减少不必要的变更，进一步加强装配式建筑成本控制。

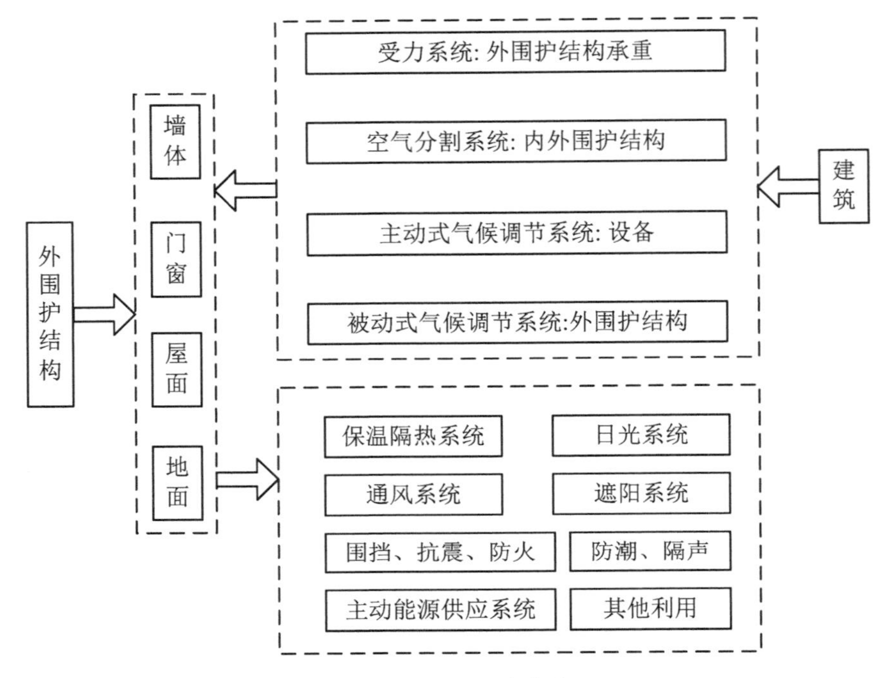

图 6.2　外围护结构功能关系图

图 6.3　预制墙体

图 6.4　叠合(楼)屋面板

1. 一体化墙体

墙体是重要的外围护构件，直接与室外环境接触。提高墙体的热工性能，可显著降低建筑能耗。对于外墙保温而言，常见的保温做法有墙体外保温、墙体内保温和夹心保温，而适合装配式建筑保温的方式是夹心保温，同时也存在其他外墙保温新方式。设计人员可根据总负荷与保温层厚度之间的关系来对装配式建筑的外围护结构进行设计优化控制。

(1) 夹心保温一体化墙体

墙体的夹心保温相比内、外保温具有一定的优势，可以提升墙体的耐久和防火性能。夹心保温墙体是由钢筋混凝土外叶板、保温层和钢筋混凝土内叶板组成的结构、保温一体化墙体，通过调整墙体中间保温层厚度，可以相应改变墙体的传热系数，以满足外墙体的节能标准。

(2) 双层轻质保温一体化墙体

双层轻质墙体分为结构层和保温层，是用低导热系数的轻质钢筋混凝土制成的墙体。结构层混凝土强度等级为 C30，其密度为 1700 kg/m^3，导热系数约为 0.2，比普通混凝土提高了隔热性能；保温层混凝土强度等级为 C15，其密度为 1300～1400 kg/m^3，导热系数约为 0.12。结构层与保温层钢筋网之间设有拉结筋。双层轻质保温外墙体的优点是制作工艺简单、成本低。

(3) 有空气层的夹心保温一体化墙体

外墙外保温构造中无空气间隔，保温层上会出现结露，长时间的结露会削弱墙体的保温能力。为防止夹心保温墙体出现结露，可将墙体外叶墙板内壁做成槽型，在保温板与外叶板之间形成空气层，以便结露排水。此构造不影响夹心保温墙体内叶板与外叶板的拉结连接，相比普通夹心墙体有利于增强墙体的长期保温性能。

2. 叠合屋面

装配式建筑叠合屋面是指结构层使用叠合楼板(预制＋现浇)的屋面。居住建筑采用的叠合楼板包括普通楼板、带肋预应力楼板和预应力空心楼板。三者的主要区别在于预制底板不同：普通叠合楼板采用普通预制底板，带肋预应力叠合楼板采用预应力预制底板，预应力空心底板则应用于预应力空心叠合楼板。普通叠合楼板是装配式混凝土建筑应用最多的楼板，预制底板一般厚 60 mm，预制底板安装后绑扎叠合层钢筋，浇筑混凝土，形成整体受弯楼板后依据设计建造屋面。屋面位于外围护结构的最上部，是围护结构的重要组成部分，其热工性能直接关系到顶层房间的室内热环境，对减少建筑能耗有非常重要的意义。屋面通常设置保温隔热层以增大热阻、降低传热系数来达到节能的效果。常用的屋面保温形式有外保温屋面和倒置式屋面等。外保温屋面的构造与外墙外保温的形式相近，将保温材料置于屋面楼板外侧，同时防水层置于保温材料上侧。倒置式屋面是外保温屋面的倒置形式，也是外保温的一种，其将保温层置于防水层上侧，此改变能很好地防止房间内的结露，延长防水层的使用寿命，屋面耐久性也得以提升，间接地降低了使用期限的维护成本。

3. 门窗

装配式建筑外围护结构中的外窗，可以在工厂直接安装于外围护墙体上，也可以后期加装。外窗是建筑保温隔热的薄弱环节，因此在满足基本功能的同时还要考虑保温节能，可选用良好热工性能的窗框和玻璃、优化各朝向的窗墙比、强化窗户的构造措施。由于不同形式的外窗会随着南向窗墙比的增加，而增加建筑总负荷量，会给不同形式的外窗作用稳定性带来影响，因此，节能设计人员应在明确不同外窗作用规律的情况下进行设计选用。中空玻璃塑钢窗与单框双层塑钢窗负荷量明显小于单层玻璃塑钢窗，因此，南向外窗应优先选用中空玻璃塑钢窗与单框双层塑钢窗。据相关数据统计，当窗墙比在0.6以内时，节能设计人员应优先选用中空玻璃塑钢窗；当窗墙比大于0.6时，则应优先选用单框双层塑钢窗。通过合理的门窗选型设计，虽然适当增加了制造成本，但大幅度降低了使用期间的能耗，达到节能增效的目标，使得寿命期总成本降低。

6.2.3 设备与管线系统设计优化

装配式建筑的设备与管线系统主要包括给排水设备及管线系统、供暖通风空调设备及管线系统、电气和智能化设备及管线系统、燃气设备及管线系统等，主要用于满足建筑使用功能。依据装配式建筑特点，在设计阶段对设备专业预埋管线进行标准化、规范化设计，在预制轻质隔墙板设计中提出以设备预埋管线为导向，对预制轻质隔墙板、保温墙板的横截面形状，采用等强度截面、等保温性能设计的新理念。通过在装配式建筑设计阶段对设备与管线系统设计不断优化，对其设计和管理提出优化改进建议，以此达到减少设计变更、降低装配式建筑增量成本的目的。

1. 给水排水系统及管线

在装配式建筑给水排水系统及管线的设计中，应采用标准化、系列化的设计原则，做到给水排水设备和管线的布置、安装、敷设以及连接的标准化、系列化和通用化，以利于后期维修或更换。设备管线应减少平面交叉，竖向管线应采用管井集中布置，并应满足维修更换要求；建筑部件与设备之间的连接宜采用标准化接口，方便后期的维修与更换；线管穿越预制构件时，预制构件内预留套管或孔洞，但预留的位置不应影响结构安全。预制板预留洞口应避开桁架筋或受力钢筋，管道穿越预制墙体处预留套管，穿越预制楼板处预留洞口，穿越预制梁处根据要求预留钢套管。

2. 供暖通风空调系统及管线

在装配式建筑供暖通风空调系统及管线的设计中，空调冷凝水管和冷媒管需穿越预制外墙板时，应在预制外墙板上进行精确定位，并预留相应的孔洞。孔洞位置应结合模数、避开受力钢筋；固定设备、管道及其附件的支吊架应固定在承重结构上。土建风道在设计时应在各层或分支风管连接处预留孔洞或预埋管件。

3. 电气系统及管线

在装配式建筑电气系统及管线的设计中，应严格遵循标准化、系列化和通用化的原则，做到电气设备的布置、安装、管线敷设和连接的标准化、系列化；室内照明管路暗敷于叠合楼板现浇层，并在预制楼板的灯位处预埋100 mm深的深型接线盒；预制墙体处的开关、插座等线盒的竖向连接线管预埋在预制墙体中。构件中宜预埋管线，或预留沟、槽、孔洞的位置，预留预埋应满足结构设计模数网格，不应在构件安装后凿剔沟、槽、孔洞；凡在预制墙体上设置的开关、插座及其必要的接线盒、连接管等，预留预埋时应避开墙体内的纵向和水平向受力筋，并应采取有效措施，满足隔音和防火的要求。

6.2.4 内装系统设计优化

装配式建筑的内装系统包括楼地面、墙面、轻质隔墙、吊顶、内门窗、厨房和卫生间等，主要用于满足建筑空间使用要求。目前，我国装配式内装系统普遍存在集成化程度低、局部耐久性差、表面质感单一、受力性能一般、现场施工精度低等问题。内装部品在局部细节上存在研究深度不足和技术缺陷，影响产品的耐久性并存在潜在隐患。

装配式内装设计与结构、建筑、机电同步进行，统一对建筑构件进行孔洞预留和装修面层固定件的预埋。将管线安装、部品安装、墙面装饰一次完成，减少了装修施工过程中对建筑构件的重复穿孔、打凿，从而保证结构的安全性。通过一体化设计、配套化部品、专业化施工、系统化管理，实现功能协调统一、材料消耗减少、装修成本降低，装配式建筑装修技术项见表6.2。装配式建筑内装系统设计优化即在相同预算下所设计的装配式内装技术能够实现预期效果和性能，提高整体内装系统生产效率，降低人工劳动力比例和缩短施工时间。下面分别就装配式隔墙、吊顶、地面体系存在的设计问题优化进行探讨，采取多种方式减少不必要的设计变更，降低增量成本。

表6.2 装配式建筑装修技术项

种类	技术项
装配式隔墙系统	预制混凝土内隔墙+薄抹灰 高精度砌块+薄抹灰 预制混凝土内隔墙+薄贴墙砖 快装墙面系统(外饰面硅酸钙板)
装配式吊顶	集成吊顶系统

续表

种类	技术项
装配式地面系统	架空地面系统 快装地板系统 薄贴地砖

1. 装配式隔墙体系

装配式隔墙需具备传统装饰面墙的基本性能，包括承载、装饰、防火、防潮、隔声等性能。

① 承载性能多由基层材料决定，装饰性能多由表面装饰材料决定。防火、防潮、隔声性能通常是系统性问题，除板材本身属性外，与材料组合方式和构造做法密切相关。

② 板材装饰层可通过涂装打印技术，采用特殊工艺在材料表面加工出纹理，通过印刷设备在表面印刷木纹、石纹等仿真图案。这种工艺加工形成的装饰层耐磨性能强，不存在 VOCs（Volatile Organic Compounds，挥发性有机物）污染源，相较于天然材料，其成本低很多。也可通过在基层表面直接粘贴瓷砖和天然材料的复合装饰层，但耐久性一般，易出现脱落问题。

③ 就隔声问题而言，内隔墙与分户墙对于隔声的要求不同。轻钢龙骨硅酸钙板隔墙同常规的石膏板隔墙在隔声方面类似，能基本满足室内内隔墙空气声隔声要求。分户墙一方面由于其通常由土建主体施工完成；另一方面分户墙的隔声性能对于住户私密性的影响更直接。综合考虑，采用成本较低、隔声性能可靠的轻质条板隔墙作为分户墙更优。

④ 对于有防水要求的房间如卫生间，隔墙还需考虑采取防水处理措施，防止水进入墙体内引起潮湿、腐烂甚至霉菌污染。因此，隔墙材料采用无机材料，装饰层采用涂装打印。板材拼缝处易出现渗漏，拼缝方式可采用特殊铝合金型材企口构造，起到物理防水作用。另外，在饰面层内侧额外增加一道 PE 防潮膜，可防止水汽侵入，保护墙体内的岩棉及金属构件。岩棉可选用憎水型，钢型材均做镀锌处理，防止腐蚀锈化。

2. 装配式吊顶体系

装配式吊顶体系与墙体同样存在吊装管线、设备等问题。目前，较成熟的装配式装修吊顶体系是基于铝合金扣板的集成吊顶体系，加工长度根据内装方案确定，加工宽度规格依据生产模数标准确定。吊顶自重、架空层管线、灯具、排风扇等设备设施主要由固定连接在墙面的龙骨承受，即通过吊顶金属件将荷载传递到土建墙体或主龙骨构件上。金属件为铝合金材质，可承受自重及灯具、排风扇、厨卫小电器的重量。吊顶内的管线均固定在空间顶板上，重量不由吊顶承受。对于跨度较大房间导致龙骨间距较大时，可通过在吊顶板材背面增加 T 形加强肋的方式来增强长度方向抵抗挠度的能力。

3. 装配式地面体系

地面采用地面系统模块，利用地脚螺栓进行调平处理。材料本身为无机材料，具有防火、不发霉、防虫蛀的良好性能，变形率低于 3‰；地面采用涂装打印技术，耐油污、耐擦洗，表面可做光面或麻面处理，耐磨性能优于复合地板。地面架空模块以压型钢板及硅酸钙板作为主要承重构件，设计承载力以满足空间正常使用的家具布置及人员活动要求。卫生间的淋浴区作为完全湿区，通过采用一体成型式塑料大底盘解决防水问题。非用水房间防水为企口拼接的物理防水，短时间内具有防水作用，需注意使用环境及使用习惯，有突发事件需及时处理。

6.3 装配式建筑限额设计

6.3.1 限额设计概述

装配式建筑限额设计是指在装配式建筑项目的设计阶段，根据批准的可行性研究报告及投资估算控制初步设计，按照批准的初步设计总概算控制技术设计和施工图设计，同时各专业在保证达到使用功能的前提下，按分配的投资限额控制设计，严格控制不合理变更，保证总投资额不被突破。如在初步设计阶段，依据初步设计概算，对初步设计中各专业各部分的设计进行概算限额分解，各专业依据分得的限额值开展设计工作，使得最终的设计结果满足初步设计概算限额。

装配式建筑限额设计的本质是提高项目参与人员（包括设计单位的设计人员和项目建设单位的管理人员）的投资控制主动性。合理运用限额设计能够起到控制成本的作用，但节约成本并不是限额设计的唯一目的，更多的是需要设计人员在充分考虑经济的条件下进行精心的设计，保证投资的合理性和设计的科学性。限额设计能够使设计人员在设计前、设计中都有意识地控制成本，考虑设计方案的经济性。

装配式建筑项目在设计阶段推行限额设计主要有 3 个优势：一是能有效地克服和防止“三超”现象的发生；二是有利于处理好技术与经济的关系、优化设计方案以及降低成本；三是有利于落实设计单位的经济责任并促进设计人员增强经济观念和责任感。

6.3.2 限额设计主要内容

限额设计是装配式建筑设计阶段成本管理的重要环节，整个限额设计过程需要设计人员与成本管理人员相互配合,以实现技术与经济的统一。设计人员将限额设计指标作为设计约束参数进行设计工作,有利于提高设计人员的经济意识;成本管理人员为设计工作提供合理的成本优化建议,从而进行主动地、动态地控制成本。在装配式建筑设计阶段,限额设计的主要内容包括以下4个方面:

1. 制定限额指标

设置合理的限额设计指标是限额设计的基础性内容。限额设计指标在很大程度上影响限额设计实施效果,指标设置过低会使设计难以实现,且有可能导致设计出的结构存在不安全因素;而指标设置过高又会出现资源浪费,导致不必要的成本增加。限额设计指标作为一项设计参数,约束着设计人员进行设计工作,限额设计指标越准确,越有利于限额设计的实施。装配式建筑设计阶段提出的限额设计指标应当合理,要能够调动项目参与人员对投资控制的主动性,在限额设计管理能力允许的条件下尽可能地做到准确。因此,相关设计人员需要根据装配式建筑项目自身情况建立一套完善的限额设计指标系统,并完善限额设计指标数据库。限额指标一般分为两类,即技术指标和经济指标。技术指标是指设置单位建筑面积钢筋含量、单位建筑面积混凝土含量等技术限额作为设计人员在设计技术上应遵循的指标。经济指标是指为满足投资或造价的要求而制定的经济限制值,如单位工程单位建筑面积造价、分部分项单位建筑面积工程造价等。

2. 设计方案比选和优化

设计方案的比选和优化一方面可通过评审保证工程投资不超出限额设计指标,另一方面也是保证经济与项目功能的统一,避免限额下装配式建筑项目功能和设计质量的下降。优化设计不仅可以选择最佳方案,获得满意的设计产品,提高设计质量,而且能实现对装配式建筑投资限额的有效控制。

3. 施工图设计阶段控制工程量

施工图是设计单位的最终产品,它是工程现场施工的主要依据。设计部门要掌握施工图设计成本的变化情况,将成本严格控制在批准的设计概算以内。这一阶段限额设计的工作是控制工程量。在装配式建筑施工图设计阶段,限额设计指标一般采用审定的初步设计概算及工程量。

4. 设计变更管理

在施工开始前进行设计的变更影响程度小,主要通过审核设计变更对工程成本、价值的影响来衡量设计变更是否是必要的,此时的变更可能会影响工程实施的进度,但由于项目还未施工,因此变更不会造成工程费用的浪费;若设计变更发生在工程招标和材料采购阶段或施工阶段,则造成的影响较大,此时的设计变更可能引起采购计划、施工计划、进度计划的变化，可能需要重新招标和采购，严重的话还可能造成工程的返工或拆除，因此要尽量将设计变更控制在装配式建筑项目开发的前期。

6.3.3 关键限额设计指标

通过分析大型房地产开发企业既往成功的传统建筑项目，提炼出关键限额设计指标，分别是标准层层高、窗地比、墙地比、地下车库层高、地下车位平均面积、地上单体钢筋含量、地上单体混凝土含量、独立地下室钢筋含量以及独立地下室混凝土含量。通过对关键指标进行限额控制，以此降低成本、提高企业竞争力，实现企业利润最大化。传统现浇建筑关键限额设计指标概况见表6.3。

表6.3 传统现浇建筑关键限额设计指标概况

<table>
<tr><th rowspan="2">序号</th><th rowspan="2">指标名称</th><th colspan="2">设计阶段</th><th colspan="2">适用范围</th></tr>
<tr><th>方案设计与扩大初步设计</th><th>施工图设计</th><th>产品线</th><th>物业类型</th></tr>
<tr><td>1</td><td>标准层层高</td><td>▲</td><td></td><td rowspan="3">城市品质
城郊品质
城市改善
郊区改善</td><td rowspan="3">超高层
高层</td></tr>
<tr><td>2</td><td>窗地比</td><td>▲</td><td></td></tr>
<tr><td>3</td><td>墙地比</td><td>▲</td><td></td></tr>
<tr><td>4</td><td>地下车库层高</td><td>▲</td><td></td><td rowspan="2">城市品质
城郊品质
城市改善
郊区改善</td><td rowspan="2">地下车库</td></tr>
<tr><td>5</td><td>地下车位平均面积</td><td>▲</td><td></td></tr>
<tr><td>6</td><td>地上单体钢筋含量</td><td></td><td>▲</td><td rowspan="4">所有产品线</td><td rowspan="4">多层
小高层
高层
超高层
地下室</td></tr>
<tr><td>7</td><td>地上单体混凝土含量</td><td></td><td>▲</td></tr>
<tr><td>8</td><td>独立地下室钢筋含量</td><td></td><td>▲</td></tr>
<tr><td>9</td><td>独立地下室混凝土含量</td><td></td><td>▲</td></tr>
</table>

注：▲表示该阶段要执行相应的限额设计指标。

1. 标准层层高

标准层层高是指标准层楼板面到上层楼板面的垂直高度（单位：m），具体标准层层高限额指标参考见表6.4。一般来说，城市改善、郊区改善产品线多以单一高限值控制，所有居住改善产品线的单体标准层层高均不能超过该值；高端产品线的超高层产品，如层高超过3.15 m，疏散楼梯必须增加休息平台，故以3.15 m为高限值，本产品线层高不宜低于3.0 m。

表 6.4 标准层层高限额指标参考

产品线	层高(m)	城市名称
高端产品	3.15	所有城市
城市品质	3	北京、上海、广州、杭州、深圳、成都、天津、南京、武汉、大连、苏州、无锡、青岛、重庆、沈阳、宁波
	2.9	除上述城市外的其他城市
城郊品质	3	北京、上海、广州、杭州、深圳、成都、天津、南京、武汉、大连、苏州、无锡、青岛、重庆、沈阳、宁波
	2.9	除上述城市外的其他城市
城市改善	2.9	所有城市
郊区改善	2.9	

2. 窗地比

窗地比是外门窗展开面积与成本计量面积之比。在方案设计与扩大初步设计阶段,窗地比计算范围为标准层;在施工图设计阶段,窗地比计算范围为地上建筑单体(含裙楼和塔楼)。赠送面积部位,外门窗展开面积按交付小业主的状态计算。针对城市品质、城郊品质、城市改善、郊区改善等不同的产品线,具体窗地比限额指标参考见表 6.5。

表 6.5 窗地比限额指标参考

产品线	区域	方案设计与扩大初步设计阶段		施工图设计阶段
		标杆值	高限值	修正系数
城市品质 城郊品质 城市改善 郊区改善	北方	0.15	0.2	1.0
	南方	0.17	0.2	1.0

关于窗地比限额指标有以下 5 点说明:

① 窗地比受南北区域、外门窗数量、高度和宽度的影响。

② 同一产品线因层高相同,故窗高相对固定,外窗的宽度是影响窗地比较大的因素,窗宽比越大,窗地比越高。

③ 本限额指标引入窗宽比加权平均值维度,作为对窗地比限值的校验。

④ 理论上窗地比与立面风格相关,但根据实际对项目的研究,发现彼此间差异性不大,且同产品线关联度也较小,故可定义全部产品的唯一窗地比标杆值及高

限值。

⑤ 窗地比在方案阶段同施工图阶段数值近无相差，故修正系数取1.0。

3. 墙地比

墙地比是指外立面展开面积与成本计量面积之比。外立面展开面积包含外墙、外窗、空调板、飘窗板及非封闭阳台的侧壁展开面积等。在方案设计与扩大初步设计阶段，墙地比计算范围为标准层，标准层外立面展开面积可简化为标准层外立面结构外周长与层高之乘积；在施工图阶段，墙地比计算范围为建筑单体，包括塔楼、裙楼及架空层、非封闭阳台砌筑栏板外侧面及翻边、女儿墙外侧面及翻边、窗洞翻边等展开面积，不含非封闭阳台顶棚展开面积。赠送面积部位，墙地比按交付小业主的状态计算。针对城市品质、城郊品质、城市改善、郊区改善等不同的产品线，方案设计与扩大初步设计阶段和施工图设计阶段的墙地比限额指标参考见表6.6、表6.7。

表6.6 方案设计与扩大初步设计阶段墙地比限额指标参考

产品线	户均面积（m^2）	方案设计与扩大初步设计阶段	
		标杆值	高限值
城市品质	60～90	1.15	1.2
城郊品质	90～120	1.05	1.1
城市改善	120～150	0.9	1
郊区改善	>150	0.8	0.9

表6.7 施工图设计阶段墙地比限额指标参考

产品线	建筑风格	施工图设计阶段修正系数
城市品质	法式简约	1.045
	Art-deco	1.35
	新古典	1.419
城郊品质	法式	1.165
	新古典	1.421
	学院	1.221
城市改善	Art-deco	1.141
	新古典	1.07
郊区改善	法式	1.105
	新古典	1.372

4. 地下车库层高

地下车库一层(B1层)层高为楼地面建筑完成面与顶板结构板面之间的垂直高度;其他地下各层层高为楼地面建筑完成面之间的垂直高度。需要注意地下车库一层层高、地下车库其他层层高与标准层层高定义的区别。地下车库地下一层层高限额设计指标参考见表6.8。

表6.8 地下车库地下一层层高限额设计指标参考

地下车库类型		B1层层高(小柱网)		B1层层高(大柱网)	
		覆土厚度1.2 m	覆土厚度1.5 m	覆土厚度1.2 m	覆土厚度1.5 m
普通车库	梁板式	3.45	3.50	3.55	3.65
	无梁楼盖	3.2	3.25	3.3	3.4
人防车库	梁板式	3.6	3.62	3.7	3.8
	无梁楼盖	3.35	3.4	3.4	3.45

关于地下车库层高限额指标有以下5点说明:

① 小柱网指柱网开间方向停2辆车,进深为1个车身长度;大柱网指柱网开间方向停3辆车,进深为1~2个车身长度;当采用无梁楼盖时,两个方向的柱间尺寸相同或接近。

② B2层层高在表6.8的指标基础上减少0.1 m。

③ 覆土厚度应严格控制,南方地区不大于1.2 m,北方地区不大于1.5 m,东北地区和其他特殊项目,如覆土厚度确需超过1.5 m时,应按计算确定B1层层高,可增加0.1 m。

④ 北方采暖地区如地库内敷设热力管道,B1层层高可增加0.1 m。

⑤ 高端项目层高可增加0.1 m。

5. 地下车位平均面积

地下车位平均面积为地下车库总建筑面积与地下总停车数的比值。地下车库总建筑面积包括停车区(含塔楼下部及其他所有的停车区域)、车库管理用房、专用机房(含人防车库的设施设备用房)、共用机房,不包括自行车库、摩托车库及可以销售、出租或赠送的地下建筑面积。地下总停车数指按照规定折算为标准车位的总数量。政府不认可计算车位指标的非标准车位不计入总数量,政府认可计算车位指标的非标准车位计入总数量,子车位折算为0.5个标准车位,微型车位折算为0.7个标准车位。地下车位平均面积限额设计指标参考见表6.9。

表 6.9 地下车位平均面积限额设计指标参考

地下车库类型	地下车位平均面积(m^2/车)	备注
普通地库	31	
含人防地库	34	人防地库占总地库面积比值大于 1/4 且小于 1/3
	35	人防地库占总地库面积比值大于等于 1/3 且小于 1/2
	36	人防地库占总地库面积比值大于等于 1/2

关于地下车库层高限额指标有以下 3 点说明：

① 当地下车库不含共用设备用房时，表中数值分别减小 1 m^2/车。

② 表中数据车位宽度按 2.4 m 计，当地下车库车位宽度为 2.5 m、2.6 m 时分别取表中数值的 1.04 倍、1.10 倍，如仅部分车位为大车位时，应按占比折算。

③ 利用塔楼地下室作为停车区域时，应研究塔楼地下室停车效率及其车行道的利用效率，当此区域车位数量占总车位数量超过 1/10 时，表中指标值增加 1 m^2/车。

6. 地上单体钢筋含量、混凝土含量

地上单体钢筋含量是指地上单体钢筋总量与地上单体成本计量面积之比。地上单体钢筋总量主要是指梁、板、墙、柱、楼梯等结构构件的钢筋总量，不包含构造柱、过梁、圈梁、砌体中的拉接钢筋及砌体中预制构件的钢筋，也不包含施工损耗以及措施钢筋。地上单体混凝土含量是地上单体混凝土总量与地上单体成本计量面积之比。地上单体混凝土总量即地上单体梁、板、墙、柱、楼梯等结构构件的混凝土总量(单位：m^3)，不包含构造柱、过梁、圈梁及砌体中预制构件混凝土。钢筋含量、混凝土含量指标参考见表 6.10。

表 6.10 钢筋含量、混凝土含量指标参考

物业形态/建筑类型		结构部分	钢筋含量(kg/m^2)	混凝土含量(m^3/m^2)
普通多层住宅及公寓(7 层或 20 m 及以下)		地上单体	40～43	0.29～0.31
		塔楼地下室	110～130	1.13～1.15
花园洋房、别墅、双拼、TOWNHOUSE		地上单体	42～45	0.34～0.36
		塔楼地下室	110～130	1.13～1.15
小高层住宅及公寓	20 m≤建筑高度<40 m	地上单体	42～46	0.35～0.37
		塔楼地下室	130～140	1.37～1.40
	40 m≤建筑高度<60 m	地上单体	42～46	0.35～0.37
		塔楼地下室	150～160	1.65～1.70

续表

物业形态/建筑类型		结构部分		钢筋含量（kg/m²）	混凝土含量（m³/m²）
高层住宅及公寓	60 m≤建筑高度＜80 m	地上单体		44～48	0.37～0.39
		塔楼地下室		160～170	1.95～2.00
	80 m≤建筑高度＜100 m	地上单体		46～50	0.39～0.40
		塔楼地下室		170～180	2.24～2.30
超高层住宅及公寓	100 m≤建筑高度＜120 m	地上单体		50～54	0.40～0.42
		塔楼地下室	一层	180～190	2.56～2.60
			二层	160～170	1.60～1.65
	120 m≤建筑高度＜140 m	地上单体		54～62	0.45～0.47
		塔楼地下室	一层	200～210	2.91～2.95
			二层	180～190	1.91～1.95

关于钢筋含量、混凝土含量指标有以下5点说明：

① 钢筋含量与混凝土含量不包括桩基，但包括承台底板。

② 钢筋含量与混凝土含量包含剪力墙、柱、梁、楼板、空调板、窗台板、阳台栏板等混凝土结构的受力钢筋与混凝土；不含外墙线脚、屋顶构件、圈梁、过梁、构造柱的构造钢筋与混凝土，不含预埋件钢筋、砌体拉结筋、混凝土墙梁与砌体间加挂的钢丝网等；不含施工措施（如马凳铁等）及损耗部分钢筋与混凝土。

③ 地下室的含钢量与砼含量包括顶板、外墙板与底板，底板包括外扩部分。

④ 上部结构的数据适用于标准层高2.9～3.1 m，对于标准层高不属于该范围的情况，层高每增加或减少0.05 m，指标增加或减少1%。

⑤ 表中数据适用于以三级钢为主的材料。对于以二级钢为主的材料，含钢量指标在此基础上增加10%。

7. 独立地下室钢筋含量、混凝土含量

独立地下室钢筋含量是独立地下室钢筋总量与独立地下室面积之比。独立地下室钢筋总量即独立地下室梁、板、墙、柱、楼梯等结构构件的钢筋总量，独立地下室面积即地下室外墙围合面积扣减塔楼水平投影面积。钢筋总量不包含构造柱、过梁、圈梁、砌体中的拉接钢筋及砌体中预制构件的钢筋，也不包含施工损耗及措施钢筋。塔楼下地下室钢筋含量参照以上公式计算，相应计算范围为塔楼下地下室范围。

独立地下室混凝土含量指独立地下室混凝土总量与独立地下室面积之比。独

立地下室混凝土总量即独立地下室梁、板、墙、柱、楼梯等结构构件的混凝土总量，独立地下室面积为地下室外墙围合面积扣减塔楼水平投影面积。混凝土总量不包含构造柱、过梁、圈梁及砌体中预制构件混凝土。塔楼下地下室混凝土含量参照以上公式计算，相应计算范围为塔楼下地下室范围。

独立地下室钢筋含量、混凝土含量指标参考见表6.11。

表6.11 钢筋含量、混凝土含量指标表(地下车库)参考

建筑类型	结构部分	钢筋含量(kg/m²)	混凝土含量(m³/m²)
独立地下室	大柱网一层	150～160	1.10
	大柱网一层	120～130	0.85
	小柱网一层	120～130	0.85
	小柱网一层	90～100	0.60
六级人防独立地下室	大柱网一层	180～190	1.35
	大柱网一层	150～160	1.10
	小柱网一层	150～160	1.10
	小柱网一层	120～130	0.85

关于独立地下室钢筋含量、混凝土含量指标有以下7点说明：

① 钢筋含量与混凝土含量不包括桩基，但包括承台底板。

② 钢筋含量与混凝土含量包含剪力墙、柱、梁、楼板等混凝土结构的受力钢筋与混凝土；不含外墙线脚、屋顶构件、圈梁、过梁、构造柱的构造钢筋与混凝土，不含预埋件钢筋、砌体拉结筋、混凝土墙梁与砌体间加挂的钢丝网等；不含施工措施(如马凳铁等)及损耗部分钢筋与混凝土。

③ 地下室的含钢量与混凝土含量包括顶板、外墙板与底板，底板包括外扩部分。

④ 数据适用于层高3.3～3.45 m，对于层高不属于该范围的情况，层高每增加或减少0.05 m，指标增加或减少1%。

⑤ 表中数据适用于以三级钢为主的材料，对于以二级钢为主的材料，含钢量指标增加10%。

⑥ 地下室的数据适用于覆土为1.2 m的情况，覆土每增加0.3～0.5 m，含钢量增加10 kg/m²。

⑦ 当采用天然地基时，含钢量增加15 kg/m²。

对于装配式建筑而言，在设计阶段对一些重要参数进行限额设计，可以从成本构成要素着手对装配式建筑成本进行控制。然而，目前我国在装配式建筑上还未形成统一标准体系的限额设计指标。根据对传统建筑项目与装配式建筑项目特点的分析，结合我国大型房地产企业关于在不同装配率下建筑项目的限额设计经验，对装配式建筑的限额设计指标进行梳理总结，得出装配式建筑的关键限额设计指标主要有预制混凝土构件含量、现浇混凝土构件含量、预制钢筋含量以及现浇钢筋含量。上述指标的限额会因装配率不同而有所差异，结合以往项目数据给出装配式建筑关键限额设计指标参考，见表6.12。

表6.12 装配式建筑关键限额设计指标参考

指标名称	限额	备注
预制混凝土构件(m^3/m^2)	0.17～0.22	装配率提高，指标变大
预制钢筋(kg/m^2)	14.5～18.5	
现浇混凝土构件(m^3/m^2)	0.24～0.30	装配率提高，指标变小
现浇钢筋(kg/m^2)	24.5～27.2	

6.3.4 限额设计过程管理

装配式建筑限额设计不仅仅需要设置相应限额指标、进行设计优化，还需要强化限额设计的过程管理。限额设计的实施从设计阶段向前扩展到项目目标和投资估算，向后扩展到设计完成后的设计变更管理。因此，装配式建筑限额设计管理应该重视前后协调，制定相关过程管理的制度、流程和标准，主要从限额设计实施前期(制定、下达限额设计指标)、中期(跟踪、反馈限额设计实施效果)、后期(设计变更管理)3个阶段进行科学、动态的管理。

1. 限额设计指标的制定、下达

装配式建筑限额设计指标的下达是企业通过设计任务书、设计合同等方式向设计单位传达科学的限额设计思想和限额要求，同时向设计方提出清晰、明确的限额设计指标调整流程，引导设计单位正确理解限额设计指标。指标的下达除了要保证将限额设计指标信息准确无误地传达给设计单位，还要传达科学的限额设计管理思想。限额设计指标既要具备刚性，又要具备可调性，同时还需要系统设置一些合约条款来降低限额设计的风险。另外，限额设计指标不是一成不变的，企业对设计的评审也不是唯指标论。若出现限额设计指标、设计目标不合理的情况，设计方有义务提出设计目标、限额指标的沟通意见，提出限额设计指标调整申诉及充分的申诉理由。关于限额约束下可能存在设计质量降低的风险，可在合同中提出对设计图纸的审查要求、设置设计质量激励(包括正、负激励)条款、设置不得以达到限额设计指标为由从而降低设计质量的条款。

2. 限额设计实施的跟踪、反馈

限额设计指标准确固然有利于限额设计实施的效果，但鉴于限额设计指标的准确确定存在一定的难度，制定非常精准的限额设计指标对于部分企业来说并不现实。因此需要采用合理的限额设计指标管理方法，及时跟踪、反馈限额设计的情况，做好限额设计的完善工作，这便是限额设计指标的动态管理。企业应向限额设计管理相关参与人员灌输先进的限额设计管理理念，要在关键设计环节，如设计方案完成、初步设计完成、施工图设计完成时，进行限额设计情况的考察，还需要将设计过程细分以便于及时跟踪、反馈限额设计指标的合理性，同时还需鼓励设计单位及时提出补充、完善设计目标和限额设计指标的建议。因此，限额设计的跟踪、反馈应做到以下几点：

① 细化设计过程，分阶段考察限额设计情况。

② 主动、及时地开展与设计单位的沟通，听取设计单位对设计目标及限额设计指标的意见和修改、细化建议。

③ 若限额设计指标需要调整以达到其合理性，企业需根据限额设计指标修改制度、流程，并综合设计单位建议，经过科学的评审，修改限额设计指标。

④ 限额设计指标修改下达后，还需继续跟踪限额设计情况，继续完善限额设计工作，以形成良性循环。

3. 限额设计后期的设计变更管理

在限额设计管理后期，通过对设计变更进行统计分析，可以发现限额设计管理的不足之处，对于限额设计管理经验的积累有十分重要的意义。加强变更管理应注意以下几个方面：

① 设计变更的分类。设计变更需求提出后，企业宜将设计变更进行分类管理，区分变更发生的原因，有利于后续的分析、改进和预防。

② 设计变更的评审和必要的审批。变更的评审主要审查设计变更的合理性、经济性、可行性。将设计变更后所产生的综合效益（工程质量、工程成本、工期等）和变更所引起的损失进行比较，经相关部门研讨、权衡，通过必要的审批流程，得出最终评审决定。

③ 设计变更实施及跟踪。实施设计变更之前需要全面考虑变更后相应增加的工作及变化，如是否需要重新报建、是否需要调整采购内容及计划、是否需要调整施工内容及计划、是否涉及销售承诺等。

④ 变更实施后的分析。变更实施后有必要对设计变更进行相关的分析，包括成本的变化、变更的效果、改进的措施等。同时还应注意，设计变更在一定程度上能够反映限额设计实施效果。设计变更与限额设计效果呈负相关性，设计变更是限额设计管理效果的“晴雨表”。

6.4 装配式建筑设计阶段成本控制

6.4.1 设计阶段成本控制存在的问题

1. 设计标准化程度低

我国装配式建筑起步较晚，设计单位经验不足，主流设计思路还是基于现浇方式设计，再拆分构件，进行构件深化加工图设计。目前预制构件的拆分设计没有统一规定，仅凭借设计人员的经验进行拆分，常常出现拆分方案不合理的现象。这种做法容易造成设计标准化程度低，拆分后的构件造型差异大、种类繁多，间接增加生产、运输和施工环节的工作量，造成成本增加。预制构件的标准化程度低，通用性与互换性差，需要工厂在生产过程中投入大量不同型号的模具，模具周转次数达不到设计使用寿命，摊销在每个构件上的模具费增加，且异形预制构件在运输装载过程中也会降低空间使用效率，增加运输成本。

2. 设计的集成化程度比较低

相较于传统建筑设计，装配式建筑将设计深度前置。一方面，在构件拆分和深化设计上，将不同专业设计集成起来，增加了设计的难度，导致生产、运输和安装阶段成本增加；另一方面，装配式建筑的设计、生产、运输和安装应该是一体化的，需要进行全方位的考虑，但当前装配式建造方式的设计、生产、运输和施工各环节脱节现象严重，造成成本增加。

3. 预制构件设计专业间冲突

构件加工图设计综合了建筑、结构、机电、暖通、装修等专业，但由于设计人员受专业水平限制并不能全面考虑到多专业协调的问题，容易在不同功能需求之间发生冲突。例如，设计构件模具时，仅仅考虑构件的外形和尺寸，而忽略结构施工的预埋件定位，会影响后续工作；设计预制墙板时，若缺乏机电安装经验，统一采用铁质线盒，会造成功能浪费、成本增加。预制构件的生产是按照设计来的，若设计有冲突，可能会造成生产环节选材不当或质量不合格，浪费材料、人工，增加不必要的成本。

6.4.2 设计阶段成本控制方法及措施

1. 价值工程法的应用

价值工程法的核心工作是对建筑的功能进行分析，以最小的投资额获取最大的经济效应。在设计过程中运用价值工程法，通过对比分析装配式建筑、传统现浇砼结构的功能、价值以及成本等，来合理地进行设计优化。传统的质量管理或成本管理通常以追求单项指标为目标，即单纯地以提高质量或者降低成本为目标，而价值工程法则是通过对功能和成本之间的综合关系开展研究，将提高功能和降低成本两个改进方向有机地结合，最终实现价值的最大化。因此，在装配式建筑设计阶段，运用价值工程法的目的并不仅仅是一味地降低建造成本，也不是盲目地提升建筑的功能，而是综合提高建筑的价值。

2. 目标成本法的应用

与传统成本管理方法相比，目标成本法不再局限于某个组织内部或是某个生产阶段，而是将成本控制拓展到以实现最终用户的需求为目标，面向建筑产品的整个寿命周期；同时强调全体人员参与成本分解，保证从管理层到一线操作工人都能对成本目标有明确清晰的认识。在装配式建筑设计阶段，目标成本管理工作主要包括成本确定、成本分解、成本控制和成本比较分析等 4 个步骤。其中，成本确定是基于大量的市场调研，通过比较将来不同情况下的成本水平，选择最优的成本方案；成本分解则是按照一定分类方法分解项目的目标成本，构建相互联系的成本目标体系；成本控制是以预定的目标成本为工作导向，主动采取措施管理成本形成过程以及成本影响因素，以实现最优成本，保证预期利润；成本比较分析是把目标成本和实际成本进行对比，并分析差距，定期总结和评价成本计划及其有关指标的实际完成情况，分析成本变动原因，提出改进建议，促进实现有效的成本控制。

3. 预制率经济性测算

从装配式建筑工程的特点来看，不同预制构件所对应的预制率也有所差异。以某 EPC 工程总承包模式下装配式建筑工程为例，预制构件预制率及经济性分析数据见表6.13。在装配式建筑设计阶段，将预制率经济性测算作为预制构件分解的重要参考依据，进而对整个装配式建筑项目的成本进行控制。

表 6.13 预制构件预制率及经济性分析

使用预制构件类型	预制率(%)	成本增量(元/m^2)		合计(元/m^2)
		建造成本	工期效益	
预制叠合板	14	65	−15	50
预制楼梯	2	10	−8	2
预制外墙板	30	115	−28	87
预制内墙板	40	80	−25	55

4. 提高预制构件设计的标准化程度

标准化是建筑工业化的基础，可通过逐步完善装配式建筑行业内预制构件的通用标准化设计和生产体系，减少预制构件的种类和模块类型，以少量规格的部品部件，通过多种排列组合产生多样化的产品，满足不同的使用需求，从设计源头贯彻构件的模块化、集成化、通用化，提高构件的通用率和标准化程度，形成多样化、适应性强的建筑功能和建筑形态。装配式建筑可推行以设计为龙头的EPC工程总承包模式，并通过构建装配式智能建造管理平台，实现建筑、结构、给排水、暖通、电气等专业之间的协调，以及与生产、运输、施工全产业链一体化协同设计与管理。

5. 加强专业技术培训，提升设计人员的经验能力

装配式建筑设计对设计人员的要求更高，设计人员的经验能力是设计阶段影响成本的重要因素，设计人员能力水平的高低直接影响设计方案及施工图纸的质量，进而间接影响后续的运输及施工阶段，影响工期及施工质量。因此，应组织业内装配式建筑讲座，加强专业技术培训，培养具备专业知识与专业技术能力的复合型设计人才。

6.5 装配式建筑限额设计案例

S项目位于合肥市蜀山区，建造方式为装配式建筑。总建筑面积为104647.8 m^2。PC构件部分采用叠合梁、板，楼梯、外挂墙板装配率不低于50%，内隔墙及剪力墙采用传统工艺施工。

参考表6.12给出的装配式建筑关键限额设计指标参考，确定本项目的限额设计值如下：

预制混凝土建筑面积单方含量确定为0.22 m^3/m^2；

现浇混凝土建筑面积单方含量确定为0.25 m^3/m^2；

预制钢筋建筑面积单方含量确定为18 kg/m^2；

现浇钢筋建筑面积单方含量确定为25 kg/m^2。

进一步根据设计方案，将上述限额指标分解到各个构件中，见表6.14。

表 6.14 S项目限额设计指标值及实际值

指标名称		单位	建筑面积单方含量	
			限额设计指标	实际值
预制混凝土构件	预制混凝土外墙板	m^3/m^2	0.040	0.038
	预制混凝土夹心保温外墙板	m^3/m^2	0.100	0.096
	预制混凝土内墙板	m^3/m^2	0.030	0.028
	预制混凝土叠合梁	m^3/m^2	0.005	0.005
	预制混凝土叠合板	m^3/m^2	0.040	0.038
	预制混凝土楼梯	m^3/m^2	0.004	0.004
	其他	m^3/m^2	0.001	0.001
	预制混凝土合计	m^3/m^2	0.22	0.21
现浇混凝土构件	剪力墙	m^3/m^2	0.110	0.108
	柱	m^3/m^2	0.010	0.008
	梁	m^3/m^2	0.010	0.008
	有梁板	m^3/m^2	0.112	0.110
	楼梯	m^3/m^2	0.006	0.005
	其他	m^3/m^2	0.002	0.001
	现浇混凝土合计	m^3/m^2	0.25	0.24
预制钢筋		kg/m^2	18	17.8
现浇钢筋		kg/m^2	25	24.8

第7章　装配式建筑招采阶段成本管理

招标采购是装配式建筑实施过程中的重要环节，招标是工程发包方按照项目情况对施工企业和构配件供应商进行选择的过程，在招标过程中对成本进行控制，是提高整个工程项目成本控制水平的重要途径。我国装配式建筑工程项目越来越多，加强对招标采购阶段的成本管理有助于对项目整体成本进行控制，是一种前期管理，具有十分重要的意义。

7.1　装配式建筑招采阶段成本概述

7.1.1　招采阶段工作流程和内容

装配式建筑招标采购业务流程主要可分为三大部分，包括计划阶段、实施阶段和事后评价阶段。在各个阶段又可以细分为诸多不同环节（如图7.1所示）。

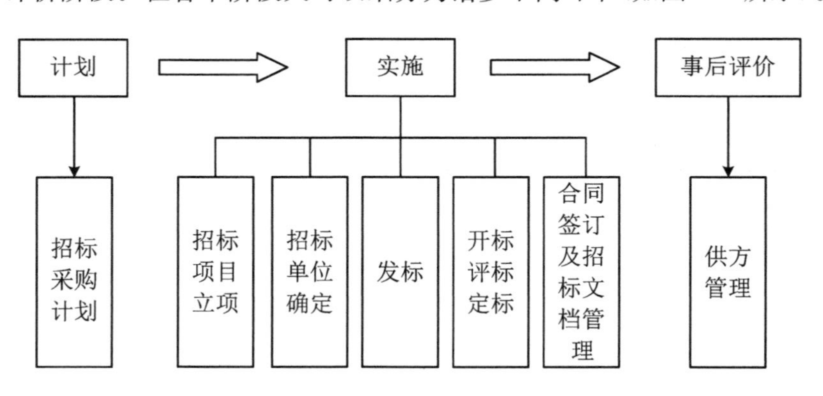

图7.1　装配式招采业务主要流程

1. 计划阶段

计划阶段主要是制定招标采购计划和成立招标采购领导小组与工作小组。建立和健全装配式招采组织机构至关重要，一般通过组织搭建和规则制定完成，具体内容如下：

① 先成立装配式领导小组，领导小组基本职能包括建立组织机构、制定工作流程、制定成果标准、管理组织协调，以便统筹和组织装配式相关工作。从长期来看，建议由建筑设计负责人牵头，目前大多是结构负责人或成本负责人牵头。

② 在原有招标管理制度体系的基础上，建立装配式招标专项工作流程和管理办法，明确相关责任部门。表7.1是装配式招标专项工作流程。

表7.1　装配式招标专项工作流程

序号	工作事项	工作流程	责任部门
1	合约策划	(1) 确定招标模式 (2) 拟定计价模式 (3) 设计合约要点	招采
2	考察入围	(1) 资源摸底和调查 (2) 考察报告、总结	招采、设计、工程
3	招标过程	(1) PC范围和界面、工期和质量标准、招标依据复核与讨论 (2) 招标文件和清单编制 (3) 发标后按正常招标流程走	招采
4	履约管理	(1) 交底管理 (2) 设计提资管理 (3) 样板楼成果评审 (4) 第一次成果评审 (5) 问题和争议处理 (6) 履约评价、优中选优	设计、工程、招采

2. 实施阶段

实施阶段是招标采购业务的主体阶段，涉及的环节较为复杂，主要包括招标文件公布、招标公告发布、供应商名单审批、审批过程控制、发放中标通知书、签订合同等环节（如图7.2所示）。

3. 事后评价阶段

事后评价阶段主要是对供方进行管理，包括该项目的合格评定以及一定期限以进行供方履约行为的评估。

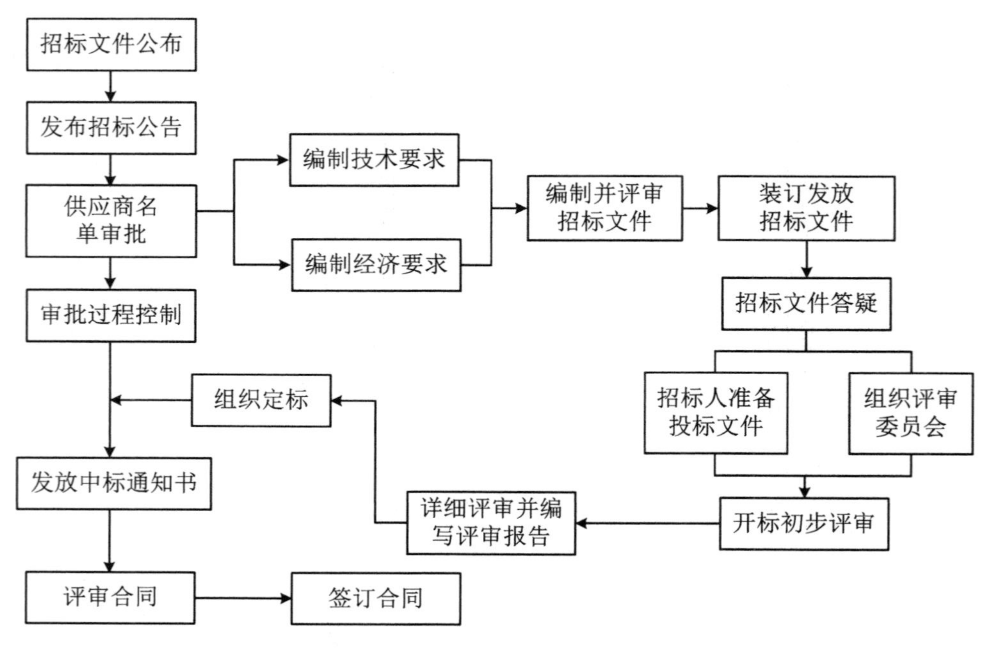

图 7.2　装配式招采实施阶段流程

7.1.2　招采阶段成本管理特点

在招采阶段，装配式建筑与传统建筑相比，成本管理工作的主要差异体现在招采工作前置、专业协同要求高和工作合作范围广三方面。针对招采工作前置这一特点，可以采用“时间前移”来应对；针对专业协同要求高这一特点，可以采用“专家价值”来应对；针对工作合作范围广这一特点，可以采用“界面调整”来应对。3 种解决差异的方式如图 7.3 所示。

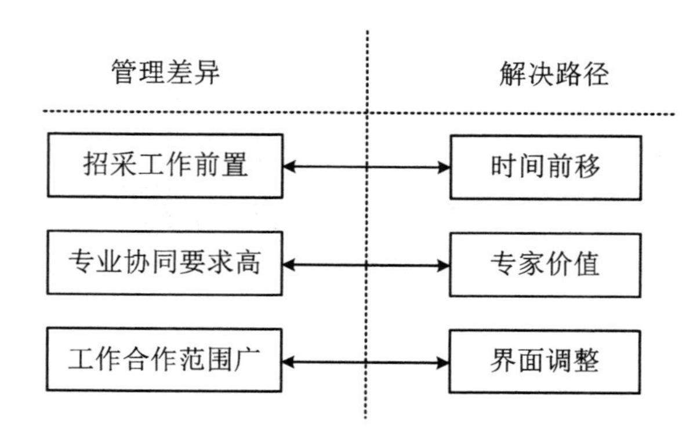

图 7.3　装配式项目招采解决成本差异的路径

1. 时间前移

装配式建筑设计阶段成本控制有3个前提条件，一是要有好的设计单位来做设计；二是要在更早的时间开始做设计；三是要有足够的设计周期来做好设计。由于装配式建筑的部品部件均是提前预先设计、预先生产的，因而装配式建筑需要技术前置和管理前置，促使招采工作也必须前置。这使得大部分标段或分项工程的定标时间要往前移，例如总包、机电、精装、门窗、栏杆等都要在装配式专项设计完成前定标，并参与到一体化设计工作中。

2. 专家价值

通过招标采购确定设计单位、部品部件生产单位、施工单位等企业，其目的不仅是选择一个单位来完成相应的工作，更重要的是要能取长补短，用合作企业的优势来弥补项目业主在某一方面的不足。这一点在装配式项目上尤为重要，设计单位、顾问单位、总包单位、供应商，不再只是实施者，不再局限于按委托人意图做、按设计图做，而是协同设计者，他们的影响甚至决定最终的成本。因而，专业经验、专家价值更加凸显，装配式建筑的事前策划和设计对成本控制效果更加直接和显著。设计单位的选择是招采工作的重中之重，建议在装配式有关咨询顾问和设计单位的定标时间和价格上给予成本倾斜和工作侧重。

3. 界面调整

现阶段的装配式混凝土建筑是传统现浇混凝土与预制装配式并存的建筑方式。传统合约范围要增加预制装配式的相关内容，例如所有专业的设计合同都要增加装配式一体化设计的责任；传统合约界面要增加预制装配式的相关工作，例如总包要增加与预制装配相关的甲供或甲指内容的合约界面。只要有装配式，项目合约规划就需要重新梳理、界面就需要重新约定，不能照搬套用。以明确的合约规划为指导，可以科学解决企业各级管理者在执行成本管理、审批会签合同过程中的成本预算控制问题。

7.1.3 招采阶段成本风险因素

1. 外部因素

(1) 市场风险

市场风险主要是指复杂多变的市场环境导致招采物资的成本高于预期或者质量不达标的现象。市场风险首先是信息不对称所产生的风险，即项目实施单位的采购人员没有充分掌握市场中绝大部分的供货商信息、商品的品质和价格、供货周期和后期服务等方面的全部信息，从而可能出现采购成本高于预期、不达标的情况。此外，商品价格还会受到经济形势的影响，比如通货膨胀等。

(2) 供应商风险

供应商风险是指供应商本身的不规范行为导致物资采购成本偏高、产品质量不过关以及供货周期拖延等风险，不能满足合同的约定。

(3) 物流风险

物流风险是指货物在运输过程中，没能按照项目实施的节点按时交付的风险。物流风险的危害主要表现在货物损坏、配送位置发生偏差、配送时间未按照合同时间交付等造成成本的增加。

2. 内部因素

(1) 计划风险

招采计划出现不合理和不恰当现象，与预期招采计划产生偏离的风险，导致招采成本增加。在开展招采工作前，主要责任人应当充分了解市场、充分认识企业招采行为的特点和招采的法律法规，从而对装配式项目周期内的招采行为进行有效合理的安排，并形成行之有效的招采计划，以保证招采工作的时效性和合理性。

(2) 投标报价风险

现阶段，在装配式相关标段上容易出现不合理低价中标的情况，原因有3点：一是由于装配式建筑较传统建筑目前存在成本增量，但大多数城市的房地产开发项目都有销售限价，这是额外增加的成本压力；二是在现阶段，很多房地产项目迫于当地相关政策要求而采用装配式建造方式，是被动采纳，这种情况下容易出现开发商严控装配式相关成本，能低则低；三是我国的装配式建筑处于发展初期，市场资源并不充分，市场还没有形成相对稳定的价格机制，还没有一个公允的组织或标准来判断什么是合理低价，容易出现能低多少就低多少的情况。

在目前一些设计企业处于“低设计费+低标准设计+低层次服务”的恶性循环之下，处于上游的设计委托方可以发挥市场引领和引导作用，通过系统的标前考察、标后履约管理等全过程管理措施规避“不合理低价中标”，建立基于设计质量的评价体系和浮动设计酬金机制，引导“优质优价”甚至高价中标，同时通过合约管理措施避免“高价低质”。装配式建筑成本包括显性成本和隐性成本两大类(如图7.4所示)，低价中标得到的是一部分看得见的显性成本降低，而另一部分看不见的隐性成本可能增加更多，不合理低价的情况下最终亏损的是招标人。

投标报价风险还会发生在采购订货环节，采购订货即采购行为的实际执行人根据项目的物资需求，对相应的设备供应商进行询价、对比和筛选，最终确定合适的供应商，以合理的价格签订供货合同的整体流程。投标报价风险包括采购员工技能不足、采购程序错乱和采购合同签订不规范等。采购流程要在相关法律法规的允许下进行，采购工作人员的不规范行为、不合乎当地法律法规的要求，会给采购行为造成隐性的法律风险。此外，在与供应商签订合同时，若对于合同中的条款理解不全面，或者不能识别条款中可能产生的歧义和潜在风险，将会造成采购工作后期履约纠纷，从而对整个项目的推进产生不利影响。合同风险具体包含以下3个方面：一是合同条款缺失，表达意思不明确而产生歧义，交货界面分割不清晰，没有明确买卖双方的权利和义务；二是条款本身的权责不对等、不公平，从而导致项目后期履约困难；三是企业内部合同管理流程混乱，为后续工作带来风险。

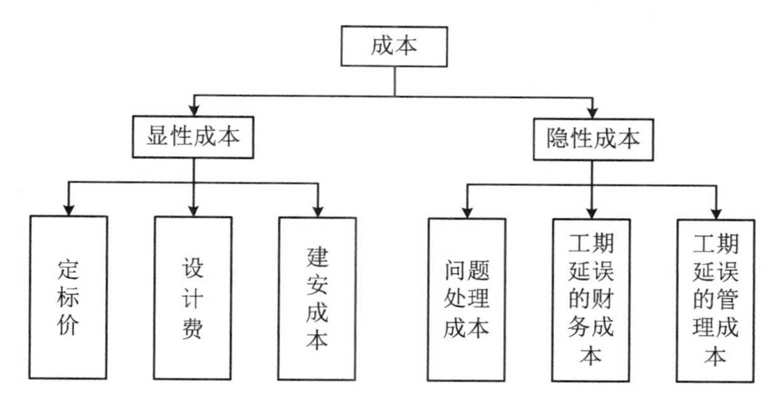

图 7.4　装配式建筑的两类成本

(3) 业主风险

该风险是因为业主自身原因，使得招采工作无法正常开展而产生的风险，主要包括业主提高物资采购标准、对相关标准临时变动、不能按时结算相关费用等情形。

(4) 验收风险

货物到达现场后除了必需的商品检验报告书外，还必须按照相应的规范对采购物资进行抽样检测。货物经过验收后若再发生质量问题，将由承包商自己承担商品质量不合格所带来的损失。验收风险主要指由于验收过程的不严谨、验收人员专业水平和素质的不到位，导致项目现场接收的物资与合同规定的产品存在差异的风险。如产品质量不合格、到货物资数量缺少等。

(5) 物资保管风险

依据施工组织安排，保证物资充足，避免出现短缺的情形，需要将短期不使用的物资存放在施工现场。但由于施工现场管理水平过低或存在仓储管理不规范的现象，可能导致采购物资被盗、损毁等风险。尤其是建筑材料、构件、设备等重要物资，价格昂贵，使用度高，一旦保管不当，会造成成本严重增加。

7.2 合约策划管理

7.2.1 承发包模式选择

1. 几种常用的承发包模式

(1) 施工总承包模式

在这种模式下，业主将项目的设计与施工分别委托给设计单位和施工总承包商两个独立组织，施工总承包商仅对整个项目的建设负责，总承包企业无法完成的一部分专业工程可分包给分包商，业主可委托第三方企业对该项目进行监督和管理，各参与方关系如图 7.5 所示。施工总承包商要对工程建设过程中出现的问题负全部责任。

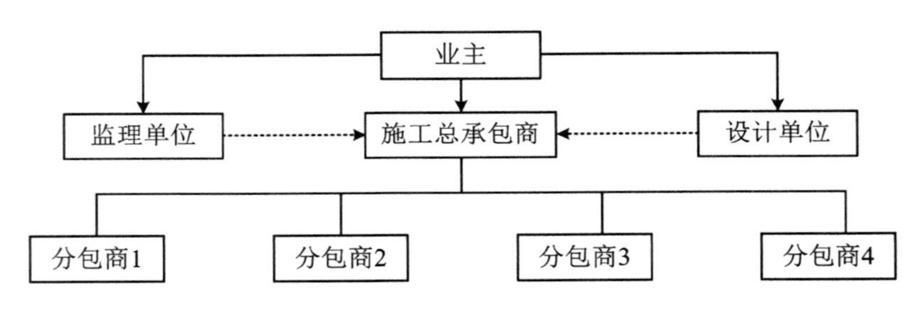

图 7.5 施工总承包模式组织形式

施工总承包模式目前在传统的建筑中应用最为广泛，但存在设计与施工环节割裂、项目信息共享程度低等缺点，不能有效发挥装配式建筑建造方式的优势，这种项目管理模式在装配式建筑中应用相对较少。

(2) PMC 模式

PMC(Project Management Contracting，项目管理承包)模式是建设单位通过招标的方式，与有相应实力的项目管理承包商签订承包合同，项目管理承包商对该建设项目的全生命周期建造过程进行全过程管理，但该承包商与其他专业承包商仅仅是协同工作关系，并不会直接参与到项目各个阶段的详细建造工作中。现阶段大多数建设项目建筑结构复杂，涉及多方参与主体，管理与建设难度增大，业主为保障项目的顺利进行，会选择该模式作为项目管理模式(如图 7.6 所示)。但项目管理承包商对项目仅提供管理业务，不直接参与项目的建造，在业主的要求下对建设项目的进度进行管理，因而施工工期得不到保证。

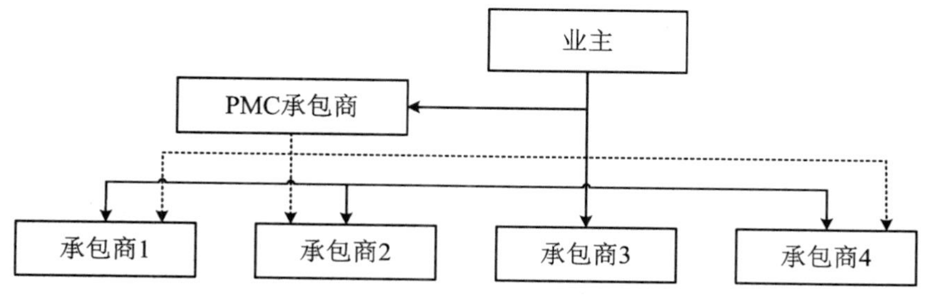

图 7.6　PMC 模式组织形式

(3) 设计－施工(Design and Build,DB)总承包模式

DB 模式下,主要参与主体为业主、第三方工程师以及设计－施工总承包商,业主委托第三方工程师对建设项目进行管理,设计－施工总承包商提供设计和施工服务,对项目的工期、质量以及成本负责,其组织形式如图 7.7 所示。DB 模式适用于建设周期短、投资较小的建设项目,该模式在我国已经发展成熟,在管理和技术层面也有了一定的经验。在此模式下,承包商能够很好地将设计与施工环节进行衔接,避免了因各个阶段脱节而引发的种种问题。但是,此模式中的"D"一般仅指项目设计中某一专业的设计,由于装配式建筑的设计环节不仅包含了设计阶段的施工图设计,还包含了预制构件的深化设计、装修－建造一体化设计等全专业集成设计,若承包商缺少装配式建筑的建造经验,就会使得双方主体承担较大的项目风险。

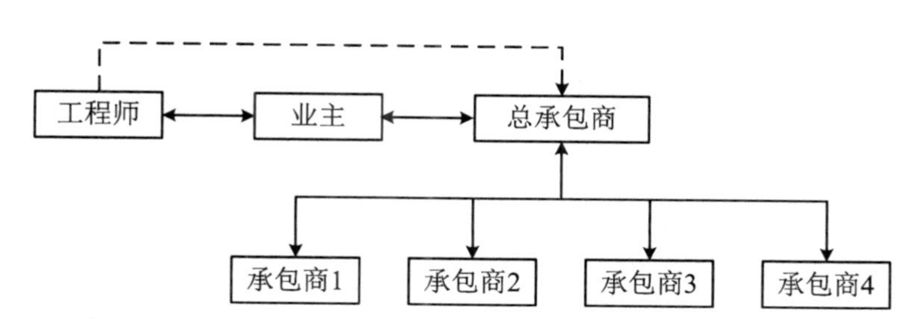

图 7.7　DB 模式组织形式

(4) EPC 工程总承包模式

传统的管理模式将装配式建筑的项目管理分解为若干环节,存在着层层分包的情况。应用 EPC 工程总承包模式,由总承包商实施一体化管理,统筹项目设计、采购、施工各环节,衔接顺畅,能解决分割模式带来设计、采购、施工脱节的问题,解决层层分包带来的管理难度大的问题,改变粗放的脱节管理模式,充分发挥高效管理的优势。EPC 工程总承包商可对设计、采购、生产运输和施工进行合理搭接,例如在设计阶段搭接采购工作,在采购阶段同时进行施工,节约工期,降低成本。将设计、施工、生产采购企业整合起来,可以进一步简化不同企业之间的合同管理程序,降低沟通成本以及后续的施工返工成本,从而降低工程总造价。

2. EPC工程总承包模式应用于装配式建筑的优势分析

装配式建筑工程项目招标采购管理与工程项目管理模式密切相关，现阶段对施工单位而言，装配式建筑施工过程只是单纯地将预制构件运到现场进行构件组装，装配式建筑依然采用传统项目管理模式，这种管理模式致使各个阶段脱节，各参与方难以有效协同工作，进而导致装配式建筑不能发挥其特有的优势，也使得装配式建筑在推广方面存在一定阻碍。将EPC工程总承包模式应用于装配式建筑中，EPC工程总承包商在合同关系中占据主导地位，可充分发挥主观能动性，利用自身的优势特点，在完成业主合同要求的范畴内创造最大的项目价值。EPC工程总承包模式应用于装配式建筑可发挥以下几个层面的优势：

(1) 有助于建设项目管理的高度统一化

装配式建筑的建造过程是一个复杂的系统工程，所有环节和阶段中都需要各参与主体的协同工作，应用EPC工程总承包模式有利于提高组织合作能力，有效解决设计与施工管理脱节问题，实现全寿命周期各阶段的集成管理，发挥各个参与主体在项目中的最大优势，实现项目预期的管理目标。

(2) 有利于加快工程进度

与传统的项目管理模式相比，EPC工程总承包模式的优势是使各个阶段能紧密联系，而传统项目管理模式则是在一个阶段完成后开始下一阶段，会因衔接不及时而导致工期延误。装配式建筑应用EPC工程总承包模式，可以发挥总承包商的主导作用，使各参与主体的责任划分更加明确，并且每个阶段可以互相交叉工作，进一步加快工程进度。

(3) 有利于降低建造成本

装配式建筑应用EPC工程总承包模式，一般是签订固定总价合同，业主的投资是相对固定的，且EPC工程总承包商承担了主要的风险。总承包商为了尽量降低或回避风险，会从全局出发整合资源，确定项目的整体目标，使各个参与主体的目标与之保持一致，并在保证质量与安全的前提下，采购时充分考虑建材与设备的性价比，进一步降低建造成本。

(4) 有利于实现信息化管理

在传统项目管理模式下，针对同一项目不同专业会有多个不同的技术平台，但技术平台之间的信息不能交互，致使在交流对接过程中容易丢失部分数据，无法获得完整的项目数据，导致各个参与方信息出现误差。应用EPC模式，总承包商占据主导地位，可搭建统一的信息化平台，各参与单位均在此平台上进行数据交互，且各专业能实时进行信息输入，这样既可以保证各专业模块数据的一致性以及后期进度信息更新的准确性、及时性，同时又使得各个参与方信息交互更加顺畅、便捷。

由于装配式建筑与传统建筑的建造过程、参与主体、施工技术等有所不同，所以装配式建筑的承发包模式与传统建筑相比也会有相应的变化。对装配式建筑采用传统 DBB(Design-Bid-Build,设计-招标-建造)模式和 EPC 工程总承包模式进行分析对比,见表 7.2。

表 7.2 装配式建筑的承发包模式对比表

管理模式		传统 DBB 模式	EPC 工程总承包模式
基本概念		不同承包商分别承担设计、采购、施工	一家单位承担设计、采购、施工
基本特征	管理	分制式管理	集成式管理
	工期	依次进行、工期较长	集成管理、工期最优
	协调	多点责任、分工明确,但责权利不清晰;多头管理、协调困难	单一责任、责权利清晰;一家总承包,管理简单
	成本	可选单位多,竞争性好,定价优;后期变更多、索赔多	可选单位少,竞争性差,有中标高价的风险;后期变更少、索赔少
	质量	可施工性差、质量风险大	可施工性好、质量风险小
风险	甲方	大	小
	乙方	小	大
可控性	甲方	大	小
	乙方	小	大
小结		不适合装配式建筑	适合装配式建筑

7.2.2 PC 构件深化设计实施方案选择

确定构件深化设计实施方案是策划管理的重要工作,选择设计单位是甲方招采环节的重中之重,其重要性表现为 3 个方面:

① 需要厘清装配式专项设计,甚至是“装配式建筑在上”的主导设计,不是类似幕墙、钢结构一样的二次设计。

② 需要注意,现阶段整个行业特别缺乏有经验的装配式设计师,容易出现设计问题,特别是设计方案优化问题。

③ 装配式建筑的工期相对更紧张,设计工作一般没有返工的可能,因而选好设计单位很重要。

对于装配式专项设计的实施单位,目前有原设计单位设计、PC 专项设计单位设计、构件厂设计3种方案(见表7.3),但无论哪种方案,原设计单位都需要进行设计一体化统筹和对设计成果负责。3个方案各有利弊,没有好坏之分,分别适用于不同的情况。建议优先由原施工图设计单位直接做装配式建筑的专项设计,也可以根据实际情况灵活安排,例如由原设计单位或装配式专项设计单位做装配式方案和拆分图设计,由构件厂家做深化设计。由于深化设计造成的构件浪费由构件厂家自行承担,因此可以发挥构件厂家的优势,减轻甲方管理和前端设计的风险。

表7.3 装配式设计单位的选择方案对比

对比项	原设计单位	PC专项设计单位	构件厂家
设计	容易实现一体化设计,能够更好地把握设计完成度,确保最终设计效果	PC设计受控性较好,有专门单位进行装配式协同设计的统筹	对设计效果的保证有风险,需要投入较多的协调、确认工作
成本	限额设计责任清晰,不会相互推诿	成本受控性较好;但在限额设计超标时易相互推诿	省设计费;生产便利、生产成本低
质量	全部设计均由一家设计单位负责,不会扯皮、不会推诿、不会出现出图盖章问题	能较好地平衡生产和施工的便利性	设计图可以较好地保证生产便利;因设计原因导致的问题由构件厂家直接承担,责任明确
进度	较容易协调	协调环节较多,需要投入较多协调	需要委托人统筹协调事项较多;构件生产时不会因为深化图纸问题中的问题扯皮
风险	容易出现对构件生产和安装考虑不周的风险;问题不容易及时暴露	协调工作量较大	存在对构件安装考虑不周全等风险;出图盖章可能有问题
适用情况	设计单位的PC团队实力较强;委托人团队装配式经验不多	原设计单位不具备装配式设计经验和统筹能力、委托人团队有较强的装配式管理经验	构件厂具有较强的深化设计能力和统筹能力;可以在专项设计方案完成度较高的情况下使用

7.2.3 构件供应方案选择

从招标采购角度而言，PC构件供应方案主要包括乙供、甲指乙供和甲供3种方式。

(1) 乙供

承包人自行与构件厂签署合同。将PC构件纳入总包合同范围，由总包单位自行选厂、自行采购、自行深化设计、自行模具设计、模具制作、构件生产、运输、安装等全部内容，委托人只负责技术和质量把关。

(2) 甲指乙供

承包人与构件厂签署合同。与乙供模式不同的是构件厂家由委托人指定可选厂家范围和最高限价。这种招标方式需要在总包招标前完成构件供应招标，并将承包人联系方式和限价一并在招标文件报价清单中列明，由总包单位在投标报价中进行选择。

(3) 甲供

委托人与构件厂签署合同，要注意预付款问题。总包只负责构件进场验收、堆放、安装。

表7.4中归纳了常用的3种构件供应方式的界面和特点，可以根据项目需要和风险管理能力选择适合项目的方式。

表7.4 预制构件供应方式对比

对比项		乙供	甲指乙供	甲供
优势	成本	界面简单，索赔少	限定构件价格，构件成本可控，但增加了总包管理费	可节约材料总价约5%（管理费、利润、税等）
	质量	质量受控性一般，质量责任清晰	质量责任清晰	质量受控性好
	进度	总包协调力度大，委托人责任少，组织协调工作量少	增强可施工性、可以缩短工期；减少业主大量的管理和协调工作	供货能力受控性好，管理灵活性较大
	风险	委托人风险最小	减少业主方承担的风险	发生变更时能及时通知工厂调整，能有效监控返工量

续表

对比项		乙供	甲指乙供	甲供
劣势	成本	对总包要求高，定标价可能偏高（总成本可以优化降低）	委托人增加构件供应招标；总包合同中会增加部分管理费用；不能发挥总包优化管理、降本增效能力	界面复杂，索赔点多；管理及协调工作量大，需要专人管理和协调构件生产，管理成本高
	质量	一般	一般	质量验收责任不清，容易相互推诿
	进度	一般	一般	一旦出现构件供应不及时会导致现场返工、窝工等风险；组织协调工作量大，需要增加管理人员
	风险	构件厂的可控性较低，设计变更的索赔风险大	业主对总包需要有很强的管控能力，可能无法管得很细；总包可能挪用或延迟支付预制构件的供应价款，不及时支付会导致构件供应不及时	委托人风险最大，由于PC构件本身引起的安装问题易导致总包扯皮、处理不积极
适用情况		委托人力量不足、已完成PC专项设计图纸；总包装配式实力强、经验丰富	未完成PC专项设计	委托人力量强、有税务筹划需要、未完成PC专项设计

甲供方式下需要注意构件供应与安装的合约界面问题，表7.5列出了甲供方式下的合约界面，可根据项目需要调整。

从提升工作效率和降低成本角度考虑，选择PC构件供应方式，一般从以下几个方面考虑：

① 优先考虑由总承包单位供应构件，特别是总承包单位有自己的构件生产工厂，或有长期合作的构件生产企业，这种情况下总承包供应的优势更加明显。

② 全产业链、集群式发展的装配式企业更容易获得成本优势。涵盖设计构配件供应、模具生产、构件生产、施工的企业，在同一区域有多家工厂的企业，更容易控制成本。

③ 采取何种供应方式，还要看项目所在地区构件的供需关系如何。若供不应求，供货延误的风险较大，招标竞价也有困难，这种情况下由总包供应可能比委托人供应能更好地控制风险；若供过于求，一般没有供货延误和价格竞争性低的风险，也可以选择甲供方式。

④ 合理考虑风险因素识别和风险防范。对于 PC 构件供应方式的分析和选择，主要涉及税务、成本、工程管控风险 3 个因素。目前业内采购订单（Purchase Order，PO）供应跟不上的问题时常出现，从企业治理层面防范风险更能从源头上解决问题，例如万科企业股份有限公司成立了自己的构件生产工厂，旭辉集团股份有限公司成立了自己的装配式全产业链企业，绿地控股集团股份有限公司参股了总承包企业和构件生产工厂等。

表 7.5　预制构件甲供方式下的合约界面

序号	工作内容	委托人	构件厂	总包单位
1	设计	① 定设计单位和预制构件厂家； ② 组织设计协调会	① PC 深化图复核、优化、会审； ② 模具图深化设计	① 在模具设计前提供预留、预埋的技术要求，包括塔吊方案、卸料平台方案、外架方案、现浇结构的模板方案等； ② 对设计图纸的可施工性提供意见
2	生产	① 按合同支付预制构件材料款； ② 派驻监理驻厂进行质量和进度的管理	预制构件生产制作所需模具的采购、主材、辅材、各种预埋件、安装预埋件、制作、生产、运输、质量检验、成品保护、存放	按确认的深化设计图提供构件生产中需要预留预埋的机电线管、金属件或其他物件给构件厂
3	运输	① 确认预制构件到货计划； ② 组织预制构件验收	① 提前踏勘现场，提供对运输路线的要求； ② 运送合格的 PC 构件至委托人指定地点； ③ 提供产品原始资料、材料送检报告、合格证	车上验收、接收、卸货
4	堆放	—	提供构件堆放所需要的货架	负责堆场建设和维护
5	安装	组织建设工法交底和试吊装	① 发货前 5 天，到工程现场进行技术交底； ② 配合处理在安装过程中出现的关于构件生产环节的问题	按设计要求进行安装

7.2.4 计价方式选择

一般情况下，装配式设计图纸的深度决定了工程招标的计价方式，不同的计价方式在招标工作实施、成本控制和使用情况等方面存在一定的差别(见表7.6)。通过对比可以看出，应尽量提高包干程度。在图纸深度达不到的情况下也可以采用主要成本元素包干，例如钢筋混凝土不调差、模具用量和单价包干；甚至在入围投标单位都具有较多的案例经验的情况下，选择总价包干方式。

表7.6 计价方式对比表

对比项	方案1：总价包干	方案2：单价包干	方案3：材料单价包干
招标前提条件	多	中	少
招标工作量	大	中	少
招标所需时间	多	中	少
招投标工作难度	小 对招标能力要求相对低 对投标能力要求相对高	中	大 对招标能力要求相对高 对投标能力要求相对低
进度响应程度	前提条件多 进度响应差	中	前提条件少 进度响应好
价格包干程度	开口范围小，包干度高	中	开口范围大，包干度低
成本控制风险	小	中	大
适用情况	适用范围小，适用于有深化设计图，或者有类似工程可参照，例如平面功能布局或户型相似的工程，可以对比评估价格合理性、有效控制风险的情况	中	适应范围大，特别适用于没有深化设计图、工期紧张的情况

鉴于现阶段有装配式施工经验的企业相对较少，容易出现“投标失误”导致的低于成本中标的问题，在考察和招标过程中，都要多了解、多沟通、多澄清，减少合同履行过程中的纠纷，避免有意或无意的“低价中标、高价索赔”。

7.3 工程量清单计价编制

7.3.1 装配式建筑计价特点

装配式建筑的特性决定了装配式建筑的计价特点。

(1) PC产品价格高

目前,PC工厂往往采用进口成套设备生产预制混凝土构件,该生产设备信息化、自动化、集成化程度很高,具有摊销价值高、折旧期长的特点。所以,与传统生产工艺比较,提高了PC构件的价格。另外,PC构件需要专用的运输设备运到施工现场,如果运输距离超过合理的范围,必然增加PC构件的运输成本。

(2) 部品化特性改变了计价方式

装配式建筑基础部分还是采用传统的现浇混凝土的建造方式,可以根据传统计价方式,依据现行的计价依据计算分部分项工程项目造价。住宅部品化后,构成工程造价的实体单元以部品的形式出现。一个部品往往由两个或两个以上的分项工程按其功能要求组合而成,计价过程具有综合性。因此,装配式部品化特性,改变了传统的工程造价计价方式。

(3) 市场定价逐渐占据主导地位

屋顶、墙体、楼板、门窗、隔墙、卫生间、厨房、阳台、楼梯、储柜等部品分别由各工厂生产。PC工厂的预制构件是产品,这些产品都有出厂价,一般不按照计价定额来确定单价。通过市场交易,采用市场询价确定部品价格,将成为确定工程造价的主流。

7.3.2 装配式建筑工程造价确定

1. 工程造价计算程序

装配式混凝土结构工程造价是现浇部分造价、预制部分造价、部品部件费用三部分之和。装配式混凝土建筑的基础是采用现浇的方式施工,适合采用单位估价法计算工程造价;装配式建筑主体架构是采用PC构件的搭建方式施工,适合采用实物金额法计算工程造价;装配式建筑的配套设备、装饰装修、其他构配件采用部品部件的方式施工,适合采用市场法计算工程造价。以某地为例,装配式建筑造价各项费用清单及计算程序见表7.7。

表 7.7　装配式建筑费用清单

<table>
<tr><th>序号</th><th colspan="3">费用项目</th><th>计算基础</th><th>计 算 式</th></tr>
<tr><td rowspan="7">1</td><td rowspan="7">分部分项工程费</td><td colspan="2">人工费</td><td rowspan="5">直接费</td><td rowspan="5">定额直接费 = ∑（分部分项工程量×定额基价）
工料价差调整 = 定额人工费×调整系数 + ∑（材料用量×材料价差）</td></tr>
<tr><td colspan="2">人工价差调整</td></tr>
<tr><td colspan="2">材料费</td></tr>
<tr><td colspan="2">材料价差调整</td></tr>
<tr><td colspan="2">机械(具)费</td></tr>
<tr><td colspan="2">企业管理费</td><td>人工费 + 机械费</td><td>(人工费 + 机械费)×管理费率</td></tr>
<tr><td colspan="2">利润</td><td>人工费 + 机械费</td><td>(人工费 + 机械费)×利润率</td></tr>
<tr><td rowspan="11">2</td><td rowspan="11">措施项目费</td><td rowspan="7">单价措施项目</td><td>人工费</td><td rowspan="5">单价措施项目直接费</td><td rowspan="5">定额直接费 = ∑（单价措施项目工程量×定额基价）
工料价差调整 = 定额人工费×调整系数 + ∑（材料用量×材料价差）</td></tr>
<tr><td>人工价差调整</td></tr>
<tr><td>材料费</td></tr>
<tr><td>材料价差调整</td></tr>
<tr><td>机械(具)费</td></tr>
<tr><td>企业管理费</td><td>单价措施项目定额人工费</td><td>单价措施项目定额人工费×间接费率</td></tr>
<tr><td>利润</td><td>单价措施项目定额人工费</td><td>单价措施项目定额人工费×利润率</td></tr>
<tr><td rowspan="4">总价措施</td><td>安全文明施工费</td><td rowspan="4">分部分项工程定额人工费 + 单价措施项目定额人工费</td><td rowspan="4">(分部分项工程定额人工费 + 单价措施项目定额人工费)×措施费率</td></tr>
<tr><td>夜间施工增加费</td></tr>
<tr><td>二次搬运费</td></tr>
<tr><td>冬雨季施工增加费</td></tr>
<tr><td rowspan="4">3</td><td rowspan="4">其他项目费</td><td colspan="2">总承包服务费</td><td>分包工程造价</td><td>分包工程造价×费率</td></tr>
<tr><td colspan="2">暂列金额</td><td colspan="2" rowspan="3">根据招标工程量清单列出的项目计算</td></tr>
<tr><td colspan="2">暂估价</td></tr>
<tr><td colspan="2">计日工</td></tr>
<tr><td rowspan="3">4</td><td rowspan="3">规费</td><td colspan="2">社会保险费</td><td rowspan="3">分部分项工程定额人工费 + 单价措施项目定额人工费</td><td rowspan="3">(分部分项工程定额人工费 + 单价措施项目定额人工费)×费率</td></tr>
<tr><td colspan="2">住房公积金</td></tr>
<tr><td colspan="2">工程排污费</td></tr>
<tr><td>5</td><td colspan="3">税前造价</td><td>序 1 + 序 2 + 序 3 + 序 4</td><td></td></tr>
<tr><td>6</td><td>税金</td><td colspan="2">增值税</td><td>税前造价</td><td>税前造价×9%</td></tr>
<tr><td colspan="6">工程造价 = 序 1 + 序 2 + 序 3 + 序 4 + 序 6</td></tr>
</table>

2. 工程量清单编制

工程量清单一般由业主或者委托专业咨询机构编制。主要依据《房屋建筑与装饰工程工程量计算规范》(GB 50854－2013)、《建设工程工程量清单计价规范》(GB 50500－2013)等确定装配式建筑工程工程量清单项目,其中包含分部分项工程项目清单、单价措施项目清单、总价措施项目清单、其他项目清单、规费项目清单与税金等内容。然后根据《房屋建筑与装饰工程工程量计算规范》(GB 50854－2013)计算装配式建筑分部分项工程量和单价措施项目工程量。装配式建筑工程量清单编制程序如图7.8所示。

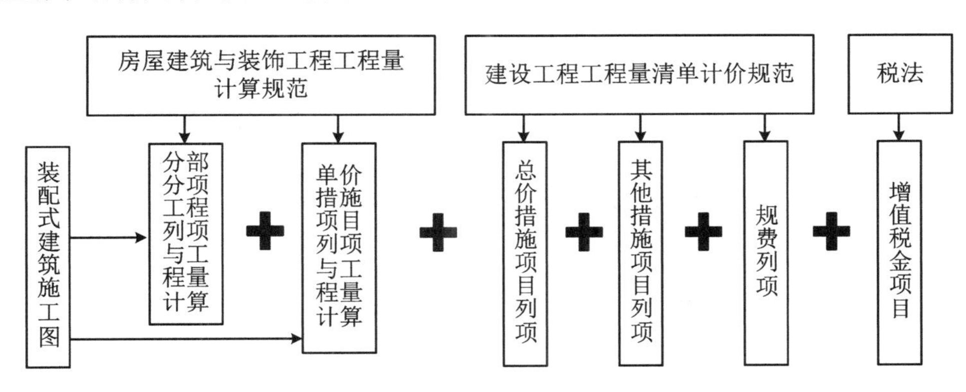

图7.8 装配式建筑工程量清单编制程序示意图

3. 工程量清单计价编制

(1) 编制依据

装配式建筑工程量清单计价文件编制依据主要包括:

① 装配式建筑施工图。

② 装配式建筑工程量清单。

③ 地区现行消耗量定额、预算定额(单位估价表)或企业定额。

④《房屋建筑与装饰工程工程量计算规范》(GB 50854－2013)、《建设工程工程量清单计价规范》(GB 50500－2013)等相关规范。

⑤ 地区人、材、机单价及PC构件市场价格信息。

(2) 编制程序

除了充分了解市场行情进行多方市场询价外,装配式建筑工程量清单计价编制程序如图7.9所示。

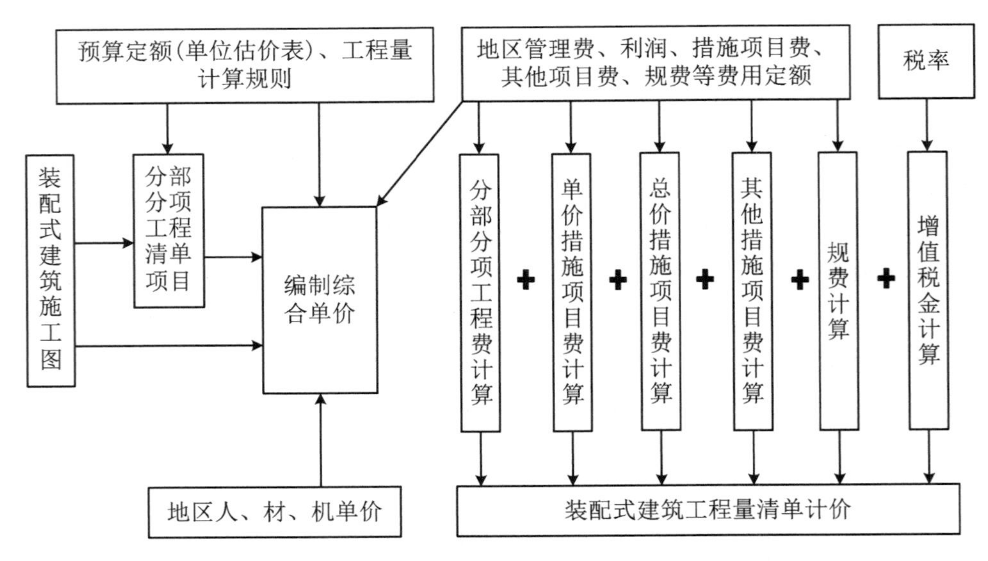

图 7.9 装配式建筑工程量清单计价编制程序示意图

7.3.3 装配式建筑清单计价编制要点

1. 装配式建筑计价注意要点

(1) 周转材料重复利用原则

在预制构件生产和施工环节,对模具、部分预埋件等周转性材料,在计价中要约定好按摊销计价的原则。特别是对于模具这类价值大、回收后重复利用的周转材料,约定好成本分摊和结算方法尤为重要。

(2) 索赔风险管理原则

装配式建筑技术含量和管理难度相对更大,因而索赔的概率会相对更高。在招标清单中,要约定详细的单价分析表,在回标分析中要审核重要项目的价格组成,例如模具报价中的含钢量、单价、回收残值率,以及详细约定预制构件存放时间的宽限期、超期存放的费用等常见的变更索赔内容。

(3) 量价计算原则

① 在图纸深化完成、供货周期确定的情况下,建议采取固定总价包干方式,由投标单位完成从 PC 构件深化设计到现场安装的全部工作内容。

② 例外情况,只有在图纸不全、不详且没有完成构件深化图的情况下,才允许采用暂定构件数量、暂定构件供应单价、安装单价包干的方式。需要注意约定工程量计算规则、综合单价调整规则。在不具备深化图的情况下,也可以采取综合单价包干方式,只是不确定因素较大,承包人报价风险较大,可能导致单价中的风险成本较高、单价偏高,或者导致投标单位报价过低、引发索赔,增加后期管

理难度。

③ 清晰约定供应价与安装价的范围和界面。供应与安装在时间上的界面一般是货到现场，由总包（构件安装单位）负责验收、卸货。工程用预埋件、预埋材料一般由委托人，或总包单位，或专业分包提供，预制构件厂负责在生产中安装，其界面需要约定清晰。

④ “模拟清单＋模拟含量招标”较传统模拟招标不同的是，PC构件的模拟工程量清单招标一般还需要模拟构件单价组成元素的含量，进行“模拟清单＋模拟含量＋材料单价包干招标”。这种招标方式定标快，选定构件厂后介入深化设计，可提高设计图的生产便利性、经济性。

⑤ 构件的供应单价、安装单价的报价可参考清单项目特征描述按实调整。对于工程量的计算，需要注意扣除与不扣除的相关说明。预制构件的计量说明见表7.8。

表7.8 预制构件计量说明

事项		内容
工程量计算说明	规则	按成品构件的设计图外围尺寸、以混凝土实体体积计算（边缘槽口、企口按最外边缘计算）
	含	夹心保温板的体积
	不含	墙砖、石材、窗框等装饰面层体积
	需扣除	空心板（墙）孔洞、双面叠合墙板的空腔、叠合柱的空腔、单个洞口面积$>0.1\ m^3$的孔洞所占体积
	不扣除	混凝土构件内的钢筋、预埋铁件、配管、套管、线盒、夹心保温板和减重块、单个面积$\leqslant 0.1\ m^3$的孔洞、线箱等所占体积

2. 清单计价重点

不同的招标模式，对应不同的计价重点，表7.9对不同招标模式下的计价方式做了详细比较。总包单位负责供应及安装时，计价方式相对简单，采用“综合单价包干供应＋安装分开报价”方式；在甲指乙供、总包安装时，需要注意界面约定，采用“指定供应单价＋安装单价包干”方式；在甲供、总包安装时，需要在上述模式的基础上增加委托人与总包责任界面的约定，采用“暂定供应单价＋安装单价包干”方式。

对于甲指乙供方式，需要特别注意以下3个问题：

① 需要详细约定供应价与安装价的界面。包括生产环节由谁提供预埋件和

预埋材料的问题，卸货和堆放环节货运至哪里、谁卸货谁提供构件在现场的存放架等问题。

表 7.9　不同招标模式的计价方式比较

招标模式	计价方式	编制文件
总包供应＋安装	综合单价包干供应＋安装分开报价	报价清单 单价分析表
甲指乙供＋总包安装	指定供应单价＋安装单价包干	安装单价分析表 指定材料价格
甲供＋总包安装	暂定供应单价＋安装单价包干	报价清单 安装单价分析表 指定材料价格

② 对于安装价部分，要约定好施工措施费的内容。例如塔吊、施工道路、构件堆场等费用一般在总包措施费内一次报价包干；而构件安装需要的支撑、固定片等措施需要在安装单价报价中列出明细。

③ 对于构成工程实体的结构连接材料、建筑连接材料需要分类处理，工程量确定的可以包干，工程量还未确定的以单价包干方式处理。

在甲供方式下，出现施工索赔的概率相对较大，目前主要包括供货延期、构件本身质量问题这两类情况。在招标中需要进行针对性的询标，提前沟通、确认问题解决机制和费用补偿办法，并通过合同或内部管理文件进行处理，以便施工中减少合同争议，便于施工现场快速处理，减少负面影响。

7.4　装配式建筑招采阶段成本管理要点与措施

7.4.1　招采阶段成本管理要点

1. 招标工作前置

让供应商参与到项目设计过程中，是国际公认的降低材料采购成本的主要方式。装配式部品部件预先生产的特点，要求装配式项目要提前确定设计、生产、施工等单位，只有这些单位都能在项目前期开展工作，才能在前端进行策划和协同，设计才有可能是经济效益最明显的。装配式建筑的前置管理特点要求招标工作首先要前置，特别是装配式的设计及咨询单位招标，才能避免“后装配设计”。装配式专项设计的周期越充足，设计协调会越深入和超前，设计优化的程度越高，综合成本就越低。提前确定装配式建筑实施的相关单位，为正式施工前预留足够的时间来进行设计协同，预留出合理的设计周期、生产周期、施工周期，进而确定技术经济合理的设计方案，才能有合理的成本。

2. 选定优秀承包商

招采管理的目标之一就是找到能弥补甲方短板的中标单位，对于装配式建筑，优先选择做过装配式工程项目、有丰富经验和教训积累的单位。但现阶段装配式建筑领域面临的突出问题就是人才稀缺，培养周期长，人才供不应求，特别是既有工程实践经验又懂成本管理的人才。其中尤其需要争夺的资源是专家顾问资源和具备装配式全产业链能力的总承包企业，还有签约单位背后的资源，包括部分关键的二级供应商；除了资源储备之外，还需要供应商对项目的优先服务能力，以及双方建立相对稳定的、对等优先的合作关系。

3. 决策管理

对传统设计、装配式设计、生产、施工等提前完成招采定标，有利于提高前期决策的合理性，减少试错中导致的成本增加。从设计开始就植入装配式构造思维，进而组织一体化设计的协同，为组织各单位进行充分的讨论和协同提供充足的时间，从而优化设计、缩短工期。有装配式建筑设计经验的单位能帮助项目少走弯路，为项目提供经济性好的设计方案；优质的构件生产企业和安装单位，能在设计开始就参与设计协同与优化，提高设计方案的生产和施工的便利性，从而缩短项目工期、降低综合成本。

4. 合理规范套价

预制装配式构件可以根据部件的特征以及功能重新划分分部分项，确立工程量清单，汇总各分项工程费用，计算装配式建筑的总造价。合理科学地制定构件价格是计算装配式建筑造价的基础。装配式构件的价格主要包括设计、制作、运输、组装等费用。我国有关部门对部件的运输与安装制定了统一的行业标准，可根据部件的规格以及质量的差异分别进行计价。随着装配式建筑部品的集成化，价格计算的方式也有所转变，如整体客厅、整体厕所是以整体套价进行交易的。对于部品而言，造价管理的重心应由现场生产比较转为功能质量的比较，更需要关注市场竞争及市场价格。

7.4.2 招采阶段成本控制措施

招采阶段的成本控制对整个招采阶段成本控制成功与否至关重要。要理顺工程项目招标采购流程，从组织建立开始，经投标、中标、采买、催交、检验直到最后一批产品通过检验为止，要细分每个阶段面临的任务，才能做好招采阶段的成本管理

工作。装配式建筑在招采阶段进行成本控制有以下几种方法:

1. 强化全流程成本意识

全流程成本意识,即对成本的控制要具备统筹观、大局观,以工程项目总体预算为标准,做到成本与质量的双重保障。找到价优、质优、时间观念强、服务态度好、货源有保障的供应商,并可以对成本管理体系进行系统化。

① 工程总承包商要依据企业内部施工定额制定目标成本,将总体目标在纵向、横向上分解到相关层次及相关责任部门或责任人员,形成目标成本管理体系。

A. 纵向维度的分解,是指将目标成本按照企业成本科目进行逐项细分,最终转化为合约规划,以合同为单元进行成本管控。

B. 横向维度的分解,是指在目标成本纵向分解的基础上,按照总承包商公司部门管理职能不同,将各科目对应的目标成本落实到各个相应的责任主体。横向分解过程的实质就是为目标落实责任主体,由责任主体把控其职责范围内的成本风险,并建立奖惩措施。要有效地控制成本就必须正确地划分责任人,若划分不合理,责任成本的确定也就不合理,使得责任成本制度流于形式。

② 针对总承包商完成的工程量,应做好用工、用料、机械使用维修等台账核算动态成本的工作。分包工程核算的是总体成本,主要以款项支付为依据建立合同、结算付款、签证变更、洽商台账和动态成本月报。动态成本月报是对已经发生的成本进行总结回顾,对可能发生的成本做出预估,确保当期已发生的合同金额、签证变更、预估变更以及待发生的合约规划及时反映在动态成本月报中。

③ 核查成本是否在目标值范围内,预测成本是否有超支风险。若有发生偏差,深入分析某一科目超支及超支原因,若超支严重则可停止付款及签订合同,采取纠偏措施。成本控制体系的搭建就是为了不断对比发现偏差,采取纠偏措施,调整偏差,最终保证成本在目标值范围内。

2. 选好供应商

首先,规范选择的程序和标准。项目投资主体在选择供应商时,应根据工程要求设立相应的评审标准和招标流程。其次,确定合理的采购数量及采购方式。在选择供应商的数量时,要考虑到选择单一货源供应商存在的风险,还要能保证选择的供应商能够享有充足的供应份额。要合理利用国家和行业优惠政策,降低采购的成本。采购中可以采取多种招标方式相结合的方法,有利于提高采购效率,控制采购成本,同时应加强对供应商的监督。依据合同里规定的考核标准,定期进行检查,保证采购质量,将有利于改善供货方式,有效把控对招标采购管理工作成本的控制。另外,供应商的选择需要看重3个指标:PC构件采购价格、价格稳定性、物流成本,以实现企业利益最大化。

① PC构件采购价格:PC构件价格是指购买PC构件的价格,是建筑企业选择

构件供应商的重要指标之一，直接影响到整个装配式建筑的造价。在同等条件下，施工企业为了实现效益最大化，会更倾向于PC构件价格低的供应商。

② 价格稳定性：价格稳定性可以反映供应商产品价格在一定时期内的波动情况。价格的稳定可以体现供应商的综合实力，一个可靠的供应商通常其构件价格也是稳定的。稳定价格可以稳定建筑企业的建造成本，有利于其对项目可行性的分析，有助于企业之间建立长期合作关系。

③ 物流成本：PC构件需要运输到施工现场进行安装施工，但PC构件又不同于其他普通材料，有体积大、质量重的特点。当前装配式建筑物流配送体系尚不完善，PC构件供应商组织不合理会造成物流成本过高，进而增加建设成本。

3. 制定招采时间及计划

采购人员和工程人员根据招标数量、施工进度需求、分包商进场时间、材料设备提供时间等编制采购计划，将分包商的确定、材料设备的采购纳入项目整体进度计划之中，形成一个联动的价值链，准时采购即适时采购，减少库存，缩短工期。从设计阶段确定的项目总目标成本中拆分出分项工程的目标值，作为该分项的采购目标成本，控制合同签订价及后期结算价格。随着互联网技术的飞速发展，采购也可以通过互联网平台实现，大大节省了采购时间，直接从网站上找到计划采购的材料与设备，对有关材料厂家的相关网站进行对比的过程也非常便捷。

7.5 装配式建筑工程量清单编制案例

7.5.1 项目简介

Y项目位于安徽省合肥市经开区，其中住宅地块为装配式建筑，地上22.01万m^2，地下7.15万m^2，项目包含高层、洋房业态；商业地块为地上19.83万m^2，地下10.39万m^2，项目包含底商、办公、酒店、总部办公、超高层办公。项目总建筑面积约59万m^2。

此项目清单采用综合单价包干模式，招标方给出基准价，施工方报价以基准价为主体填报上下浮动百分比。清单中部分工程量为模拟工程量；暂定总价的总包工程应在开工后3个月内由甲方在完成施工蓝图范围内的总价确定，如未在约定期限内完成施工蓝图范围内的总价确定，将不予支付进度款，直至甲乙双方明确合同包干总价后开始付款。本工程只有钢筋、商品混凝土、PC(包含预制墙、梁、板等，不包含陶粒板墙)属于可调差材料，材料调差费用计算投标上下浮动比例。未提及的材料均不属于调差材料，材料价格在结算中不做调整。

工程总价由地上总价+地下总价+措施费+暂列金组成，其中地上分为现浇部分和PC构件部分。本案例主要介绍装配式建筑PC构件部分的工程量清单综合单价分析表编制。

7.5.2 装配式构件采购综合单价分析表

对该项目的外墙板PC构件、夹心保温外墙板PC构件、PCF外墙板构件、内墙板PC构件、柱PC构件、梁PC构件、混凝土板PC构件、叠合板PC构件、直行楼梯PC构件、弧形楼梯PC构件、阳台PC构件、空调板PC构件、飘窗PC构件采购综合单价进行分析，详见表7.10至表7.22。

表7.10 外墙板PC构件(C30)采购综合单价组价表

序号	构成项	单位	每立方用量	单价（元）	小计（元/m^3）	定价原则
一	材料费				1495.89	
1	HRB400钢筋	kg	137.54	4.62	636.09	本项含量暂定137.54 kg/m^3，投标单位不得调整数量；结算时按报价说明约定方法计算
2	C30混凝土	m^3	1.00	622.80	622.80	本项按构件体积计算
3	工厂用金属件/埋件	项	1.00	150.00	150.00	本项含量暂定10 kg/m^3，各投标单位不得调整数量；结算时按报价说明约定方法计算
4	钢筋通接用灌浆套筒(用于直径12 mm钢筋)	个	4.00	6.00	24.00	本项含量暂定4个/m^3，各投标单位不得调整数量；结算时按报价说明约定方法计算
5	钢筋通接用灌浆套筒(用于直径14 mm钢筋)	个	2.00	8.00	16.00	本项含量暂定2个/m^3，各投标单位不得调整数量；结算时按报价说明约定方法计算

续表

序号	构成项	单位	每立方用量	单价（元）	小计（元/m^3）	定价原则
6	钢筋通接用灌浆套筒(用于直径 25 mm 钢筋)	个	1.00	32.00	32.00	本项含量暂定 1 个/m^3，各投标单位不得调整数量；结算时按报价说明约定方法计算
7	其他材料费	m^3	1.00	15.00	15.00	本项按构件体积计算
二	制作费用				909.00	
8	人工及机械费	m^3	1.00	600.00	600.00	本项按构件体积计算
9	模具费用(可使用同一模具制作的标准构件数量大于等于 50 个时)	m^3	1.00	159.00	159.00	本项按构件体积计算
10	蒸养费、水电费、厂房折旧费	m^3	1.00	150.00	150.00	本项按构件体积计算
三	包装、运输费				110.00	
11	成品保护费	m^3	1.00	10.00	10.00	本项按构件体积计算
12	包装、运输费	m^3	1.00	100.00	100.00	本项按构件体积计算
四	其他费用				100.00	
13	其他费用	m^3	1.00	100.00	100.00	本项按构件体积计算
五	管理费	元	8%		209.19	(一＋二＋三＋四)×费率
六	利润	元	5%		130.74	(一＋二＋三＋四)×费率
	合计	元			2954.83	一＋二＋三＋四＋五＋六

表 7.11　夹心保温外墙板 PC 构件(C30)采购综合单价组价表

序号	构成项	单位	每立方用量	单价（元）	小计（元/m^3）	定价原则
一	材料费				1410.33	
1	HRB400 钢筋	kg	110.04	4.62	508.91	本项含量暂定 110.04 kg/m^3，投标单位不得调整数量；结算时按报价说明约定方法计算

续表

序号	构成项	单位	每立方用量	单价（元）	小计（元/m^3）	定价原则
2	C30混凝土	m^3	1.00	622.80	622.80	本项按构件体积计算
3	夹心保温	m^3	0.10345	615.00	63.62	本项含量暂定0.10345 m^3/m^3，各投标单位不得调整数量；结算时按报价说明约定方法计算
4	工厂用金属件/埋件	项	1.00	150.00	150.00	本项含量暂定10 kg/m^3，各投标单位不得调整数量；结算时按报价说明约定方法计算
5	钢筋通接用灌浆套筒（用于直径12 mm钢筋）	个	4.00	6.00	24.00	本项含量暂定4个/m^3，各投标单位不得调整数量；结算时按报价说明约定方法计算
6	钢筋通接用灌浆套筒（用于直径14 mm钢筋）	个	2.00	8.00	16.00	本项含量暂定2个/m^3，各投标单位不得调整数量；结算时按报价说明约定方法计算
7	钢筋通接用灌浆套筒（用于直径16 mm钢筋）	个	1.00	10.00	10.00	本项含量暂定1个/m^3，各投标单位不得调整数量；结算时按报价说明约定方法计算
8	其他材料费	m^3	1.00	15.00	15.00	本项按构件体积计算
二	制作费用			0.00	992.00	
9	人工及机械费	m^3	1.00	700.00	700.00	本项按构件体积计算
10	模具费用（可使用同一模具制作的标准构件数量大于等于50个时）	m^3	1.00	162.00	162.00	本项按构件体积计算
11	蒸养费、水电费、厂房折旧费	m^3	1.00	130.00	130.00	本项按构件体积计算

续表

序号	构成项	单位	每立方用量	单价（元）	小计（元/m^3）	定价原则
三	包装、运输费				110.00	
12	成品保护费	m^3	1.00	10.00	10.00	本项按构件体积计算
13	包装、运输费	m^3	1.00	100.00	100.00	本项按构件体积计算
四	其他费用				100.00	
14	其他费用	m^3	1.00	100.00	100.00	本项按构件体积计算
五	管理费	元	8%		208.99	(一＋二＋三＋四)×费率
六	利润	元	5%		130.62	(一＋二＋三＋四)×费率
	合计	元			2951.93	一＋二＋三＋四＋五＋六

表 7.12　PCF 外墙板构件(C30)采购综合单价组价表

序号	构成项	单位	每立方用量	单价（元）	小计（元/m^3）	定价原则
一	材料费				1867.20	
1	HRB400 钢筋	kg	173.68	4.62	802.40	本项含量暂定 173.68 kg/m^3，各投标单位不得调整数量；结算时按报价说明约定方法计算
2	C30 混凝土	m^3	1.00	622.80	622.80	本项按构件体积计算
3	保温	m^3	0.33	615.00	205.00	本项含量暂定 0.33 m^3/m^3，各投标单位不得调整数量；结算时按报价说明约定方法计算
4	工厂用金属件/埋件	项	1.00	150.00	150.00	本项含量暂定 10 kg/m^3，各投标单位不得调整数量；结算时按报价说明约定方法计算
5	钢筋通接用灌浆套筒(用于直径 12 mm 钢筋)	个	4.00	6.00	24.00	本项含量暂定 4 个/m^3，各投标单位不得调整数量；结算时按报价说明约定方法计算

续表

序号	构成项	单位	每立方用量	单价（元）	小计（元/m³）	定价原则
6	钢筋通接用灌浆套筒（用于直径 14 mm 钢筋）	个	2.00	8.00	16.00	本项含量暂定 2 个/m³，各投标单位不得调整数量；结算时按报价说明约定方法计算
7	钢筋通接用灌浆套筒（用于直径 25 mm 钢筋）	个	1.00	32.00	32.00	本项含量暂定 1 个/m³，各投标单位不得调整数量；结算时按报价说明约定方法计算
8	其他材料费	m³	1.00	15.00	15.00	本项按构件体积计算
二	制作费用			0.00	699.00	
9	人工及机械费	m³	1.00	480.00	480.00	本项按构件体积计算
10	模具费用（可使用同一模具制作的标准构件数量大于等于 50 个时）	m³	1.00	119.00	119.00	本项按构件体积计算
11	蒸养费、水电费、厂房折旧费	m³	1.00	100.00	100.00	本项按构件体积计算
三	包装、运输费				110.00	
12	成品保护费	m³	1.00	10.00	10.00	本项按构件体积计算
13	包装、运输费	m³	1.00	100.00	100.00	本项按构件体积计算
四	其他费用				100.00	
14	其他费用	m³	1.00	100.00	100.00	本项按构件体积计算
五	管理费	元	8%		222.10	（一＋二＋三＋四）×费率
六	利润	元	5%		138.81	（一＋二＋三＋四）×费率
	合计	元			3137.11	一＋二＋三＋四＋五＋六

表 7.13　内墙板 PC 构件(C30)采购综合单价组价表

序号	构成项	单位	每立方用量	单价（元）	小计（元/m^3）	定价原则
一	材料费				1495.89	
1	HRB400 钢筋	kg	137.68	4.62	636.09	本项含量暂定 137.68 kg/m^3，各投标单位不得调整数量；结算时按报价说明约定方法计算
2	C30 混凝土	m^3	1.00	622.80	622.80	本项按构件体积计算
3	工厂用金属件/埋件	项	1.00	150.00	150.00	本项含量暂定 10 kg/m^3，各投标单位不得调整数量；结算时按报价说明约定方法计算
4	钢筋通接用灌浆套筒(用于直径 12 mm 钢筋)	个	4.00	6.00	24.00	本项含量暂定 4 个/m^3，各投标单位不得调整数量；结算时按报价说明约定方法计算
5	钢筋通接用灌浆套筒(用于直径 14 mm 钢筋)	个	2.00	8.00	16.00	本项含量暂定 2 个/m^3，各投标单位不得调整数量；结算时按报价说明约定方法计算
6	钢筋通接用灌浆套筒(用于直径 25 mm 钢筋)	个	1.00	32.00	32.00	本项含量暂定 1 个/m^3，各投标单位不得调整数量；结算时按报价说明约定方法计算
7	其他材料费	m^3	1.00	15.00	15.00	本项按构件体积计算
二	制作费用			0.00	909.00	
8	人工及机械费	m^3	1.00	600.00	600.00	本项按构件体积计算
9	模具费用(可使用同一模具制作的标准构件数量大于等于 50 个时)	m^3	1.00	159.00	159.00	本项按构件体积计算
10	蒸养费、水电费、厂房折旧费	m^3	1.00	150.00	150.00	本项按构件体积计算
三	包装、运输费				110.00	
11	成品保护费	m^3	1.00	10.00	10.00	本项按构件体积计算

续表

序号	构成项	单位	每立方用量	单价（元）	小计（元/m^3）	定价原则
12	包装、运输费	m^3	1.00	100.00	100.00	本项按构件体积计算
四	其他费用				100.00	
13	其他费用	m^3	1.00	100.00	100.00	本项按构件体积计算
五	管理费	元	8%		209.19	(一+二+三+四)×费率
六	利润	元	5%		130.74	(一+二+三+四)×费率
	合计	元			2954.83	一+二+三+四+五+六

表 7.14　柱 PC 构件(C30)采购综合单价组价表

序号	构成项	单位	每立方用量	单价（元）	小计（元/m^3）	定价原则
一	材料费				1495.89	
1	HRB400 钢筋	kg	137.68	4.62	636.09	本项含量暂定 137.68 kg/m^3，各投标单位不得调整数量；结算时按报价说明约定方法计算
2	C30 混凝土	m^3	1.00	622.80	622.80	本项按构件体积计算
3	工厂用金属件/埋件	项	1.00	150.00	150.00	本项含量暂定 10 kg/m^3，各投标单位不得调整数量；结算时按报价说明约定方法计算
4	钢筋通接用灌浆套筒(用于直径 12 mm 钢筋)	个	4.00	6.00	24.00	本项含量暂定 4 个/m^3，各投标单位不得调整数量；结算时按报价说明约定方法计算
5	钢筋通接用灌浆套筒(用于直径 14 mm 钢筋)	个	2.00	8.00	16.00	本项含量暂定 2 个/m^3，各投标单位不得调整数量；结算时按报价说明约定方法计算
6	钢筋通接用灌浆套筒(用于直径 25 mm 钢筋)	个	1.00	32.00	32.00	本项含量暂定 1 个/m^3，各投标单位不得调整数量；结算时按报价说明约定方法计算

续表

序号	构成项	单位	每立方用量	单价（元）	小计（元/m³）	定价原则
7	其他材料费	m³	1.00	15.00	15.00	本项按构件体积计算
二	制作费用			0.00	953.00	
8	人工及机械费	m³	1.00	600.00	600.00	本项按构件体积计算
9	模具费用（可使用同一模具制作的标准构件数量大于等于50个时）	m³	1.00	180.00	180.00	本项按构件体积计算
10	蒸养费、水电费、厂房折旧费	m³	1.00	173.00	173.00	本项按构件体积计算
三	包装、运输费				110.00	
11	成品保护费	m³	1.00	10.00	10.00	本项按构件体积计算
12	包装、运输费	m³	1.00	100.00	100.00	本项按构件体积计算
四	其他费用				100.00	
13	其他费用	m³	1.00	100.00	100.00	本项按构件体积计算
五	管理费	元	8%		212.71	（一＋二＋三＋四）×费率
六	利润	元	5%		132.94	（一＋二＋三＋四）×费率
	合计	元			3004.55	一＋二＋三＋四＋五＋六

表 7.15　梁 PC 构件(C30)采购综合单价组价表

序号	构成项	单位	每立方用量	单价（元）	小计（元/m³）	定价原则
一	材料费				1710.85	
1	HRB400 钢筋	kg	184.21	4.62	851.05	本项含量暂定 184.21 kg/m³，各投标单位不得调整数量；结算时按报价说明约定方法计算
2	C30 混凝土	m³	1.00	622.80	622.80	本项按构件体积计算

续表

序号	构成项	单位	每立方用量	单价（元）	小计（元/m^3）	定价原则
3	工厂用金属件/埋件	项	1.00	150.00	150.00	本项含量暂定 10 kg/m^3，各投标单位不得调整数量；结算时按报价说明约定方法计算
4	钢筋通接用灌浆套筒（用于直径 12 mm 钢筋）	个	4.00	6.00	24.00	本项含量暂定 4 个/m^3，各投标单位不得调整数量；结算时按报价说明约定方法计算
5	钢筋通接用灌浆套筒（用于直径 14 mm 钢筋）	个	2.00	8.00	16.00	本项含量暂定 2 个/m^3，各投标单位不得调整数量；结算时按报价说明约定方法计算
6	钢筋通接用灌浆套筒（用于直径 25 mm 钢筋）	个	1.00	32.00	32.00	本项含量暂定 1 个/m^3，各投标单位不得调整数量；结算时按报价说明约定方法计算
7	其他材料费	m^3	1.00	15.00	15.00	本项按构件体积计算
二	制作费用			0.00	650.00	
8	人工及机械费	m^3	1.00	450.00	450.00	本项按构件体积计算
9	模具费用（可使用同一模具制作的标准构件数量大于等于 50 个时）	m^3	1.00	100.00	100.00	本项按构件体积计算
10	蒸养费、水电费、厂房折旧费	m^3	1.00	100.00	100.00	本项按构件体积计算
三	包装、运输费				110.00	
11	成品保护费	m^3	1.00	10.00	10.00	本项按构件体积计算
12	包装、运输费	m^3	1.00	100.00	100.00	本项按构件体积计算
四	其他费用				100.00	
13	其他费用	m^3	1.00	100.00	100.00	本项按构件体积计算
五	管理费	元	8%		205.67	（一＋二＋三＋四）×费率
六	利润	元	5%		128.54	（一＋二＋三＋四）×费率
	合计	元			2905.06	一＋二＋三＋四＋五＋六

表 7.16　混凝土板 PC 构件(C30)采购综合单价组价表

序号	构成项	单位	每立方用量	单价(元)	小计(元/m^3)	定价原则
一	材料费				1710.85	
1	HRB400 钢筋	kg	184.21	4.62	851.05	本项含量暂定 184.21 kg/m^3，各投标单位不得调整数量;结算时按报价说明约定方法计算
2	C30 混凝土	m^3	1.00	622.80	622.80	本项按构件体积计算
3	工厂用金属件/埋件	项	1.00	150.00	150.00	本项含量暂定 10 kg/m^3，各投标单位不得调整数量;结算时按报价说明约定方法计算
4	钢筋通接用灌浆套筒(用于直径 12 mm 钢筋)	个	4.00	6.00	24.00	本项含量暂定 4 个/m^3，各投标单位不得调整数量;结算时按报价说明约定方法计算
5	钢筋通接用灌浆套筒(用于直径 14 mm 钢筋)	个	2.00	8.00	16.00	本项含量暂定 2 个/m^3，各投标单位不得调整数量;结算时按报价说明约定方法计算
6	钢筋通接用灌浆套筒(用于直径 25 mm 钢筋)	个	1.00	32.00	32.00	本项含量暂定 1 个/m^3，各投标单位不得调整数量;结算时按报价说明约定方法计算
7	其他材料费	m^3	1.00	15.00	15.00	本项按构件体积计算
二	制作费用			0.00	702.00	
8	人工及机械费	m^3	1.00	500.00	500.00	本项按构件体积计算
9	模具费用(可使用同一模具制作的标准构件数量大于等于 50 个时)	m^3	1.00	101.00	101.00	本项按构件体积计算
10	蒸养费、水电费、厂房折旧费	m^3	1.00	101.00	101.00	本项按构件体积计算
三	包装、运输费				110.00	
11	成品保护费	m^3	1.00	10.00	10.00	本项按构件体积计算

续表

序号	构成项	单位	每立方用量	单价（元）	小计（元/m^3）	定价原则
12	包装、运输费	m^3	1.00	100.00	100.00	本项按构件体积计算
四	其他费用				60.00	
13	其他费用	m^3	1.00	60.00	60.00	本项按构件体积计算
五	管理费	元	8%		206.63	(一＋二＋三＋四)×费率
六	利润	元	5%		129.14	(一＋二＋三＋四)×费率
	合计	元			2918.62	一＋二＋三＋四＋五＋六

表 7.17　叠合板 PC 构件(C30)采购综合单价组价表

序号	构成项	单位	每立方用量	单价（元）	小计（元/m^3）	定价原则
一	材料费				1710.85	
1	HRB400 钢筋	kg	184.21	4.62	851.05	本项含量暂定 184.21 kg/m^3，各投标单位不得调整数量；结算时按报价说明约定方法计算
2	C30 混凝土	m^3	1.00	622.80	622.80	本项按构件体积计算
3	工厂用金属件/埋件	项	1.00	150.00	150.00	本项含量暂定 10 kg/m^3，各投标单位不得调整数量；结算时按报价说明约定方法计算
4	钢筋通接用灌浆套筒(用于直径 12 mm 钢筋)	个	4.00	6.00	24.00	本项含量暂定 4 个/m^3，各投标单位不得调整数量；结算时按报价说明约定方法计算
5	钢筋通接用灌浆套筒(用于直径 14 mm 钢筋)	个	2.00	8.00	16.00	本项含量暂定 2 个/m^3，各投标单位不得调整数量；结算时按报价说明约定方法计算
6	钢筋通接用灌浆套筒(用于直径 25 mm 钢筋)	个	1.00	32.00	32.00	本项含量暂定 1 个/m^3，各投标单位不得调整数量；结算时按报价说明约定方法计算

序号	构成项	单位	每立方用量	单价（元）	小计（元/m^3）	定价原则
7	其他材料费	m^3	1.00	15.00	15.00	本项按构件体积计算
二	制作费用			0.00	650.00	
8	人工及机械费	m^3	1.00	500.00	500.00	本项按构件体积计算
9	模具费用（可使用同一模具制作的标准构件数量大于等于50个时）	m^3	1.00	100.00	100.00	本项按构件体积计算
10	蒸养费、水电费、厂房折旧费	m^3	1.00	50.00	50.00	本项按构件体积计算
三	包装、运输费				110.00	
11	成品保护费	m^3	1.00	10.00	10.00	本项按构件体积计算
12	包装、运输费	m^3	1.00	100.00	100.00	本项按构件体积计算
四	其他费用				80.00	
13	其他费用	m^3	1.00	80.00	80.00	本项按构件体积计算
五	管理费	元	8%		204.07	(一+二+三+四)×费率
六	利润	元	5%		127.54	(一+二+三+四)×费率
	合计	元			2882.46	一+二+三+四+五+六

表 7.18　直行楼梯 PC 构件(C30)采购综合单价组价表

序号	构成项	单位	每立方用量	单价（元）	小计（元/m^3）	定价原则
一	材料费				1506.85	
1	HRB400 钢筋	kg	140.05	4.62	647.05	本项含量暂定 140.05 kg/m^3，各投标单位不得调整数量；结算时按报价说明约定方法计算
2	C30 混凝土	m^3	1.00	622.80	622.80	本项按构件体积计算

续表

序号	构成项	单位	每立方用量	单价（元）	小计（元/m^3）	定价原则
3	工厂用金属件/埋件	项	1.00	150.00	150.00	本项含量暂定10 kg/m^3，各投标单位不得调整数量；结算时按报价说明约定方法计算
4	钢筋通接用灌浆套筒（用于直径12 mm钢筋）	个	4.00	6.00	24.00	本项含量暂定4个/m^3，各投标单位不得调整数量；结算时按报价说明约定方法计算
5	钢筋通接用灌浆套筒（用于直径14 mm钢筋）	个	2.00	8.00	16.00	本项含量暂定2个/m^3，各投标单位不得调整数量；结算时按报价说明约定方法计算
6	钢筋通接用灌浆套筒（用于直径25 mm钢筋）	个	1.00	32.00	32.00	本项含量暂定1个/m^3，各投标单位不得调整数量；结算时按报价说明约定方法计算
7	其他材料费	m^3	1.00	15.00	15.00	本项按构件体积计算
二	制作费用			0.00	739.00	
8	人工及机械费	m^3	1.00	500.00	500.00	本项按构件体积计算
9	模具费用（可使用同一模具制作的标准构件数量大于等于50个时）	m^3	1.00	119.00	119.00	本项按构件体积计算
10	蒸养费、水电费、厂房折旧费	m^3	1.00	120.00	120.00	本项按构件体积计算
三	包装、运输费				110.00	
11	成品保护费	m^3	1.00	10.00	10.00	本项按构件体积计算
12	包装、运输费	m^3	1.00	100.00	100.00	本项按构件体积计算
四	其他费用				120.00	
13	其他费用	m^3	1.00	120.00	120.00	本项按构件体积计算
五	管理费	元	8%		198.07	（一＋二＋三＋四）×费率
六	利润	元	5%		123.79	（一＋二＋三＋四）×费率
	合计	元			2797.71	一＋二＋三＋四＋五＋六

表 7.19　弧形楼梯 PC 构件(C30)采购综合单价组价表

序号	构成项	单位	每立方用量	单价（元）	小计（元/m^3）	定价原则
一	材料费				1506.85	
1	HRB400 钢筋	kg	140.05	4.62	647.05	本项含量暂定 140.05 kg/m^3，各投标单位不得调整数量；结算时按报价说明约定方法计算
2	C30 混凝土	m^3	1.00	622.80	622.80	本项按构件体积计算
3	工厂用金属件/埋件	项	1.00	150.00	150.00	本项含量暂定 10 kg/m^3，各投标单位不得调整数量；结算时按报价说明约定方法计算
4	钢筋通接用灌浆套筒(用于直径 12 mm 钢筋)	个	4.00	6.00	24.00	本项含量暂定 4 个/m^3，各投标单位不得调整数量；结算时按报价说明约定方法计算
5	钢筋通接用灌浆套筒(用于直径 14 mm 钢筋)	个	2.00	8.00	16.00	本项含量暂定 2 个/m^3，各投标单位不得调整数量；结算时按报价说明约定方法计算
6	钢筋通接用灌浆套筒(用于直径 25 mm 钢筋)	个	1.00	32.00	32.00	本项含量暂定 1 个/m^3，各投标单位不得调整数量；结算时按报价说明约定方法计算
7	其他材料费	m^3	1.00	15.00	15.00	本项按构件体积计算
二	制作费用			0.00	739.00	
8	人工及机械费	m^3	1.00	500.00	500.00	本项按构件体积计算
9	模具费用(可使用同一模具制作的标准构件数量大于等于 50 个时)	m^3	1.00	119.00	119.00	本项按构件体积计算
10	蒸养费、水电费、厂房折旧费	m^3	1.00	120.00	120.00	本项按构件体积计算
三	包装、运输费				110.00	

续表

序号	构成项	单位	每立方用量	单价（元）	小计（元/m^3）	定价原则
11	成品保护费	m^3	1.00	10.00	10.00	本项按构件体积计算
12	包装、运输费	m^3	1.00	100.00	100.00	本项按构件体积计算
四	其他费用				120.00	
13	其他费用	m^3	1.00	120.00	120.00	本项按构件体积计算
五	管理费	元	8%		198.07	(一＋二＋三＋四)×费率
六	利润	元	5%		123.79	(一＋二＋三＋四)×费率
	合计	元			2797.71	一＋二＋三＋四＋五＋六

表 7.20 阳台 PC 构件(C30)采购综合单价组价表

序号	构成项	单位	每立方用量	单价（元）	小计（元/m^3）	定价原则
一	材料费				1783.92	
1	HRB400 钢筋	kg	200.03	4.62	924.12	本项含量暂定 200.03 kg/m^3，各投标单位不得调整数量；结算时按报价说明约定方法计算
2	C30 混凝土	m^3	1.00	622.80	622.80	本项按构件体积计算
3	工厂用金属件/埋件	项	1.00	150.00	150.00	本项含量暂定 10 kg/m^3，各投标单位不得调整数量；结算时按报价说明约定方法计算
4	钢筋通接用灌浆套筒(用于直径 12 mm 钢筋)	个	4.00	6.00	24.00	本项含量暂定 4 个/m^3，各投标单位不得调整数量；结算时按报价说明约定方法计算
5	钢筋通接用灌浆套筒(用于直径 14 mm 钢筋)	个	2.00	8.00	16.00	本项含量暂定 2 个/m^3，各投标单位不得调整数量；结算时按报价说明约定方法计算
6	钢筋通接用灌浆套筒(用于直径 25 mm 钢筋)	个	1.00	32.00	32.00	本项含量暂定 1 个/m^3，各投标单位不得调整数量；结算时按报价说明约定方法计算

序号	构成项	单位	每立方用量	单价（元）	小计（元/m^3）	定价原则
7	其他材料费	m^3	1.00	15.00	15.00	本项按构件体积计算
二	制作费用			0.00	610.00	
8	人工及机械费	m^3	1.00	400.00	400.00	本项按构件体积计算
9	模具费用（可使用同一模具制作的标准构件数量大于等于50个时）	m^3	1.00	110.00	110.00	本项按构件体积计算
10	蒸养费、水电费、厂房折旧费	m^3	1.00	100.00	100.00	本项按构件体积计算
三	包装、运输费				110.00	
11	成品保护费	m^3	1.00	10.00	10.00	本项按构件体积计算
12	包装、运输费	m^3	1.00	100.00	100.00	本项按构件体积计算
四	其他费用				100.00	
13	其他费用	m^3	1.00	100.00	100.00	本项按构件体积计算
五	管理费	元	8%		208.31	（一＋二＋三＋四）×费率
六	利润	元	5%		130.20	（一＋二＋三＋四）×费率
	合计	元			2942.43	一＋二＋三＋四＋五＋六

表 7.21　空调板 PC 构件（C30）采购综合单价组价表

序号	构成项	单位	每立方用量	单价（元）	小计（元/m^3）	定价原则
一	材料费				1783.92	
1	HRB400 钢筋	kg	199.82	4.62	924.12	本项含量暂定 199.82 kg/m^3，各投标单位不得调整数量；结算时按报价说明约定方法计算
2	C30 混凝土	m^3	1.00	622.80	622.80	本项按构件体积计算

续表

序号	构成项	单位	每立方用量	单价（元）	小计（元/m^3）	定价原则
3	工厂用金属件/埋件	项	1.00	150.00	150.00	本项含量暂定 10 kg/m^3，各投标单位不得调整数量；结算时按报价说明约定方法计算
4	钢筋通接用灌浆套筒(用于直径 12 mm 钢筋)	个	4.00	6.00	24.00	本项含量暂定 4 个/m^3，各投标单位不得调整数量；结算时按报价说明约定方法计算
5	钢筋通接用灌浆套筒(用于直径 14 mm 钢筋)	个	2.00	8.00	16.00	本项含量暂定 2 个/m^3，各投标单位不得调整数量；结算时按报价说明约定方法计算
6	钢筋通接用灌浆套筒(用于直径 25 mm 钢筋)	个	1.00	32.00	32.00	本项含量暂定 1 个/m^3，各投标单位不得调整数量；结算时按报价说明约定方法计算
7	其他材料费	m^3	1.00	15.00	15.00	本项按构件体积计算
二	制作费用			0.00	636.00	
8	人工及机械费	m^3	1.00	400.00	400.00	本项按构件体积计算
9	模具费用(可使用同一模具制作的标准构件数量大于等于 50 个时)	m^3	1.00	116.00	116.00	本项按构件体积计算
10	蒸养费、水电费、厂房折旧费	m^3	1.00	120.00	120.00	本项按构件体积计算
三	包装、运输费				110.00	
11	成品保护费	m^3	1.00	10.00	10.00	本项按构件体积计算
12	包装、运输费	m^3	1.00	100.00	100.00	本项按构件体积计算
四	其他费用				100.00	
13	其他费用	m^3	1.00	100.00	100.00	本项按构件体积计算
五	管理费	元	8%		210.39	(一＋二＋三＋四)×费率
六	利润	元	5%		131.50	(一＋二＋三＋四)×费率
	合计	元			2971.81	一＋二＋三＋四＋五＋六

表 7.22 飘窗 PC 构件(C30)采购综合单价组价表

序号	构成项	单位	每立方用量	单价（元）	小计（元/m^3）	定价原则
一	材料费				1284.82	
1	HRB400 钢筋	kg	92.00	4.62	425.02	本项含量暂定 92.0 kg/m^3，各投标单位不得调整数量；结算时按报价说明约定方法计算
2	C30 混凝土	m^3	1.00	622.80	622.80	本项按构件体积计算
3	工厂用金属件/埋件	项	1.00	150.00	150.00	本项含量暂定 10 kg/m^3，各投标单位不得调整数量；结算时按报价说明约定方法计算
4	钢筋通接用灌浆套筒(用于直径 12 mm 钢筋)	个	4.00	6.00	24.00	本项含量暂定 4 个/m^3，各投标单位不得调整数量；结算时按报价说明约定方法计算
5	钢筋通接用灌浆套筒(用于直径 14 mm 钢筋)	个	2.00	8.00	16.00	本项含量暂定 2 个/m^3，各投标单位不得调整数量；结算时按报价说明约定方法计算
6	钢筋通接用灌浆套筒(用于直径 25 mm 钢筋)	个	1.00	32.00	32.00	本项含量暂定 1 个/m^3，各投标单位不得调整数量；结算时按报价说明约定方法计算
7	其他材料费	m^3	1.00	15.00	15.00	本项按构件体积计算
二	制作费用			0.00	1010.00	
8	人工及机械费	m^3	1.00	700.00	700.00	本项按构件体积计算
9	模具费用(可使用同一模具制作的标准构件数量大于等于 50 个时)	m^3	1.00	180.00	180.00	本项按构件体积计算
10	蒸养费、水电费、厂房折旧费	m^3	1.00	130.00	130.00	本项按构件体积计算
三	包装、运输费				110.00	
11	成品保护费	m^3	1.00	10.00	10.00	本项按构件体积计算
12	包装、运输费	m^3	1.00	100.00	100.00	本项按构件体积计算

续表

序号	构成项	单位	每立方用量	单价（元）	小计（元/m^3）	定价原则
四	其他费用				120.00	
13	其他费用	m^3	1.00	120.00	120.00	本项按构件体积计算
五	管理费	元	8%		201.99	(一+二+三+四)×费率
六	利润	元	5%		126.24	(一+二+三+四)×费率
	合计	元			2853.04	一+二+三+四+五+六

7.5.3 装配式构件安装综合单价分析表

对该项目的外墙板 PC 构件、夹心保温外墙板 PC 构件、PCF 外墙板构件、内墙板 PC 构件、柱 PC 构件、梁 PC 构件、混凝土板 PC 构件、叠合板 PC 构件、直行楼梯 PC 构件、弧形楼梯 PC 构件、阳台 PC 构件、空调板 PC 构件、飘窗 PC 构件安装综合单价进行分析，详见表 7.23 至表 7.35。

表 7.23 外墙板 PC 构件(C30)安装综合单价组价表

子项名称		单方用量		材料单价		小计
		消耗量	单位	价格	单位	单方用量×单价(元/m^3)
一	材料费					
1	支撑体系	1	项	7.34	元	7.34
2	垫块	0.0012	m^3/m^3	2350.00	元	2.82
3	预埋铁件	0.9307	kg/m^3	4.55	元	4.23
4	水泥砂浆坐浆	0.01	m^3/m^3	593.95	元	5.94
5	高强度灌浆料(提供品牌)	0.01	kg/m^3	3.54	元	0.04
6	密封胶、橡胶条等其他材料	1	项	107.40	元	107.40
	材料费小计	1+2+…+6				127.77
二	人工及机械费					
7	人工费	1	工日/m^3	187.08	元	187.08
8	机械费	1	m^3	50.00	元	50.00

续表

子项名称		单方用量		材料单价		小计
		消耗量	单位	价格	单位	单方用量×单价(元/m^3)
	人工及机械费小计	7+8				237.08
三	措施费					
9	预留孔洞吊模	0.06	m^2/m^3	10.00	元	0.60
10	构件堆放场地硬化	5	m^2/m^3	2.00	元	10.00
11	吊具	0.25	套/m^3	20.00	元	5.00
12	成品保护	5.00	m^2/m^3	2.00	元	10.00
	措施费小计	9+10+…+12				25.60
四	直接费小计	一+二+三		390.45		
五	管理费	四×8%	8.00	%	31.24	
六	利润	四×7%	7.00	%	27.33	
综合单价合计		四+五+六				449.02

表 7.24 夹心保温外墙板 PC 构件(C30)安装综合单价组价表

子项名称		单方用量		材料单价		小计
		消耗量	单位	价格	单位	单方用量×单价(元/m^3)
一	材料费					
1	支撑体系	1	项	6.99	元	6.99
2	垫块	0.0015	m^3/m^3	2350.00	元	3.53
3	保温	0.0039	m^3/m^3	535.00	元	2.09
4	预埋铁件	0.688	kg/m^3	4.55	元	3.13
5	水泥砂浆坐浆	0.01	m^3/m^3	593.95	元	5.94
6	高强度灌浆料(提供品牌)	0.01	kg/m^3	3.54	元	0.04
7	密封胶、橡胶条等其他材料	1	项	102.51	元	102.51
	材料费小计	1+2+…+7				124.22

续表

子项名称		单方用量		材料单价		小计
		消耗量	单位	价格	单位	单方用量×单价(元/m^3)
二	人工及机械费					
8	人工费	1	工日/m^3	187.08	元	187.08
9	机械费	1	m^3	50.00	元	50.00
	人工及机械费小计	8+9			237.08	
三	措施费					
10	预留孔洞吊模	0.06	m^2/m^3	10.00	元	0.60
11	构件堆放场地硬化	5	m^2/m^3	2.00	元	10.00
12	吊具	0.25	套/m^3	20.00	元	5.00
13	成品保护	5.00	m^2/m^3	2.00	元	10.00
	措施费小计	10+11+…+13				25.60
四	直接费小计	一+二+三				386.90
五	管理费	四×8%		8.00	%	30.95
六	利润	四×7%		7.00	%	27.08
综合单价合计		四+五+六				444.94

表 7.25 PCF 外墙板构件(C30)安装综合单价组价表

子项名称		单方用量		材料单价		小计
		消耗量	单位	价格	单位	单方用量×单价(元/m^3)
一	材料费					
1	支撑体系	1	项	14.29	元	14.29
2	垫块	0.0015	m^3/m^3	2350.00	元	3.53
3	保温	0.0179	m^3/m^3	535.00	元	9.58
4	预埋铁件	1.5893	kg/m^3	4.55	元	7.23
5	水泥砂浆坐浆	0.01	m^3/m^3	593.95	元	5.94

续表

子项名称		单方用量		材料单价		小计
		消耗量	单位	价格	单位	单方用量×单价(元/m^3)
6	高强度灌浆料(提供品牌)	0.01	kg/m^3	3.54	元	0.04
7	密封胶、橡胶条等其他材料	1	项	112.13	元	112.13
	材料费小计	1+2+…+7				152.73
二	人工及机械费					
8	人工费	1	工日/m^3	187.08	元	187.08
9	机械费	1	m^3	50.00	元	50.00
	人工及机械费小计	8+9				237.08
三	措施费					
10	预留孔洞吊模	0.06	m^2/m^3	10.00	元	0.60
11	构件堆放场地硬化	5	m^2/m^3	2.00	元	10.00
12	吊具	0.25	套/m^3	20.00	元	5.00
13	成品保护	5.00	m^2/m^3	2.00	元	10.00
	措施费小计	10+11+…+13				25.60
四	直接费小计	一+二+三				415.41
五	管理费	四×8%		8.00	%	33.23
六	利润	四×7%		7.00	%	29.08
综合单价合计		四+五+六				477.72

表 7.26　内墙板 PC 构件(C30)安装综合单价组价表

子项名称		单方用量		材料单价		小计
		消耗量	单位	价格	单位	单方用量×单价(元/m^3)
一	材料费					
1	支撑体系	1	项	5.87	元	5.87
2	垫块	0.001	m^3/m^3	2350.00	元	2.35

续表

子项名称		单方用量		材料单价		小计
		消耗量	单位	价格	单位	单方用量×单价(元/m^3)
3	预埋铁件	0.7448	kg/m^3	4.55	元	3.39
4	水泥砂浆坐浆	0.009	m^3/m^3	593.95	元	5.35
5	高强度灌浆料(提供品牌)	0.01	kg/m^3	3.54	元	0.04
6	密封胶、橡胶条等其他材料	1	项	111.06	元	111.06
	材料费小计	1+2+…+6				128.06
二	人工及机械费					
7	人工费	1	工日/m^3	187.08	元	187.08
8	机械费	1	m^3	50.00	元	50.00
	人工及机械费小计	7+8				237.08
三	措施费					
9	预留孔洞吊模	0.06	m^2/m^3	10.00	元	0.60
10	构件堆放场地硬化	5	m^2/m^3	2.00	元	10.00
11	吊具	0.25	套/m^3	20.00	元	5.00
12	成品保护	5.00	m^2/m^3	2.00	元	10.00
	措施费小计	9+10+…+12				25.60
四	直接费小计	一+二+三				390.74
五	管理费	四×8%		8.00	%	31.26
六	利润	四×7%		7.00	%	27.35
综合单价合计		四+五+六				449.35

表 7.27 柱 PC 构件(C30)安装综合单价组价表

子项名称		单方用量		材料单价		小计
		消耗量	单位	价格	单位	单方用量×单价(元/m^3)
一	材料费					
1	支撑体系	1	项	2.00	元	2.00
2	垫块	0.001	m^3/m^3	2350.00	元	2.35
3	预埋铁件	0.999	kg/m^3	4.55	元	4.55
4	水泥砂浆坐浆	0.009	m^3/m^3	593.95	元	5.35
5	高强度灌浆料(提供品牌)	0.01	kg/m^3	3.54	元	0.04
6	密封胶、橡胶条等其他材料	1	项	95.17	元	95.17
	材料费小计	1+2+…+6				109.44
二	人工及机械费					
7	人工费	1	工日/m^3	187.08	元	187.08
8	机械费	1	m^3	50.00	元	50.00
	人工及机械费小计	7+8				237.08
三	措施费					
9	预留孔洞吊模	0.06	m^2/m^3	10.00	元	0.60
10	构件堆放场地硬化	5	m^2/m^3	2.00	元	10.00
11	吊具	0.25	套/m^3	20.00	元	5.00
12	成品保护	5.00	m^2/m^3	2.00	元	10.00
	措施费小计	9+10+…+12				25.60
四	直接费小计	一+二+三				372.12
五	管理费	四×8%		8.00	%	29.77
六	利润	四×7%		7.00	%	26.05
综合单价合计		四+五+六				427.94

表 7.28　梁 PC 构件(C30)安装综合单价组价表

子项名称		单方用量		材料单价		小计
		消耗量	单位	价格	单位	单方用量×单价(元/m^3)
一	材料费					
1	支撑体系	1	项	27.59	元	27.59
2	垫块	0.001	m^3/m^3	2350.00	元	2.35
3	预埋铁件	0.42	kg/m^3	4.55	元	1.91
4	水泥砂浆坐浆	0.01	m^3/m^3	593.95	元	5.94
5	高强度灌浆料(提供品牌)	0.01	kg/m^3	3.54	元	0.04
6	密封胶、橡胶条等其他材料	1	项	95.17	元	95.17
	材料费小计	1+2+…+6				133.00
二	人工及机械费					
7	人工费	1	工日/m^3	187.08	元	187.08
8	机械费	1	m^3	50.00	元	50.00
	人工及机械费小计	7+8				237.08
三	措施费					
9	预留孔洞吊模	0.06	m^2/m^3	10.00	元	0.60
10	构件堆放场地硬化	5	m^2/m^3	2.00	元	10.00
11	吊具	0.25	套/m^3	20.00	元	5.00
12	成品保护	5.00	m^2/m^3	2.00	元	10.00
	措施费小计	9+10+…+12				25.60
四	直接费小计	一+二+三				395.68
五	管理费	四×8%		8.00	%	31.65
六	利润	四×7%		7.00	%	27.70
综合单价合计		四+五+六				455.03

表 7.29 混凝土板 PC 构件(C30)安装综合单价组价表

子项名称		单方用量		材料单价		小计
		消耗量	单位	价格	单位	单方用量×单价(元/m^3)
一	材料费					
1	支撑体系	1	项	46.08	元	46.08
2	垫块	0.001	m^3/m^3	2350.00	元	2.35
3	预埋铁件	0.188	kg/m^3	4.55	元	0.86
4	水泥砂浆坐浆	0.01	m^3/m^3	593.95	元	5.94
5	高强度灌浆料(提供品牌)	0.01	kg/m^3	3.54	元	0.04
6	密封胶、橡胶条等其他材料	1	项	102.67	元	102.67
	材料费小计	1+2+…+6				157.93
二	人工及机械费					
7	人工费	1	工日/m^3	187.08	元	187.08
8	机械费	1	m^3	50.00	元	50.00
	人工及机械费小计	7+8				237.08
三	措施费					
9	预留孔洞吊模	0.06	m^2/m^3	10.00	元	0.60
10	构件堆放场地硬化	5	m^2/m^3	2.00	元	10.00
11	吊具	0.25	套/m^3	20.00	元	5.00
12	成品保护	5.00	m^2/m^3	2.00	元	10.00
	措施费小计	9+10+…+12				25.60
四	直接费小计	一+二+三				420.61
五	管理费	四×8%		8.00	%	33.65
六	利润	四×7%		7.00	%	29.44
综合单价合计		四+五+六				483.70

表 7.30　叠合板 PC 构件(C30)安装综合单价组价表

子项名称		单方用量		材料单价		小计
		消耗量	单位	价格	单位	单方用量×单价(元/m^3)
一	材料费					
1	支撑体系	1	项	76.66	元	76.66
2	垫块	0.001	m^3/m^3	2350.00	元	2.35
3	预埋铁件	0.314	kg/m^3	4.55	元	1.43
4	水泥砂浆坐浆	0.01	m^3/m^3	593.95	元	5.94
5	高强度灌浆料(提供品牌)	0.01	kg/m^3	3.54	元	0.04
6	密封胶、橡胶条等其他材料	1	项	102.67	元	102.67
	材料费小计	1+2+…+6				189.08
二	人工及机械费					
7	人工费	1	工日/m^3	187.08	元	187.08
8	机械费	1	m^3	50.00	元	50.00
	人工及机械费小计	7+8				237.08
三	措施费					
9	预留孔洞吊模	0.06	m^2/m^3	10.00	元	0.60
10	构件堆放场地硬化	5	m^2/m^3	2.00	元	10.00
11	吊具	0.25	套/m^3	20.00	元	5.00
12	成品保护	5.00	m^2/m^3	2.00	元	10.00
	措施费小计	9+10+…+12				25.60
四	直接费小计	一+二+三				451.76
五	管理费	四×8%		8.00	%	36.14
六	利润	四×7%		7.00	%	31.62
综合单价合计		四+五+六				519.53

表 7.31　直行楼梯 PC 构件(C30)安装综合单价组价表

子项名称		单方用量		材料单价		小计
		消耗量	单位	价格	单位	单方用量×单价(元/m^3)
一	材料费					
1	支撑体系	1	项	27.59	元	27.59
2	垫块	0.0019	m^3/m^3	2350.00	元	4.47
3	预埋铁件	4.2	kg/m^3	4.55	元	19.11
4	水泥砂浆坐浆	0.01	m^3/m^3	593.95	元	5.94
5	高强度灌浆料(提供品牌)	0.01	kg/m^3	3.54	元	0.04
6	密封胶、橡胶条等其他材料	1	项	102.67	元	102.67
	材料费小计	1+2+…+6				159.81
二	人工及机械费					
7	人工费	1	工日/m^3	187.08	元	187.08
8	机械费	1	m^3	50.00	元	50.00
	人工及机械费小计	7+8				237.08
三	措施费					
9	预留孔洞吊模	0.06	m^2/m^3	10.00	元	0.60
10	构件堆放场地硬化	5	m^2/m^3	2.00	元	10.00
11	吊具	0.25	套/m^3	20.00	元	5.00
12	成品保护	5.00	m^2/m^3	2.00	元	10.00
	措施费小计	9+10+…+12				25.60
四	直接费小计	一+二+三				422.49
五	管理费	四×8%		8.00	%	33.80
六	利润	四×7%		7.00	%	29.57
综合单价合计		四+五+六				485.87

表 7.32　弧形楼梯 PC 构件(C30)安装综合单价组价表

子项名称		单方用量		材料单价		小计
		消耗量	单位	价格	单位	单方用量×单价(元/m^3)
一	材料费					
1	支撑体系	1	项	27.59	元	27.59
2	垫块	0.0019	m^3/m^3	2350.00	元	4.47
3	预埋铁件	4.2	kg/m^3	4.55	元	19.11
4	水泥砂浆坐浆	0.01	m^3/m^3	593.95	元	5.94
5	高强度灌浆料(提供品牌)	0.01	kg/m^3	3.54	元	0.04
6	密封胶、橡胶条等其他材料	1	项	102.67	元	102.67
	材料费小计	1+2+…+6				159.81
二	人工及机械费					
7	人工费	1	工日/m^3	187.08	元	187.08
8	机械费	1	m^3	50.00	元	50.00
	人工及机械费小计	7+8				237.08
三	措施费					
9	预留孔洞吊模	0.06	m^2/m^3	10.00	元	0.60
10	构件堆放场地硬化	5	m^2/m^3	2.00	元	10.00
11	吊具	0.25	套/m^3	20.00	元	5.00
12	成品保护	5.00	m^2/m^3	2.00	元	10.00
	措施费小计	9+10+…+12				25.60
四	直接费小计	一+二+三				422.49
五	管理费	四×8%		8.00	%	33.80
六	利润	四×7%		7.00	%	29.57
综合单价合计		四+五+六				485.87

表 7.33　阳台 PC 构件(C30)安装综合单价组价表

子项名称		单方用量		材料单价		小计
		消耗量	单位	价格	单位	单方用量×单价(元/m^3)
一	材料费					
1	支撑体系	1	项	46.81	元	46.81
2	垫块	0.001	m^3/m^3	2350.00	元	2.35
3	预埋铁件	0.262	kg/m^3	4.55	元	1.19
4	水泥砂浆坐浆	0.01	m^3/m^3	593.95	元	5.94
5	高强度灌浆料(提供品牌)	0.01	kg/m^3	3.54	元	0.04
6	密封胶、橡胶条等其他材料	1	项	102.67	元	102.67
	材料费小计	1+2+…+6				159.00
二	人工及机械费					
7	人工费	1	工日/m^3	187.08	元	187.08
8	机械费	1	m^3	50.00	元	50.00
	人工及机械费小计	7+8				237.08
三	措施费					
9	预留孔洞吊模	0.06	m^2/m^3	10.00	元	0.60
10	构件堆放场地硬化	5	m^2/m^3	2.00	元	10.00
11	吊具	0.25	套/m^3	20.00	元	5.00
12	成品保护	5.00	m^2/m^3	2.00	元	10.00
	措施费小计	9+10+…+12				25.60
四	直接费小计	一+二+三				421.68
五	管理费	四×8%		8.00	%	33.73
六	利润	四×7%		7.00	%	29.52
综合单价合计		四+五+六				484.93

表 7.34　空调板 PC 构件(C30)安装综合单价组价表

子项名称		单方用量		材料单价		小计
		消耗量	单位	价格	单位	单方用量×单价(元/m^3)
一	材料费					
1	支撑体系	1	项	50.00	元	50.00
2	垫块	0.001	m^3/m^3	2350.00	元	2.35
3	预埋铁件	0.576	kg/m^3	4.55	元	2.62
4	水泥砂浆坐浆	0.01	m^3/m^3	593.95	元	5.94
5	高强度灌浆料(提供品牌)	0.01	kg/m^3	3.54	元	0.04
6	密封胶、橡胶条等其他材料	1	项	102.67	元	102.67
	材料费小计	1+2+…+6				163.62
二	人工及机械费					
7	人工费	1	工日/m^3	187.08	元	187.08
8	机械费	1	m^3	50.00	元	50.00
	人工及机械费小计	7+8				237.08
三	措施费					
9	预留孔洞吊模	0.06	m^2/m^3	10.00	元	0.60
10	构件堆放场地硬化	5	m^2/m^3	2.00	元	10.00
11	吊具	0.25	套/m^3	20.00	元	5.00
12	成品保护	5.00	m^2/m^3	2.00	元	10.00
	措施费小计	9+10+…+12				25.60
四	直接费小计	一+二+三				426.30
五	管理费	四×8%		8.00	%	34.10
六	利润	四×7%		7.00	%	29.84
综合单价合计		四+五+六				490.24

表 7.35 飘窗 PC 构件(C30)安装综合单价组价表

子项名称		单方用量		材料单价		小计
		消耗量	单位	价格	单位	单方用量×单价(元/m^3)
一	材料费					
1	支撑体系	1	项	11.15	元	11.15
2	垫块	0.0021	m^3/m^3	2350.00	元	4.94
3	预埋铁件	2.245	kg/m^3	4.55	元	10.21
4	水泥砂浆坐浆	0.01	m^3/m^3	593.95	元	5.94
5	高强度灌浆料(提供品牌)	0.01	kg/m^3	3.54	元	0.04
6	密封胶、橡胶条等其他材料	1	项	102.67	元	102.67
	材料费小计	1+2+…+6				134.95
二	人工及机械费					
7	人工费	1	工日/m^3	187.08	元	187.08
8	机械费	1	m^3	50.00	元	50.00
	人工及机械费小计	7+8				237.08
三	措施费					
9	预留孔洞吊模	0.06	m^2/m^3	10.00	元	0.60
10	构件堆放场地硬化	5	m^2/m^3	2.00	元	10.00
11	吊具	0.25	套/m^3	20.00	元	5.00
12	成品保护	5.00	m^2/m^3	2.00	元	10.00
	措施费小计	9+10+…+12				25.60
四	直接费小计	一+二+三				397.63
五	管理费	四×8%		8.00	%	31.81
六	利润	四×7%		7.00	%	27.83
综合单价合计		四+五+六				457.27

第8章　装配式建筑施工阶段成本管理

装配式建筑的施工环节相当于工业制造的总装阶段，是按照建筑设计的要求，将各种建筑构件部品在项目现场装配成整体建筑的施工过程。装配式建筑的施工要遵循设计、生产、施工一体化原则，并与设计、生产、技术和管理协同配合。相较于传统建筑模式，装配式建筑在施工环节的成本增量主要来源于起重吊装设备、临时支撑、构件连接、构件堆场等；成本减量则主要来自主体结构模板、脚手架以及现浇施工过程中的人、材、机费用。因此需要通过全过程集成项目管理，以及全系统的技术优化集成控制，全面提升施工阶段的质量、效率和效益。

8.1　装配式建筑施工管理

8.1.1　装配式建筑施工流程

预制装配式建筑的施工内容主要包括基础工程、主体结构工程和装饰工程。其中基础工程部分和装饰装修部分与现浇式建筑大体相同，本书不做赘述。主体结构工程部分的施工流程如图8.1所示，工艺流程包括：构配件工厂化预制、运输、吊装；构件支撑固定；钢筋连接、套筒灌浆；后浇部位钢筋绑扎、支模、预埋件安装；后浇部位混凝土浇筑、养护。

8.1.2　预制构件生产运输及安装流程

1. 构件生产制作阶段

装配式建筑在预制构件生产方面的优势在于：首先，装配式建筑所使用的预制构件均出自预制工厂，具有严格的生产流程和操作标准，其垂直度、平整度等较现浇式产品精度更高；其次，工厂生产过程中大部分使用机械设备进行生产操作，避免了人为因素、天气因素等原因所造成的不良影响，生产效率稳定，设备也具备更好的保养条件，因此其产品质量更有保障；最后，装配式建筑所使用的预制构件都在工厂内生产，避免了施工现场现浇过程中物料的严重损耗，减少了施工过程中产

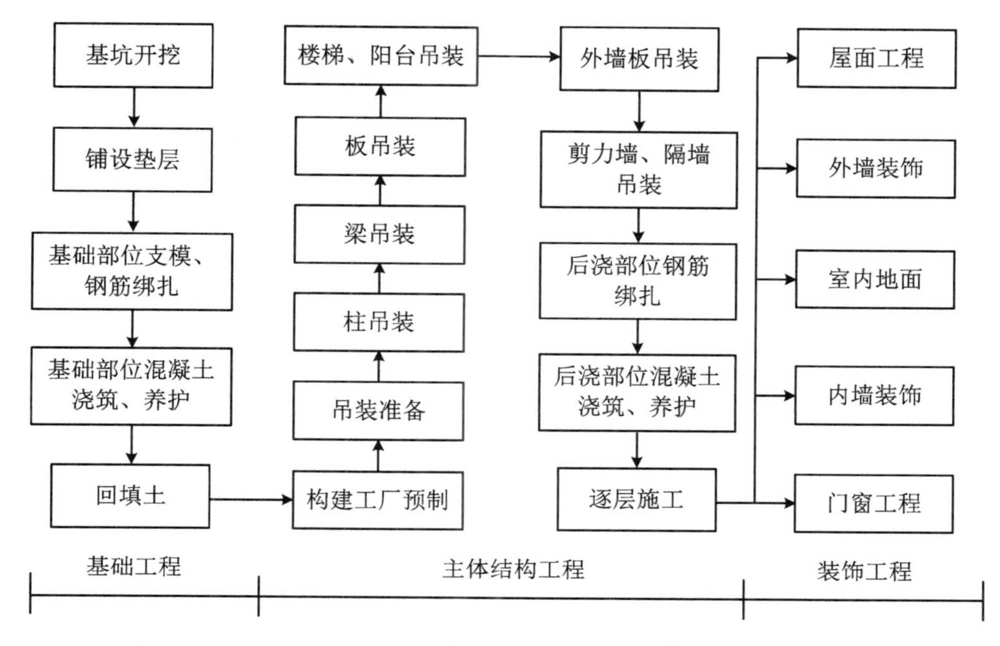

图 8.1　装配式建筑施工流程图

生的垃圾，有效遵循国家“双碳”政策。目前，国内已形成以流水线生产为主、传统固定台座为辅的生产模式。大部分工厂的预制内外墙、预制叠合板已实现流水化生产，预制梁柱、预制楼梯、预制阳台等仍然以固定台座法生产为主。预制构件生产流程如图 8.2 所示。

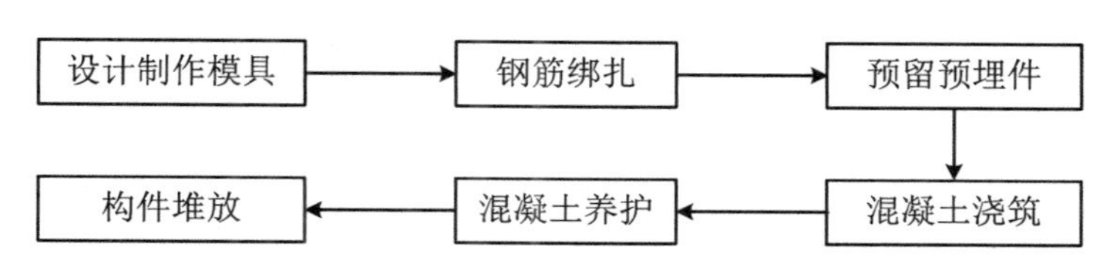

图 8.2　预制构件生产流程

预制构件模具的质量尤为重要，直接影响了构件的质量及生产效率，根据使用要求，模具应具备以下几个特点：

① 整体性好，具有足够的刚度、强度及稳定性。

② 模具精度高，不会造成构件误差影响安装。

③ 模具便于安装、拆卸，可提高生产率。

构件模具分为通用模具和专用模具，专用模具的重复利用率低，只能用于单一构件，会造成成本浪费，因此模具设计人员在设计时应考虑如何提高模具的通用性，增大周转次数，降低分摊成本。图 8.3 展示的是预制楼梯模具、预制外墙模具。

(a) 预制楼梯模具

(b) 预制外墙模具

图 8.3 预制模具图

构件的质量决定了装配式建筑最后的整体质量，在混凝土浇筑和养护阶段需依靠经验丰富的混凝土技术人员，由他们来控制混凝土浇筑、振捣及后期养护质量，控制构架裂缝产生，预制构件钢筋绑扎、混凝土浇筑及振捣见图 8.4。

图 8.4 钢筋绑扎、混凝土浇筑及振捣

生产流程中构件堆放环节不容忽视，为防止地面不均匀沉降引起构件产生裂缝或损坏，堆放场地应做硬化处理，满足平整要求，构件与地面留一定缝隙，并设置排水措施。梁柱等条形构件应平放，用垫木支撑，每层垫木应在同一垂直线上；楼板、阳台导构件宜放平存储，采用专用存放架或垫木支撑，堆放层数不超过 6 层；外墙、楼梯宜立放，外墙宜采用支架竖放，搁支点应设在墙板底部两端处，构件堆放形式见图 8.5。

(a) 叠合板堆放

(b) 外墙堆放

图 8.5 构件堆放图

2. 构件运输阶段

预制构件如果在储存、运输及吊装等环节发生损坏将很难修补，不仅造成经济损失还耽误工期。因此构件运输、吊装的组织非常重要，需根据路程、路况及构件数量等制定最优运输方案。国外使用运输车甩挂运输，且带货厢，起安全防护作用，实现预制构件储存和运输一体化；生产出来的构件放在专用货架上，专用货架配合运输车一起使用，减少了吊装，且装载时间小于 10 min，减少了装载过程中的损坏。我国的运输车大部分采用平板运输车，预制构件宜采用专用运输车，图 8.6。内墙、外墙等竖向构件采用立式运输，使用运输架对称放置；阳台板、叠合板、楼梯等采用平层叠放；小型和异形构件宜采用散装方式。运输过程中采用合理的方式将构件固定牢靠，避免发生碰撞和晃动，特殊构件采用支撑架等设备。目前，我国预制构件专用运输车已投入使用，物流运输专业化及标准化正在全面推进。

(a) 传统平板运输车

(b) 预制构件专用运输车

图 8.6　构件运输车

3. 构件安装阶段

预制 PC 构件主要包括预制框架柱、预制剪力墙、叠层梁、叠层板、外墙装配构件(包括预制阳台、预制空调板、预制外墙板)、预制楼梯等组件。完成构件的设计生产后，将其运送到施工现场并直接用于现场组装和吊装。

正式施工之前，依照装配式建筑设计图纸，并根据现场的具体情况，需进行以下准备工作：

① 进行完整的项目施工组织设计，依据施工组织设计进行具体工作布置，对工作人员进行专业的岗前培训。

② 做好风险预测，尽可能全面预测施工过程中可能会出现的风险和困难，编制风险清单，针对具体的风险点制定详细的应对策略和专项方案。

③ 在进行安装施工前，向施工人员介绍该项目的具体要求和注意事项，保证施工人员熟悉施工的具体操作流程。装配式建筑预制构件的安装流程一般包括：

绑扎吊件、起吊、就位、校正、固定、脱钩，下一构件绑扎、起吊，具体如下：

A. 绑扎吊件。这项操作是安装过程中非常重要的步骤，通常可以通过钢丝绳绑扎预埋吊点的方式进行。吊装时应严格控制好吊装件与吊具、吊钩之间的安全连接，构件与吊具之间的可靠连接是整个吊装安放过程的重中之重。

B. 起吊。在施工时需要选择合适的塔吊，如果预制构件的重量过大，需要为其配备相应重量规格的塔吊，可采用双机抬吊的方式。起吊过程需满足受力均匀的原则，起吊时应保持缓慢匀速起升，不得出现急升急停的现象，吊装过程中塔吊司机要时刻保持安全意识。

C. 各构件之间的连接。构件之间的连接一般包括就位、校正、固定、脱钩等施工过程。常用的连接方式有 3 种，包括套筒灌浆连接、浆锚搭接连接和螺栓连接。在上述 3 种方式中，灌浆套筒连接形式因连接形式可靠、便于施工而被广泛使用。

以预制框架结构为例，一层施工完毕后，先吊装上一层柱子，接着主梁、次梁、楼板。预制构件吊装统统结束后，就开始绑扎连接部位钢筋，最后进行节点和梁板现浇层的浇筑，见图 8.7。

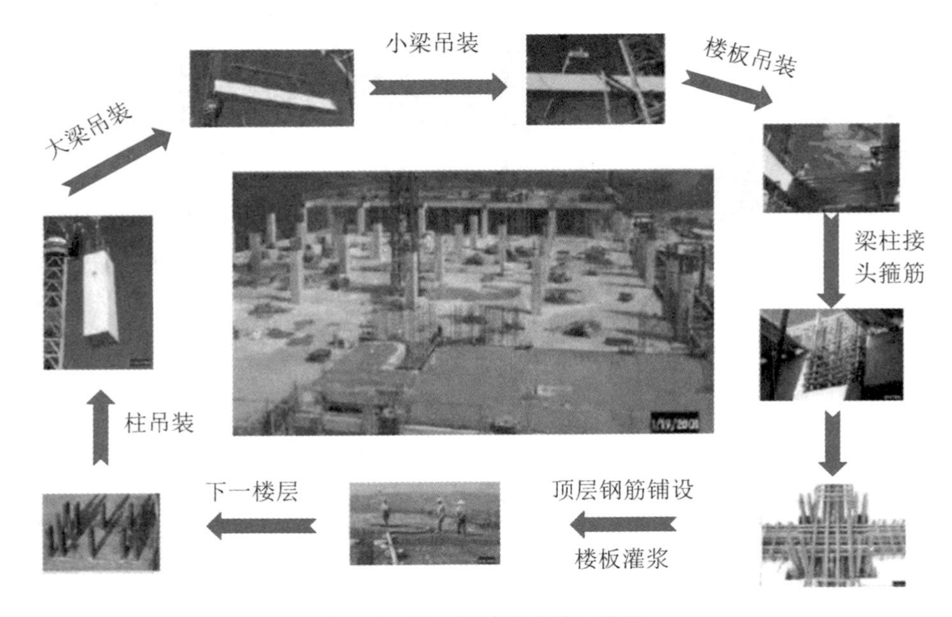

图 8.7　某一层装配式施工流程

8.1.3　装配式建筑施工质量管控要点

预制混凝土结构现场安装施工是整体工程的难点，而施工现场管理的重点则包括施工安全和施工质量。施工安全的风险源主要来源于各类施工过程和施工环境中，如施工操作安全、仪器设备使用安全、用水用电安全及防护安全等，该类风险一般可以通过加强管理和提高工人素质的方式控制。施工质量风险来源于施工管理和施工技术，对装配式建筑而言，预制构件的现场施工管理与安装尤为重要，施工过程中构件现场堆放布局、吊装连接方法、拼缝防水处理、安装工序等问题，都不同于传统施工的重点质量安全管控内容。装配式建筑主体结构的施工管控要点见表8.1。

表8.1 装配式建筑施工管控要点

序号	管控要点	具体要求
1	构件运输、堆放管控	构件预制过程中完善构件的编号规则，加强构件管理力度；各构件的堆放区域须与相关吊装计划相符合，避免二次搬运；预制构件堆置时，选择最优的堆置方式和保护措施，避免由于堆载过大、支点不合理、保护不力使构件损坏
2	构件吊装管控	PC构件吊装前必须编制专项安全方案，构件进场后及时对吊点进行检查，对于异型构件及大尺寸构件需要采用专用平衡吊具进行吊装。构件起吊时应设置拉绳，以便地面人员能在起吊时控制构件的方向
3	临时支撑体系布置	临时支撑体系以保证结构的施工为主要目的，支架设置上下调整座，支撑间距及数量需进行安全性计算。所有的临时支架进场时必须进行验收，混凝土现浇结构施工时需确保模板及支架系统的稳定性
4	构件连接、注浆管控	构件吊装时要根据设计施工图精准定位，避免后期拼缝开裂等现象进而破坏防水。吊装到位并复核构件定位，按设计要求连接构件各预留的钢筋头并注浆。现场常见连接方式有灌浆套筒连接、浆锚搭接连接、螺栓连接
5	后浇筑部分施工管控	后浇筑部分施工管控主要是做好后浇筑部分混凝土与构件之间的连接

8.2 装配式建筑施工阶段成本构成及影响因素分析

8.2.1 施工阶段成本构成分析

装配式建筑在施工阶段的成本包括装配式建筑构件生产制造费用、装配式建筑构件运输费用、装配式建筑构件安装费用等。

1. 装配式建筑构件生产制造费用

装配式构件的工厂化、规模化生产是装配式建筑区别于传统建筑方式的重要特征，在装配式建筑的施工阶段，构件在工厂中进行预制后在施工现场进行装配，生产制造费用与产业工人工时消耗、设备及模具摊销、原材料消耗、标准养护或蒸汽养护、成品构件生产厂区运输、仓储等因素相关，生产厂家的前期投入和产能、市场的需求状况等也是影响构件成本的重要因素。

2. 装配式建筑构件运输费用

装配式建筑构件运输费用是指装配式构件的运输费用、施工场地二次转运费以及工地短期仓储费。装配式构件的运输成本与构件的运输路线、运输时间、运输距离以及构件自身的形状、体积、重量密切相关。在我国，目前装配式建筑构件一般采取散装运输的方式，由于构件规格多样，增加了构件的运输难度；如果运输单位对装配式构件特点不太熟悉，则难以制定最优的构件装载以及运输方案，进而导致运输效率不高，增加运输成本。装配式构件运输成本占项目造价的比重较大，装配式构件运输成本高低会直接影响项目建造成本以及项目的具体效益。

3. 装配式建筑构件安装费用

装配式建筑构件安装费用主要包括构件现场安装工人人工费、专用机械费以及构件的垂直运输费。装配式构件的安装成本主要包含吊车等专用机械费以及现场人工费，其中吊装机械的选择是根据装配式构件的形状及尺寸大小来决定的，因此吊装机械的吨位、安装速度是影响装配式构件安装成本的关键因素。

目前，我国装配式建筑施工工艺以及施工管理还未成熟，在装配式建筑构件设计、生产、运输、安装的全过程中，会出现沟通不畅的情况。此外，在实际的安装过程中由于现场施工人员对装配式建筑吊装落位技术的掌握有限，降低了装配式建筑构件的安装速度，工时消耗相应增大，从而增加了装配式建筑的安装成本。

8.2.2 施工阶段成本差异原因分析

装配式建筑将建造方式由在施工现场生产建筑物主体结构（包括柱、墙、梁、楼板等）转变为购买成品混凝土预制构件，或者由自有工厂生产。这种生产方式的转变，使得装配式建筑与传统现浇建筑在工程造价上存在较大差异。从现阶段市场反应来看，装配式建筑的建设成本普遍高于传统现浇建筑的建设成本。原因主要体现在以下几个方面：

① 由于我国目前还处于装配式建筑发展的初级阶段，市场规模较小，导致工

程所需构件无法大规模生产。对于构件生产企业,其产品制造成本可分为固定成本和变动成本。固定成本主要包括厂房、土地、设备等固定资产的投入成本;变动成本主要包括模具费、加工费、材料费、设备维护费等。从装配式建筑工程的成本构成来看,固定成本占比相对较高。因此,随着装配式建筑构件需求的增大,企业规模化生产以及新技术的运用成本会相应减少,从而提升其构件的产品竞争力,推动装配式建筑更快速地发展。

② 构件生产企业数量少、规模小,并且相关的市场管理机制还不成熟,导致市场竞争力不足,从而使其造价难以下降。同时,该部分费用在装配式建筑施工成本中占比过高,也在一定程度上阻碍了装配式建筑的推广与普及。

③ 装配式构、配件价格及其施工费用过高。首先,装配式构件的施工安装费用占整个土建工程部分的40%左右,而土建工程又在整个工程的成本构成中占主导地位,因此构配件生产及其安装费用成本问题,是控制装配式建筑成本的关键。其次,构件生产企业距离施工现场较远,高昂的运输费用无形中也增加了工程项目总成本和控制难度。

④ 构造上与传统建筑有差异,对规范要求更高。装配式建筑混凝土结构采用叠合板,总厚度比传统楼盖厚;装配式建筑混凝土结构需要缝灌浆,而传统剪力墙结构建筑不需要;装配预埋件的使用也使得工程造价增加。

⑤ 装配式建筑产业链没有形成,缺乏配套体系,有些配套产品需从国外进口或在异地采购,或因为稀缺而价格较高等,增加了与传统建筑的成本差异。

8.2.3 施工阶段成本影响因素分析

有别于传统的现浇混凝土建筑工程,装配式建筑施工阶段的成本影响因素主要体现在以下几个方面:

1. 人员

(1) 劳动力价格

劳动力的价格由市场环境所决定,对于一般工程项目而言,人员的工资占工程总造价的20%～25%,在构件安装阶段投入的施工人员最多,受人工费价格波动影响最大。

(2) 专业素质

预制构件的安装对于施工人员的要求较高,施工人员的专业素质水平会影响构件安装的质量。高素质的施工人员有丰富的安装经验,安装过程操作规范,工作质量高,能减少返工返修的概率,节约施工成本。

(3) 劳动力生产效率

构件安装阶段的劳动力生产效率指的是施工人员安装构件的效率,效率越高资源占用的时间越短，可以减少构件保管产生的费用、机械租赁费等。安装效率决定了工程建造的速度。相关资料显示，与传统现浇建筑相比，我国装配式建造生产方式可以提高劳动效率1倍左右，但同装配式建筑发展较好的国家相比还有很大的差距。

(4) 专业协同

每个工程项目运作都需要多个部门配合完成，其中包括项目经理部、安全部、技术部、财务部、成本管理部、质量管理部等。各部门以完成项目的建造为总目标，相对独立，相互合作，相互依存。

(5) 管理制度

管理制度是约束组织内人员的基本规范，它规定了各部门的组织指挥系统，明确组织内人员的分工和协调，并规定各部门及其成员的职权和职责。完善的管理制度对施工成本产生间接影响，如有效的奖惩措施可以激励人们提高工程的质量和保证施工的进度，同时培养组织内人员的积极性和对工作的责任意识。

2. 机械

(1) 吊装机械选型

吊装机械的选取需要考虑吊装作业的半径和最大吊装重量，要根据工程的实际具体情况选择合适参数的机械设备，选型不合适会直接造成经济损失。

(2) 吊装机械利用率

吊装机械利用率主要指机械设备的合理使用工时，避免设备闲置造成租赁成本的增加。其中单个构件消耗工时越短，说明吊装机械利用率越高，产生的成本效益越好。

3. 材料

(1) 预制构件及常用材料供应

若构件和常用材料不能按计划供应，则会影响装配工作的进行，造成机械设备的闲置，浪费资源，增加成本。

(2) 周转及常规材料利用率

构件安装阶段的周转材料有模板、脚手架和支撑架等，常规材料有螺栓、钢筋、预埋件等。周转材料使用次数越多则摊销费越少，常规材料利用率越高，材料损耗就越少。

4. 施工方法

(1) 施工方案

施工方案一般包括施工技术方案、总体布置、工期安排、文明施工要求、季节性保证措施等。最优施工方案会根据项目的特征合理地安排资源的配置，使项目在实施过程中效益最大化。

(2) 施工技术及工艺选择

工程质量和施工效率与技术工艺的选择密切相关,应遵循技术上可靠、适用的原则。

(3) 新技术的运用

在施工阶段可以运用新技术来解决遇到的问题,新技术的运用会产生额外的成本支出,但在后期的使用中则带来的效益会更高。如在构件安装阶段,使用BIM技术可以进行施工过程的模拟和碰撞检查,避免后期返工造成成本的增加。

(4) 施工技术难度

对于复杂的项目,施工技术要求越高则成本支出越大。在构件吊装时,对精度的要求比传统建筑高,这就要求在测量放线及调整垂直度时投入大量的精力,从而增加了施工成本。

5. 环境

(1) 施工环境

施工环境包括工程所在地的地质、水文、气象、作业面的大小、安全施工等。不同地质的施工要求不一样。如特殊性土壤地区、闹市区、高压线密集区等施工环境,会使施工难度增加,从而造成成本的增加。

(2) 工期要求

生产进度、工程质量和成本之间存在着密切的联系,三者相互影响。在一定的资源条件约束下实现对工程质量、进度、成本指标的最优化控制,可以使施工企业尽可能将效益最大化。

(3) 政策因素

对于装配式建筑的发展,国务院和住建部出台了许多指导性政策,各省市地区也陆续发布激励装配式建筑发展的优惠政策。另外,根据最新的环境治理方案,扬尘治理行动影响了工程项目的进度,工程产生了额外支出,且扬尘治理费用已列入工程费用支出。

(4) 工程变更

工程项目具有复杂性、长期性和动态性,因此,发生工程变更是不可避免的。一般包括项目部分内容的变化、因技术规范而造成的工程类型或质量的变化、由于施工进度或项目安排的变化造成的施工难度的改变等,都会造成成本费用的改变。

施工阶段影响成本的主要因素具体见表8.2。

表 8.2　施工阶段影响施工成本的主要因素

影响因素	具体内容	影响特征
人员因素	劳动力价格	构件安装阶段需要大量施工人员，过高的劳动力价格会显著增加人工费
	专业素质	高素质的施工人员安装过程操作规范，减少返工返修的概率，节约施工成本
	劳动力生产效率	生产效率越高资源占用时间越短，可以减少构件保管产生的费用、机械租赁费等
	各方分工与配合	各部门之间良好的相互配合可以减少沟通成本，缩短工期
	管理制度	有效的奖惩措施可以激励人们提高工程的质量和保证施工的进度
机械因素	吊装机械选型	选择合适参数的机械设备，可以减少后期返工费用
	吊装机械利用率	单个构件消耗工时越短，吊装机械利用效率越高，产生的成本效益越好
材料因素	预制构件及常用材料供应	及时的材料供应可以减少机械闲置成本
	周转及常规材料利用率	周转材料使用次数越多则摊销费越少，常规材料利用率越高，材料消耗就越少
施工因素	施工方案	好的施工方案可以合理地进行资源配置，使项目在实现过程中效益最大化
	施工技术及工艺选择	选择技术可靠、适用的工艺，可以提升施工效率
	新技术的使用	新技术的使用在后期会带来更高的效益
	施工技术难度	复杂的工程需要更多的技术准备工作，带来一定的成本增加
环境因素	施工环境	在特殊地区会使施工难度增加，从而造成成本的增加
	工期要求	工期的要求跟成本直接相关，缩短工期就是节约成本
	政策因素	政策的变化会显著影响工程成本
	工程变更	做好前期规划，减少工程变更，可以减少成本

8.3 预制构件的生产运输及安装成本管理

8.3.1 预制构件生产成本管理

1. 生产成本构成分析

预制构件生产阶段的成本主要包括人工费、材料费、模具费和模具摊销费、水电费、存放及管理费等。与现浇模式相比，装配式预制构件技术条件较为成熟，可以利用机械流水线及模板模型、高质量的养护条件，达到混凝土构件质量标准，减少了传统现浇中因场地、施工条件以及气候因素造成的材料耗费、质量、工期延误以及成本增加等问题，进而节约了人力成本、时间成本及耗材成本等，提高了项目效益。生产阶段成本费用构成及影响因素见表8.3。

表8.3　生产阶段成本构成

序号	费用构成	影响因素
1	人工费	工人的生产经验和对机具的操作经验
2	材料费	采用工厂化的大规模生产方式，规避了传统的材料浪费
3	模具摊销费	模具成本受构件种类、复杂程度、使用次数的影响
4	预设管线与预埋件设置费	对建筑物内容的管线及电箱进行预埋
5	水电费	较传统的现浇建筑减少了二次养护的用水量
6	构件存放与管理费	存贮费用增加，现场需要转运后才能进行安装

2. 成本控制措施

(1) 根据构件种类选择模型生产方式

使用固定台模、循环流水线和长线台生产何种构件需要事先规划。固定台模一次性投入小，可以用来生产异型构件。对于一些标准化构件，用循环流水线更加经济，所需工人工时较少，但一次性投入大。长线台生产线的生产方式工艺简单、制品密度大、工厂利用率高，适合大批量生产预制叠合板。

(2) 改进预制构件节能生产技术

使用温控维护可以节省能源，增加模板周转次数，缩短工期，从而降低构件成本。在构件工厂，必须注意预热回收，组件工厂可以投资建立太阳能加热系统。在评估采用何种能源时，需多方比较能源供给方式和地方补贴政策。如在某些省市出台了对于采用秸秆作为能源材料的补贴政策，可以综合利用，以降低成本。

(3) 优化工人工时管理

预制构件成本中，工人工资占构件成本比例较大，尤其是在固定台模上生产的构件。需要改善工人管理制度，确保工人有效工作的时间。引入泰勒的科学管理方法对构件生产工人进行有效管理，是工时管理的最佳手段。

(4) 深入分析构件特点并采取针对性的生产工艺

不同的构件根据其自身的特点，可以采用不同的生产工艺。结构简单的构件宜采用连续模生产，而一些异型构件则采用固定模更合适。在确定采用何种工艺进行生产之前，必要的工艺评估是必不可少的。同时构件厂需要不断进行工艺总结和改进，以确保生产工艺的不断改进和效率的提升。

(5) 注重模具维护，提高模具周转率

相关资料显示，模具费占构件成本的7%左右。减少模具的分摊费用，最经济的办法是提高模具的周转率，例如，如果模具周转率能达到100次，则模具费在构件总成本中可以降到5%左右。

8.3.2 预制构件运输成本管理

1. 运输成本构成分析

运输阶段在整个建造的过程中是非常重要的一个过程，运输费用在预制构件生产成本方面也占很大比例。这个过程共有四大步骤：

① 配送车辆装载预制构件。

② 负责配送的车辆沿预定路线将预制构件送到指定的施工现场。

③ 施工现场作业人员对预制构件进行卸载、搬运。

④ 运输车辆返回预制工厂。

整个运输过程中的材料费、装车成本、人工费、配送运输成本和机械费共同组成了运输阶段的成本。其中，辅助材料费用(主要是钢丝和木材垫块)和装车辅助机械费用(主要有维修成本摊销和吊装机械的折旧费)构成了装车成本。而配送运输成本则是由运输工具的燃料费与维修费、运输司机的人工费构成的。

此过程中最关键的因素是运输距离和路线。核心是预制构件的装载和运送过程，而车辆的路线选择将严重影响物流运输的速度、成本和质量。如果距离太远，运输车辆的燃料费、时间及人工成本等必然会提高，使得运输成本也随之增加。另外，如果运输路线选得不合理，比如选择了流量大易堵车的路段、迂回的路线等，这些都会导致运输成本的增加。因此，在编制运输路线时，要提前进行路线规划并选择合适的运输车辆，避免迂回运输和过远运输，同时对预制构件进行编号和有序装车，均可以有效地降低运输阶段的成本。

2. 成本控制措施

(1) 制定安全高效的运输方案

合理高效的运输方案可以保证预制构件运输的安全及顺利实施，提高运输效率，使得运输成本得到有效控制。预制构件运输前应根据运输构件的种类、重量、外形尺寸以及数量等制定运输方案，包括运输时间、运输顺序、运输路线、固定要求、存放支垫及成品保护措施等。对于超高、超宽、形状特殊的大型构件的运输应有专门的质量安全保证措施。对于特殊路段或运输期间有重大活动的路段，要事先计划备用路段，以备紧急情况时更改选用。

(2) 做好运输前的准备工作

根据运输方案，组织相关人员做好运输准备工作，以保证运输效率和安全。运输准备工作主要包括：

① 工器具及材料准备。各种吊具、吊索、索具、工具、运输架、垫木、垫块、封车绳索等要准备齐全，并检查其完好状况。

② 预制构件清点核对。对运输的预制构件按发货清单进行核对，确认装车顺序，并进行质量检查。

③ 选配适宜的运输车辆。根据当次运输的预制构件种类、重量、外形尺寸以及数量等合理选配运输车辆，防止出现小车多次运输、大车不满载的情况。同时，还应考虑不同型号车辆的限制要求，防止因超限造成不必要的麻烦，影响正常运输。

④ 勘察并确定运输路线。预制构件运输前，应派人对运输方案选定的运输路线进行实地勘察，包括限行、限流、拥堵、临时活动等情况，过街桥梁、隧道、电线等对高度的限制情况，桥梁对重量的限制情况，收费口对宽度的限制情况，急转弯能否满足运输车转弯要求情况，路面是否有不平、积水、冰雪未清扫、设有减速带情况等，根据勘察的情况最终确定运输路线及需采取的应对措施。

⑤ 对驾驶员进行交底。将运输路线的相关情况及应采取的应对措施向驾驶员交底并提出具体要求。

⑥ 第一车运输时需要安排车辆及人员随行。每个项目第一车运输或者是异型构件、大型构件运输以及超宽、超高运输，都需要安排专人及车辆跟随运输车进行观察、调度。

(3) 提高装卸效率及装车量

提高预制构件的装卸效率和装车量，应做好以下几个方面的工作：

① 预制构件的合理有序存放。预制构件是否合理有序地存放是决定装车效率的主要因素。如果构件没有按项目、按规格存放，或者没有按发货顺序叠放，发货的构件叠放在下层或在多个区域存放，就需要多次移动车辆及倒运构件，会无法提高装车效率。

② 周密的发货计划。由于目前各预制构件工厂生产的预制构件种类多、存放量大、存放时间长、合同数量多等，经常会出现同时给多个项目发送多种构件的情况，如果不提前做好发货计划，就可能会出现多台运输车同时等待装车发货的现象，而由于存放场地龙门吊数量及发货人员有限，无法满足装车需要，会导致装车和运输效率降低。

③ 预制构件工厂与施工单位的有效协同。构件厂的生产计划应该满足施工现场的安装计划要求，施工单位至少应提前 24 小时将发货清单传送给构件厂；构件厂发货前应及时告知施工单位，使施工单位做好直接吊装或卸车的相关准备，包括场内道路、工器具、人员等方面的准备，以便构件到现场后能安全快速地直接吊装或卸车。

④ 特殊预制构件装车和运输前应及时交底。对大型预制构件、复杂预制构件及新增加种类的预制构件须先进行装车和运输技术方案的交底。比如预制外墙板属于立式构件，在运输过程中应立式运输，与地面的角度不应小于 80°；为防止损伤外饰面，外饰面应朝外，同时应对称靠放，以防倾倒，且叠放不应大于 2 层；当采用直立运输时，应有确保构件稳定的措施，防止构件的四角有磨损，构件之间要设置隔离垫块；当采用水平运输时，预制构件梁柱进行叠放时不宜超过 3 层，而板类构件如预制楼板、叠合板、空调板及阳台板叠放时不宜超过 6 层，同时构件进行叠放时，每层构件之间的垫块需要上下对齐，以防倾斜坍塌。

⑤ 安排高素质的装卸人员。装卸人员需要掌握不同预制构件的装卸要点，能熟练使用相关工器具及材料，同时还要有责任心。高素质、有经验、责任心强的装卸人员有利于提高构件的装卸效率。

⑥ 采用预制构件运输专用架。通过分析构件尺寸大小及形状等，合理规划装车顺序并有效利用托架、靠放架、插放架，提高构件的装车量，保证构件运输安全，降低运输成本。

⑦ 提高预制构件标准化程度。预制构件标准化程度越高，构件的种类就越少，构件在存放场地装车的出错率就越低，装车效率就越高。

8.3.3 预制构件安装成本管理

1. 安装成本构成分析

对于预制装配式生产而言，预制构件的装配费用是使其施工阶段成本升高的原因之一，包括机械使用成本（如吊装费用）、预制混凝土构件的安装费用、构件与构件之间的连接安装费用等。例如，在现浇施工时，塔式起重机只需进入施工现场 1 台次，可使用 9 个月；但在装配式建筑中塔式起重机进入施工现场 2 台次，使用约 8 个月，塔式起重机的使用时间虽有所减少，但同一单位塔式起重机的成本却有所增加。同时，虽然预制化生产使现场所需工人的数量减少，但对工人专业素质的要求却进一步提升，施工单位也需要具有相应的资质。此外，在传统建造方法中，混凝土预制件部分的安装费相对较低，然而在预制装配式混凝土建筑中，预制混凝土比例较大，其安装及安装中涉及的安装连接处的处理使成本进一步增加。在满足建筑安全及预制构件运输的条件下，优化预制构件设计，尽量减少连接处理，减少安装塔吊次数，正确选用起重机具，提高起重机使用效率，从而降低预制构件的安装费用。

目前，混凝土预制构件施工费的成本也会列入总承包合同中，施工费成本包括构件从卸车到现场全部安装完成全过程所产生的费用。当前由于我国装配式建筑施工的专业工人较为稀缺，构件安装的人工费普遍较高；其次，装配式建筑施工现场吊装工作量较大，使得垂直运输费用也会相应增加。装配式建筑安装需要使用一些特殊性能的机械，因而产生了构件安装机械费用。在安装过程中使用的一些连接件、灌浆和预埋件等组成了材料费。

安装阶段的成本费用由以下几个部分组成：前期准备与施工准备费用、安装人工费、机械费、吊装费、工具摊销的费用、部分现浇费用、打胶及修补费用等。

(1) 前期准备与施工准备费用

主要包括场地三通一平的费用，某项目前期准备与施工准备具体费用见表 8.4。

表 8.4 前期准备与施工准备费用

项目名称	临时用水、电	临时道路	临时堆放点
功能要求	满足混凝土预制件机械的用电需要	道路标准要高，用于车辆的掉头及出入	地点合理，采取必要的防火隔离措施
场地要求	—	通过砼面层增加面层钢筋对道路进行处理	(1) 如果设置位置在车库顶板，需要考虑局部的集中荷载； (2) 如果在其余位置需要考虑底部位置的钢筋加固，面层做法
参数要求	—	厚度增加 10 cm(5 cm 道渣 + 5 cm 砼面层)；增加 14@150 间距的钢筋	非顶板位置，道渣为 16 cm，砼面层的厚度为 20 cm
费用计算	—	道渣 10.00 元/m^2， 砼 20.00 元/m^2， 钢筋 60.00 元/m^2， 合计 90.00 元/m^2	道渣 25.00 元/m^2，混凝土 40.00元/m^2，以车库顶板为例，局部加固的费用为 65.00 元/m^2
备注	—	以实际施工图纸为准	堆放面积宜占顶板面积的 40%左右

(2) 安装人工费

由于预制构件的安装提高了现场施工工种的精准化操作要求，因此要求进入现场的施工人员必须具备相应的专业素质并持证上岗，同时安装工人的费用包括施工前的培训。鉴于此种情况，安装人员的人工费大概要提升20%～30%。

(3) 机械费

机械费关键在于塔吊的选型和定位，目前，一般项目在选择塔吊类型时多采用QTZ63或者QTZ80。由于要满足混凝土预制件最大起重要求，所以对塔吊的配置要求通常会远远高于普通项目，这也使其费用相对更高。而该部分费用通常包括租赁费、塔吊基础和连接及预埋件的费用、使用费，其中租赁费主要是依据使用天数计算。

(4) 吊装费

预制构件的吊装包括前期的定位放线、塔吊吊车、注浆、排、调架的人工费用。主要人员有卸车力工、吊装工、灌浆工、安装工，混凝土预制件施工需要预留1天半的时间用于测量及定位。一般情况下，构件人工费受到总承包管理的楼栋数量影响，通常一个施工班组无法完成超过4栋楼的平行施工，当楼栋数大于此数量时，相应的人工费用可能会增加；同时人数的安排要根据实际进场的材料清单确定。

(5) 工具摊销的费用

通常埋件方式有3个大类：周转性预埋件、构件用斜撑以及消耗性预埋件。其中，构件用斜撑需要用专用的定制支撑件。周转性预埋件中包含混凝土预制件阴阳角外连接件、吊装用螺栓或钢梁等。消耗性预埋件包含转换层埋件、混凝土预制件内连接、调节标高埋件、斜撑预埋件、空调板连接。通常，1块墙板需要用2个预制构件安装用的支撑构件，因为这个构件可以多次利用，所以价格会进行摊销计算。

(6) 部分现浇费用

采用预制装配式混凝土构件，有时能够有效地降低施工难度，使得装配过程更加简单方便，从而达到减少材料浪费的效果，所以现浇部分的费用就会相应地降低。

(7) 打胶及修补费用

预制构件的外侧需要沿着混凝土预制构件板块四周打一圈硅胶来进行密封和防水。这里涉及垂直缝和水平缝的问题，垂直缝通常用来计算竖向板块之间的连接距离，而水平缝则是围绕预制构件一圈。打胶的宽度和深度会直接影响到单价。

2. 成本控制措施

混凝土预制构件的安装是施工阶段最主要的任务，其安装速度对施工阶段的成本有较大影响，因此必须发挥吊车使用效率，并结合现场布置情况，减少构件存储和二次搬运。可采用分段流水施工方法实现同步施工，即分成多个流线形式多个工序一起作业，以提高安装效率、缩短工期、降低成本。还可优化预制构件安装工艺，采用现场综合拼装技术和适当的工法，最大限度地避免水平构件现浇，减少模板和脚手架的使用。

(1) 加强人才培养，提高现场管理人员的管理水平

不管是对于传统现浇模式，还是装配式建筑模式，施工过程的管控都是极为重要的环节，对现场管理人员的管理水平提出了较高的要求。装配式建筑的现场施工，既包含传统的建造模式又包含预制构件的建造模式，两种模式并存，需要管理人员能够把控全局，使施工安装有序进行，而且能够提前预判未知风险，采取有效的应对措施。装配式建筑虽然减少了现场湿作业工作量，但同时也增加了构件吊装、套筒灌浆、节点连接作业，施工难度较大，对专业要求高，普通的施工队伍由于缺乏施工经验，很难满足装配式建筑高精度的要求。因此，需要对管理人员进行专业培训，加强管理人员对专业知识的学习，增加他们与一流企业交流的机会，促使他们深入项目一线，提升管理水平，全面掌握专项施工技术，避免因操作不到位引起质量问题，从而更好地服务于装配式建筑项目，并将成本控制在预期范围内。

(2) 制定合理的吊装方案

施工方案是影响装配式建筑施工成本的重要因素，而大规模预制构件装配是装配式建筑区别于传统建筑模式的重要特征，其中专项吊装施工方案的编制尤为重要。预制构件到达施工现场后，应根据不同的尺寸、形状、重量等选择合适的吊具和起重设备，并计算吊点位置，在起吊过程中，应采用慢起、稳升及缓放的操作方法，严禁预制构件长时间停留在空中。此外，预制构件在吊装过程中的精度和安全也是需要考虑的问题，例如，在预制墙体的吊装过程中需要考虑与现浇结构接触的墙体应先进行吊装，以此作为现浇墙体的模板，可以减少模板费用，降低成本；预制柱的吊装同样应该先吊装与现浇结构相接触的柱子，再按照角柱、边柱、中柱进行调运，以轴线和外轮廓线来控制准确度；预制梁则按照先主梁后次梁的顺序进行吊装，遵循先低后高的原则进行调运。

(3) 提升作业水平及工种间的协同配合能力

要建立建设单位与施工单位、设计院或工程总承包单位的定期沟通机制，实现信息资源的有效互通，减少由于签证、变更而导致的成本增加。施工现场作业人员如果没有经过系统培训，对于装配式预制构件的安装基本采取边摸索边施工的模式，仅依靠原有的经验，施工过程中技术不娴熟，就会造成施工速度慢、质量无法保证，从而延误工期，同时存在安全隐患。因此，必须提升作业人员业务水平，对工人进行培训，加强专业知识的积累，提升安装效率。预制构件的安装需要各工种之间的协同配合，进行墙体安装时需要工人检查预留筋是否对正预留孔洞并扶正构件，在放置过程中还需要确保墙体的垂直度及标高，同时还需要对灌浆孔及出气孔进行封堵，确保没有空气进入；因锁具及吊点位置的原因，叠合板需要 3 名工人同时操作，才能准确安装，这一过程需要测量工人、施工人员、套筒工进行配合；现场还

有安装工人、塔吊人员、现场现浇构件人员、钢筋工及混凝土人员等多种人员交叉施工,而且预制构件体积大、形状复杂,现场拼装难度大、精度要求高,为保障构件一次性连接到位,对现场吊装人员及安装人员都提出了更高的要求。构件的安装过程涉及多专业间的协同工作,为保证构件拼装的准确度及安装质量,需要各工种之间协同配合、进行高效的组织协调才能确保后续施工的有序进行。

(4) 优化构件连接方式

对墙-柱节点、梁-板节点、主次梁相交节点处要提前进行优化,在实际安装过程中通过循环多次调节预制构件的位置以满足水平和垂直要求,节点位置的施工则需经过监理验收通过后方可进行下一步施工。应结合企业和项目的实际需求,有针对性地对构件安装技术进行二次深化设计;对于构件的安装节点,可以采取多工序同时展开,从而控制相应构件的安装成本。

8.4 装配式建筑施工阶段成本管控方法

8.4.1 施工阶段关键成本控制点设置

1. 工期优化

在装配式建筑施工过程中,需要根据现场施工工期的动态变化,对不同施工工序的工期进行优化设计,找出最优解以达到缩短工期的目的。从数学建模的角度看,工期优化的约束条件为施工时间,目标函数是整个装配式建筑工程施工周期最短。通过构建网络计划图,科学地对每一项工序的施工时间进行分解,最终实现工期按时完成,减少延期所造成的成本费用支出。利用网络计划对工期进行优化的要点是对施工顺序进行调整,在不影响整体工程施工的基础上,改变施工工序,使得整体的施工时间变短。

2. 费用优化

应用网络优化技术对整个项目的费用进行优化分析,目的是在保障整个工程按时、按质、按量完成的情况下,总费用最低。在费用网络优化的过程中,首先需要确定装配式建筑项目的工期,然后对工期的总体费用进行分析,对不同工期下费用的变化情况进行迭代对比分析,找出费用最合理状态下的工期,最终实现费用的优化。详细的优化步骤如下:

① 结合装配式建筑工程总体要求,计算总工期天数。

② 根据整个工程的建设要求,对总工期网络计划上的费用情况进行分析,并找出最初工期时的费用以及最短工期的费用,得出单位施工周期内费用成本的支

出情况。

③ 对整体施工方案进行优化，合理地压缩不同工序的时间，从而找出需要进行优化的网络。

④ 根据优化情况，绘制相对应的费用变化曲线图，从而根据曲线图测算出费用最优解时整个工程的施工工序以及工期。

3. 资源优化

对于装配式建筑工程而言，通过优化资源使用率，不仅可以保障工程的正常运行，减少因为资源不足造成的工期延误，而且还能合理地利用资源，进而达到成本控制的目的。在此阶段利用网络计划技术可以实现资源的优化：一方面可以将资源作为约束条件，即设计网络计划时每天所花费的资源保持不变，通过缩短施工周期来达到减少资源使用总量的目的；另外，可以将工期作为约束性条件，通过对网络计划技术进行资源优化，以实现资源的均衡支出，来达到提高工程效益的目的。

4. 严格控制生产要素

(1) 提高施工人员的工作效率

首先在装配式建筑施工之前，需要组织所有工程人员进行技术交底培训，明确安装工序和关键控制质量要点，并将相关的资料、图纸以及视频等下发给相应的施工人员，并组织针对性的培训工作，然后对培训后的工人进行考核，颁发上岗证书，杜绝无证上岗行为。同时重视相关施工人员的安全教育培训工作，从而降低安全事故，提高施工人员工作效率，降低人工成本的投入。

(2) 预制构件现场管理

预制构件在运输到安装工地后，需根据施工方案对其进行存储和管理。在堆放过程中，通过安放枕木来避免预制构件受到脏污，同时还需要采取有效的措施来避免构件出现倾倒损坏。此外，针对不同材质、不同结构的预制构件，还需要采取不同的存储方式，以保证构件的完整性。

(3) 合理选择垂直运输机械

对于混凝土预制结构装配式建筑工程而言，必须重视吊装设备的选择，重点考虑每个阶段的需求。要让吊装设备的臂长实现根据施工阶段的不同而产生对应的变化，需要优化控制方案，从而提高设备运行效率。

5. 编制合理的施工组织设计

编制施工计划必须以施工现场的实际动态情况为基础，对人力、物力以及财力等进行合理的安排。整个施工组织应涵盖混凝土预制结构装配式建筑工程的所有施工内容，并严格按照编制的施工计划来推进工程建设任务。同时，现场管理人员还需要对每一个阶段的工程建设质量和安全性进行监督检查，在确保安全无事故的基础上，项目管理工作者在施工过程中可结合实际情况，灵活地对施工组织计划进行科学优化，避免思维固化影响整体工程的建设进度和质量。

6. 严格控制签证变更

与传统建造方式相同，装配式建筑必须重视现场签证变更管理。对工程变更进行分析，明确变更对成本所造成的影响，划分责任，采取"谁的责任谁来承担费用"的原则，严格控制变更所产生的费用问题。所有分包项目在进行变更前，应严格遵守有关制度要求的计价规则、时间约束条件，并由对应的负责人对现场变更进行审核，核对变更的真实性，确认后方能进行变更。同时，还需要审核所有变更所需要的资料，包括但不限于指令单、对比照片等见证性资料。

8.4.2 施工阶段成本管理方法

装配式建筑施工成本分析与控制是一项复杂和系统化的管理工作，关系到工程质量和项目效益，对工程在预算控制内完工起到了十分重要的作用。装配式建筑施工成本管理方法主要包括以下几个方面：

1. 推动构件生产基地科学合理布局

由于构件运输成本所占的比例较高，因此，企业应根据市场需求对构件需求量进行分析和预测，尽量将制造基地选址在客户需求量大且集中的区域，这样通过有效地缩短构件运输距离来降低成本。同时，尽量吸引其产业上下游供应链的协同配合，从而进一步降低构件制造成本。

2. 推动构件生产企业合理降低成本

首先依托国家政策支持，吸引和推动更多的构件生产企业扩大生产规模，加强市场竞争的强度，涌现出一批行业的领军企业，通过市场的良性竞争，实现产业重组和并购，降低构件的生产价格。其次，不断完善和整合构件生产标准，提高装配式构件的标准化水平，实现规模化生产，降低企业成本。此外，应保持合理的生产工期，合理的工期可以保证项目的均衡生产，可以有效降低人工成本、设备设施费用、模具数量以及各项成本费用的分摊额，从而达到降低预制构件成本的目的。

3. 提升构件模具可使用次数

对于装配式混凝土建筑，模具的消耗成本相对较高。因此，构件企业可尽量采用使用次数相对较高的模具；同时，积极采用信息化技术提升复杂形状构件模具的设计水平，以符合市场的个性化需求，降低成本。

4. 加强对装配式建筑工程造价管理人员的培训和培养

相较于传统建筑施工模式，装配式建筑工程施工阶段的成本管理有其独特性，对成本分析和控制人员的综合素质要求也相对更高，因此，管理人员不仅应对装配式建筑工程相关的法律法规有所了解，同时在施工工艺、材料选择、构件搭配等方面均需要进行严格、专业的培训才能进行相关的成本分析和管理工作。

5. 将装配式建筑施工成本分析与控制扩展到全生命周期

针对施工的每个环节进行动态的成本管理，实现资源的高效配置；与采购、工程、设计等相关单位进行协同，对施工方案进行持续优化和调整，对发现的问题及时解决处理，从而确保建筑工程顺利进行。

6. 建立全员成本控制体系

装配式建筑的成本控制是一个全员参与的活动，需要构建以质量、进度和安全为基础的成本管理体系。为此，首先要针对内外环境，综合考虑影响成本管理的各因素，针对各岗位职责制定相应的成本管理办法，做到“一岗一责”，构建完善的项目管理体系。其次，要充分发挥领导的带头、指挥作用，使全员成本控制体系有效地运行。

8.5 装配式建筑施工阶段成本控制案例

8.5.1 项目简介

以合肥市BH项目为例。项目位于安徽省合肥市包河区牯牛降路与上海路交口，总占地面积为73188.44 m²，总建筑面积为214647.76 m²，装配式建筑面积为145914.76 m²，由17栋高层住宅、2个地下车库及配套商业等建筑物组成，高层住宅主体结构形式采用预制装配式剪力墙结构，塔楼、地库及商业为框架结构，项目总体效果图见图8.8。

本项目高层住宅均为装配整体式剪力墙结构。其中G9＃楼回购楼栋装配率为30%，采用预制水平构件＋ALC内隔墙＋水、暖管线分离＋全装修＋合肥技术应用Q5项目；其余为出售楼栋，装配率为65%，采用预制竖向构件＋预制水平构件＋预制外围护墙＋ALC内隔墙＋干式工法的楼面、地面＋水、暖管线分离＋全装修＋合肥技术应用Q5项目（工程总承包方式、应用BIM技术、新型模板系统、关键岗位作业人员专业化）。本项目总工期为806日历天。

图 8.8 项目总体效果图

8.5.2 生产阶段优化措施及效益

1. 模具周转频次对模具摊销费的影响

PC 构件具有种类多样、形状复杂等特点。PC 构件的拆分和设计尚无成熟的统一标准,导致模具适用工程单一、周转次数少、损耗严重,不能达到单一模具多次生产的目的,这也是预制构件生产成本居高不下的原因之一。在预制构件生产阶段,采取工艺改进措施,提高构件生产效率,降低生产成本。根据工程实际情况,分析构件的消耗量变化,针对消耗速率的变化,对 PC 构件需求量与时间进行调整,可以得到符合实际施工情况的 PC 构件消耗量。

现阶段由于采用装配式工艺建造住宅的项目还不足以形成规模化、标准化,因此,目前各个预制构件的生产还都处于定制状态。生产厂家会将本次定制所需的生产模具全部摊销在该项目内。

(1) 以项目 G1#、G5#、G12#、G15#、G19# 楼栋为例分析预制构件的模具使用频次

预制构件合计 18803 块,其中预制剪力墙 3744 块,预制楼板 8668 块,预制空调板 351 块,预制楼梯 468 块,预制非承重围护墙 5572 块。共计使用模具 323 套,模具平均使用频次 55 次/套;远远低于模具 100 次的使用寿命,具体构件数量及模具使用频次见表 8.5。

表 8.5 各类构件的模具使用频次

构件种类	构件数量(个)	模具数量(套)	模具使用频次(次)
预制剪力墙	3744	74	51
预制楼板	8668	128	68
预制空调板	351	6	62
预制楼梯	468	13	38
预制非承重围护墙	5572	102	55
平均	—	—	55

(2) 预制构件模具摊销费

由于模具使用频次偏低,导致模具摊销成本偏大,其中预制楼板的模具摊销费最大,折合到构件单位体积达到 280 元/m^3,各种构件的模具摊销费平均也达到 242 元/m^3,远高于标准模具摊销费 150 元/m^3。本项目各个构件的模具摊销费用见表 8.6。

表 8.6 各类构件的模具摊销费

构件种类	单套模具的重量(kg)	模具摊销费(元/m^3)
预制剪力墙	2987	222.00
预制楼板	2245	278.00
预制空调板	1987	206.00
预制楼梯	3012	261.00
预制非承重围护墙	3115	243.00
平均	2670	242.00

(3) 设计阶段考虑不周,导致预制构件的标准化程度低

该项目的设计顺序是:先由建筑设计院将该项目按照现浇框架结构完成设计后,交由构件生产厂家协助进行预制构件的二次设计。因此该项目不可避免地存在为了装配而装配的情况。例如,南侧的 A01 号外墙板与北侧 A07 号外墙板的规格相同,只因外窗洞口尺寸不同,因此需要定制两套模具进行生产。另外,整个项目的预制外墙重复次数最高是 66 次,因为每个建筑单体都由两个单元镜像而组成,然而镜像的外墙构件也需要镜像,即虽然混凝土、钢筋、预埋件含量均相同,但模具是反方向的,故需要单独开模。

2. 项目优化措施及效益

为了节约预制构件的生产成本,本项目在构件生产阶段考虑到在房间的开间、

进深、门窗等细节上进行优化和尺寸归并，形成差异性较小的构件，实现多构件的共模，提高模具周转频次。由表 8.7 可知，最终将 3744 个预制剪力墙的规格数减少为 15 个，大大减少了开模种类，提高了模具利用效率，在 G1＃、G12＃、G15＃、G19＃楼栋，模具平均使用频次为 103 次/套，在 G2＃、G3＃、G10＃、G11＃楼栋，模具平均使用频次为 133 次/套。

由于模具使用频次提高，摊销费用也相应地下降，在 G1＃、G12＃、G15＃、G19＃楼栋，模具摊销费平均为 144.60 元/m^3，在 G2＃、G3＃、G10＃、G11＃楼栋，模具摊销费为 136.80 元/m^3，使其低于标准模具摊销费 150.00 元/m^3，因而降低了生产成本。

表 8.7　构件共模次数

楼栋号	类型	规格数	总数量	共模次数	优化后模具使用频次	模具摊销费（元/m^3）
G1＃楼 G12＃楼 G15＃楼 G19＃楼	预制剪力墙	12	3744	312	104	148.00
	预制楼板	26	8668	333	111	189.00
	预制空调板	3	351	117	117	116.00
	预制楼梯	2	468	234	79	138.00
	预制非承重围护墙	18	5572	309	103	132.00
平均		—	—	—	103	144.60
G2＃楼 G3＃楼 G10＃楼 G11＃楼	预制剪力墙	10	1568	156	156	136.00
	预制楼板	10	824	82	82	176.00
	预制空调板	2	256	128	128	120.00
	预制楼梯	2	256	128	128	124.00
	预制非承重围护墙	17	2856	168	168	128.00
平均		—	—	—	133	136.80

8.5.3　运输阶段优化措施及效益

1. 运输方案选取原则

在 PC 构件运输之前，对路线的路况、运距、限高等实际情况应进行调研，搜集各条线路的信息，合理安排运输路线，并做好应急预案，节约运输成本。针对构件的规格定制构件专用运输架。根据构件在运输过程中的受力情况，对易损坏的部位进行抗震抗裂保护，确保构件在运输过程中的完好性，避免构件损坏造成的资源浪费和工期延误。根据施工需求，合理安排构件配送顺序，尽可能做到随发随用，避免构件供应不及时、暂不需要的构件配送过多而造成施工现场堆积的情况出现。

在将构件运送到施工场地之前，需要根据构件的实际情况对装卸车现场及运输道路的情况、施工单位起重机械和运输车辆的供应条件以及经济效益等因素进行综合考虑，最终选定运输方法、选择起重机械和运输车辆。组织有司机参加的有关人员查看道路情况：沿途上空有无障碍物，公路桥的允许负荷量，通过涵洞的净空尺寸等。如有不能满足车辆顺利通行的情况，应及时采取措施。此外，应注意沿途是否横穿铁道，如存在应查清火车通过道口的时间，以免发生交通事故。构件在出厂前应进行编码，并在装载时根据不同构件的外形、受力情况等进行合理的摆放，根据运输方案所确定的条件，验算构件在最不利截面处的抗裂强度，避免在运输中出现裂缝，充分保证运输过程中构件的质量，提高运输效率。构件厂的地理位置决定了运输距离，而运输距离是影响运输费用最重要的因素，所以构件厂地理位置的选择是降低运输成本的有效途径，合理地选择构件厂的位置既可以减少运输距离，又方便运输路线的选择，从而合理控制运输成本。

2. 项目优化措施及效益

(1) 运输方案比选

根据运输方案选取原则，实地考察项目周边预制构件生产厂商，构件生产厂商情况见表8.8。

表8.8 构件生产厂商考察情况

序号	厂家名称	生产线数(条)	产能(m^3/天)	运输距离(km)
1	JP	10	600	122.4
2	AJ	8	502	115.6
3	PH	7	451	101.8

考虑产能、距离、运输路线等因素，本项目最终确定PC构件供货商为JP公司，其经济效益最佳。构件厂位于安徽省滁州市南谯工业园区，距离本项目约122 km。为项目所在地邻近市区，运输路线主要经过沪陕高速，预制构件的运输能够得到保证，路线见图8.9。

(2) 产能供应情况

经实地考察，该构件生产厂共有10条生产线。能满足600 m^3/天的产能需求，G9#楼预制构件约850 m^3，其他16栋楼方量均在1000～1400 m^3，本项目PC构件总方量约为20000 m^3。根据现场进度情况，提前30天将现场PC构件生产安装计划报构件厂，构件生产厂根据进度计划进行排产，现场储备一层PC构件，构件供应完全能满足现场施工需求。

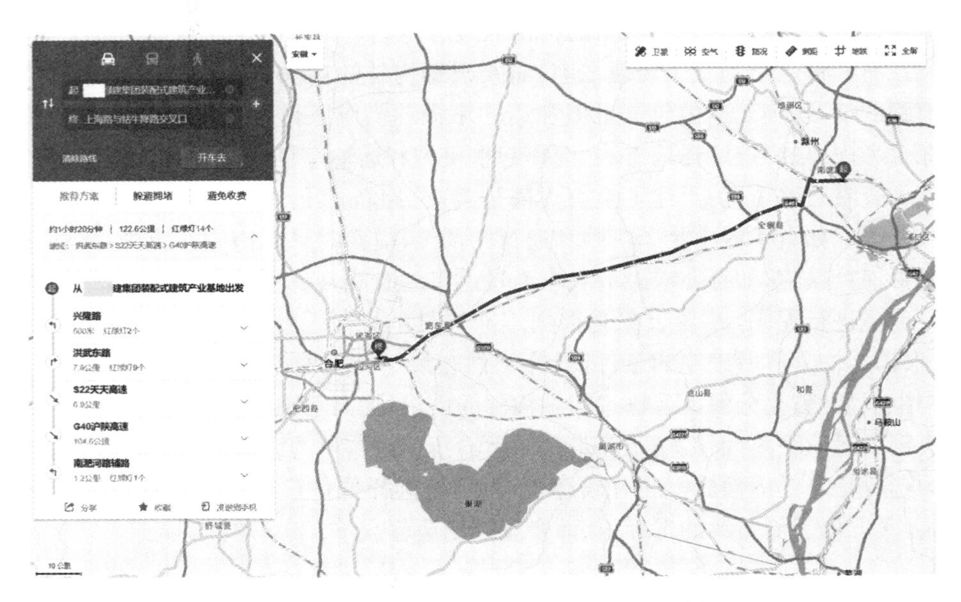

图 8.9 构件生产厂商所在地及运输路线选择

8.5.4 安装阶段优化措施及效益

1. 构件吊装方案

PC 构件在施工现场临时存放时，要保证临时堆放场地的环境符合 PC 构件的堆放要求；根据构件尺寸、重量等的不同将构件进行分类堆放，并采取有效的隔离措施，对相关节点处提前优化，循环多次调节预制构件位置，结合项目进行二次深化设计。以预制外墙板为例，其分块设计是装配式住宅项目特有的设计环节，预制外墙板的划分受到外檐形式以及外窗位置的影响。如划分的板块过细则板缝处理量会增加；如划分的板块过大，则对吊装设备和难度提出较高要求；如板块划分不均匀则对制作和运输效率也会有影响。因此需要综合考虑板块划分的利弊而后进行板块拆分设计。

(1) 初始预制外墙板分块设计

该项目预制外墙板划分的最初设计思路是：根据外窗所在位置进行划分，尽量减少预制外墙的数量；但忽视了现场吊装的需要，即没有考虑现场塔吊可能的位置、臂长所能覆盖的范围，将较重的板设计在吊装设备的最远端。

(2) 因预制外墙板分割不合理，导致塔吊选型偏大，垂直运输费提高

塔吊通常会布置在楼体中间，且由于转角处的外墙板是“L”形，往往会造成单板重量偏大。上述情况就发生在该项目的最初板图分块设计中：板号为 A10 和 A12 的两块板都是东西山墙转角处外墙板，塔吊立在楼体中央位置，因此这两块板距离塔吊最远，同时又是该楼最重的两块预制板。鉴于该项目的外墙板分块设计

的状况，需要选择型号为 QTZ7520 的重型塔吊，租金是普通小高层使用塔吊的 2 倍以上，且塔吊基础、进出场费、运行电费都要远高于普通塔吊。该项目垂直运输费达到 147.00 元/m^2，接近同期建造的小高层住宅的 3 倍。

2. 项目优化措施及效益

项目初始的构件拆分方案不合理，导致支出了不必要的费用，使成本难以控制。通过优化构件拆分方案，遵循受力合理、连接简单、施工方便、少规格、多组合的原则，最大限度地满足吊装要求，并合理放置构件位置，对场地空间进行优化，从而选择更经济合适的塔吊。方案优化前后对比见表 8.9。

表 8.9 方案优化对比

方案	单个构件最大重量(t)	距塔吊距离(m)	塔吊选型	垂直运输费(元/m^2)
初始方案	10.8	35	QTZ7520	147.00
优化后方案	6.5	28	QTZ7020	50.00

本项目 B 地块通过构件优化及场面布置后，由于单个构件最大重量减少为 6.5 t，且距塔吊距离为 28 m，因此选用更为经济适用的 QTZ7020 型塔吊，可以有效控制成本。项目共设置 9 台塔吊，每个单体设置 1 台 QTZ7020 型塔吊，节约了机械成本，根据 PC 构件拆分图，项目塔吊旋转半径为 40 m。最重 PC 构件(6.5 t)距塔吊最远距离约为 22 m，计算吊重时考虑吊具重(0.5 t)，安全系数为 1.2，吊装构件最大计算重量为 8.4 t，塔吊 4 倍率最大吊重 22 m 位置为 12 t，满足构件吊装要求。项目所有塔吊附墙都设置在现浇结构位置，均能满足塔吊附墙的安装要求。每栋楼在塔吊覆盖半径不大于 30 m 范围内，均布置 1 个不小于 100 m^2 的 PC 构件堆场，项目构件重量及塔吊选型见表 8.10。

表 8.10 构件及塔吊选型

序号	构件编号	构件最大重量(t)	构件离塔吊距离(m)	起吊所需重量(t)	塔吊选型
1	JQ1	5.8	25.5	10.68	QTZ7020
2	JQ8	4.53	27	10.13	QTZ7020
3	JQ9	5.2	26.2	10.48	QTZ7020
4	JQ11	4.7	26.7	10.6	QTZ7020
5	DB6	2.7	13.78	11.1	QTZ7020
6	YWQ9	6.5	28	12	QTZ7020

以 G1＃楼吊装为例，如图 8.10 所示，塔吊臂长为 40 m，端部最大起吊 6.2 t，根据预制构件拆分图，拿最重的几块预制构件进行分析：

① 最远端的预制构件综合考虑吊具重量及动力系数为 4.98 t，距离塔吊约 26.6 m，26.6 m 位置塔吊可吊重 10.30 t。

② 最重的预制构件重量为 5.8 t，综合考虑吊具重量及动力系数为 7.56 t，位于西南侧外墙位置，距离塔吊约 25.5 m，25.5 m 位置塔吊可吊重 10.68 t。经分析，G1＃楼塔吊覆盖卸车点、堆场，满足吊装施工安全要求。

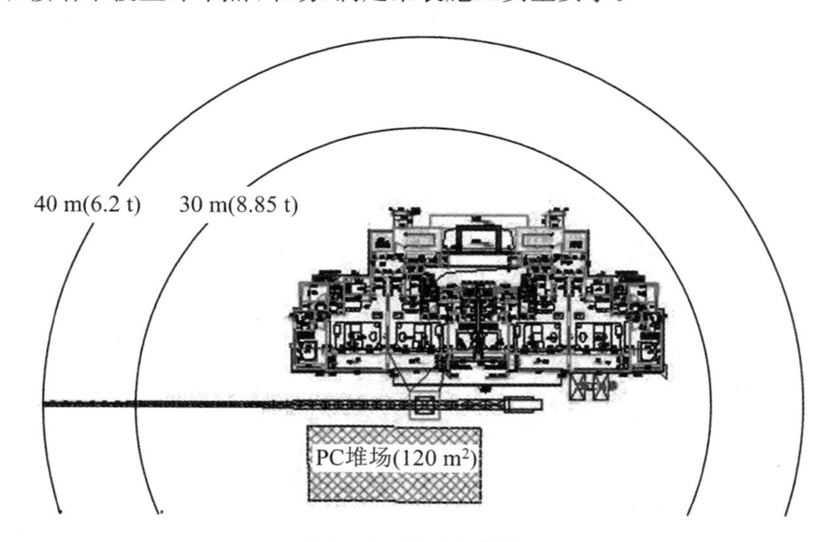

图 8.10　塔吊示意图

第9章　装配式建筑竣工结算阶段成本管理

竣工结算是装配式建筑工程造价管理的关键阶段，是指工程完工后，经发包人、监理单位、设计单位、施工单位及工程质量监督部门共同验收合格，由施工单位依据合同价格和实际发生费用的变化等进行编制，作为工程价款结算依据的经济文件。由于装配式建筑的特殊性，在竣工结算中一方面要确保施工过程中资料的准确、完整与真实性，以减少建设方与承包方不必要的推诿，从而节省人力、物力与时间的投入；另一方面，要严格按照合同约定及相关造价文件进行结算，尤其是预制构件价格发生浮动时，需要按照针对价格浮动的条款进行结算，避免不必要的损失。

9.1　装配式建筑竣工验收

9.1.1　工程验收与竣工验收

装配式建筑工程验收是指建设工程在施工单位自行检查评定的基础上，参与建设活动的有关单位依据验收程序，共同对检验批、分项（工序）、分部（部位）、单位工程及整个合同内工程质量及完成情况进行检查、抽样复验，依据相关标准及合同约定的要求，以书面形式对工程质量是否满足合同要求做出评价的活动。装配式建筑施工过程中工程质量中间验收和专项验收是建设项目竣工验收的前提。

竣工验收是建设项目建设过程的最后一个程序，是全面考核建设工作，检查设计、工程质量是否符合要求，审查投资使用是否合理的重要环节，是投资成果转入生产或使用的标志。竣工验收对保证工程质量、促进建设项目及时投产、发挥投资效益和总结经验教训都有着重要作用。

9.1.2 装配式建筑竣工验收管理要点

1. 工程质量验收

在装配式建筑竣工阶段要采取有效的质量控制措施，加强对装配式建筑施工完工阶段质量控制要点的严格把控。和传统现浇建筑不同，装配式混凝土建筑施工后的质量管理具有更重要的意义。施工完成之后要根据装配式混凝土结构、技术规程提出的要求，对钢筋套筒连接强度和后浇混凝土强度是否符合标准进行严格的检查。对照《钢筋焊接及验收规程》的规定要求，判断钢筋焊接强度是否符合标准，根据《钢筋机械连接技术规程》，保证机械连接钢筋符合规定要求，对比装配式结构尺寸的偏差，要将其控制在合理的允许偏差范围内。在施工完成阶段，要针对验收环节的各项质量控制要点，加强对质量要点的把握和管理，严格做好全面检查工作。根据有关的规定要求，在装配式建筑施工、竣工的检查阶段，由专业的人员进行质量检测。针对材料、设备、工艺和具体的施工操作情况进行验证，及时发现装配式建筑施工中存在的质量安全问题，及时加以改进，保证投入使用的装配式建筑有可靠的性能和安全性。装配式建筑验收体系如图 9.1 所示。

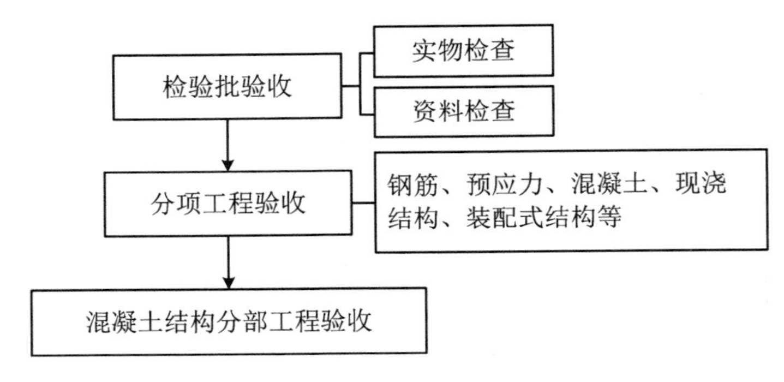

图 9.1 验收体系

2. 项目规划验收

在项目立项时，建设单位会提交关于实施装配式建筑的承诺说明，并在规划报批时上报项目的装配率等关键指标，通过这些指标获得相应的政府保护措施与面积、经济奖励政策。在中期的设计、施工图审核等阶段，建设单位会对装配式建筑的关键性指标进一步深化与细化，政府主管部门则对这部分报审条件进行反复确认核实。

装配式建筑项目在规划验收时除了传统建筑项目所必要的验收程序外，还应该注意审核最终建成后的项目是否符合相关政策要求，是否与其在前、中期提交的文件保持一致。尤其应重视对于土地及各项面积指标的核验，要重点审核装配式建筑的建筑面积是否符合其获得面积政策奖励时的方案，以确保装配式建筑的有效实施与监管。

9.2 装配式建筑竣工结算

9.2.1 装配式建筑竣工结算概述

1. 工程竣工结算的概念

装配式建筑工程竣工结算，是指发、承包双方依据国家有关法律、法规和标准规定，按照合同约定对竣工验收合格的工程进行合同价款的计算、调整和确认。

装配式建筑工程竣工结算价，是承包人按合同约定完成全部承包工作后，发包人应付给承包人的总金额，包括签约合同价和在履约过程中按合同约定进行的合同价款调整金额。它是工程期中结算的汇总，包括单位工程竣工结算、单项工程竣工结算、建设项目竣工结算。

2. 工程竣工结算的编制依据

① 工程施工合同及补充协议。

②《建设工程工程量清单计价规范》(GB 50500－2013)及其相关专业工程的工程量计算规范。

③ 发、承包双方实施过程中已确认的工程量及其结算的合同价款。

④ 发、承包双方实施过程中已确认调整后追加(减)的合同价款。

⑤ 建设工程设计文件及相关资料。

⑥ 投标文件。

⑦ 工程造价管理部门发布的工程价格信息、造价指数。

⑧ 批准的可行性研究报告和投资估算书。

⑨ 其他有关依据等。

3. 工程竣工结算的作用

装配式建筑工程竣工结算的主要作用包括以下几个方面：

① 工程竣工结算是在过程结算的基础上，确定工程最终造价，是施工单位与建设单位结清工程价款并完结经济合同责任的依据。

② 工程竣工结算是施工企业确定工程项目最终收入，进行经济核算和考核工程成本的依据。

③ 工程竣工结算反映了建筑安装工作量和工程实物量的实际完成情况，是统计竣工率的依据。

④ 工程竣工结算是建设单位落实投资完成额的依据，是结算工程价款和施工单位与建设单位从财务方面处理账务往来的依据。

⑤ 工程竣工结算是建设单位编制竣工决算和核定新增固定资产价值的依据。

9.2.2 装配式建筑竣工结算程序

1. 提交工程竣工结算文件

合同工程完工后，承包人应在经发、承包双方确认的合同工程期中价款结算的基础上汇总编制完成竣工结算文件，并在提交竣工验收申请的同时向发包人提交结算文件。

若承包人未在合同约定的时间内提交竣工结算文件，经发包人催告后 14 天内仍未提交或没有明确答复的，发包人有权根据已有资料编制竣工结算文件，作为办理竣工结算和支付结算款的依据，承包人应予以认可。

2. 核对工程竣工结算文件

承包方应当客观、真实地编制竣工结算文件，并按合同约定的期限提交竣工结算文件；发包方应当对竣工结算文件进行审核，并在合同约定期限内向承包方提出审核意见，逾期未答复的，按合同约定视为认可竣工结算文件，竣工结算办理完毕。工程施工合同对期限没有约定的，以工程所在地政府行政主管部门颁布的管理办法或现行的工程量清单计价规范为准。

3. 通知复核结果，无异议者签字确认

发包人应将竣工结算文件的复核结果及时通知承包人。发包人、承包人对竣工结算文件的复核结果无异议的，应在合同约定的时间内在竣工结算文件上签字确认；逾期未答复的，按合同约定视为认可发包人的审核意见，竣工结算办理完毕。

4. 处理异议

若对复核结果有异议，对有异议部分由双方协商解决；协商不成，应按合同约定的争议解决方式处理，直至妥当解决争议。

当发、承包双方或其中一方对工程造价咨询人出具的竣工结算文件有异议时，也可向工程造价管理机构投诉，申请对其进行执业质量鉴定。工程造价管理机构对投诉的竣工结算文件进行质量鉴定，按现行计价规范的相关规定进行。

5. 报送工程竣工结算文件

竣工结算办理完毕，发包人应将结算文件报送工程所在地或有该工程管辖权的行业管理部门的工程造价管理机构备案，该文件应作为装配式建筑工程竣工验收备案、交付使用的必备文件。

9.2.3 装配式建筑竣工结算审查

1. 竣工结算的审查流程

(1) 自审

竣工结算编制完成后，承包人内部先组织校审。

(2) 发包人审

承包人自审后编印成正式结算书送交发包人审查，发包人也可委托工程造价咨询单位审查。

(3) 审计部门审

对于政府投资项目，一般还须通过财政部门或财政部门委托的专门机构审核。

2. 竣工结算的审查方法

(1) 重点抽查法

依据需要，选择单位工程中重要的分部分项工程进行计算，可大幅度节省审计工作时间。抽查的数量，可以依据已经掌握的大致情况决定一个百分率，如果抽查未发现大的原则性问题，其他未查的可不必再查。

(2) 对比审查法

对比审查法是指用拟审查的工程同类似工程进行对比审查的方法。这种方法一般应依据工程的不同条件和特点区别对待。

① 两个装配式建筑工程采用同一个施工图，但基础部分和现场条件及变更不尽相同。其拟审查工程基础以上部分可采用对比审计法；不同部分可分别计算或采用相应的审查方法进行审核。

② 两个装配式建筑工程设计相同，但建筑面积不同。可依据两个装配式建筑工程建筑面积之比与分部分项工程量之比基本一致的特点，将两个工程每平方米建筑面积造价以及每平方米建筑面积的各分部分项工程量进行对比审查，如果基本相同时，说明拟审查工程造价是正确的，或拟审查的分部分项工程量是正确的。反之，则说明拟审造价存在问题，找出差错原因，加以更正。

③ 拟审工程与已审工程的面积相同，但设计图纸不完全相同时，可把相同部分，如柱子、屋架、屋面、砖墙等进行工程量的对比审查，不能对比的分部分项工程按图纸另行计算。

(3) 投资对比审查法

结算总造价对比计划造价(施工图预算或审批初步设计概算),从对比差异中找出问题,找到审查的突破口。

(4) 分组计算审查法

这是一种加快工程量审查速度的方法,即把单位工程中的各分项工程划分为若干组,并把相邻且有一定内在联系的项目编为一组,审查计算同一组中某个分项工程量,利用工程量间具有相同或相似计算基础的关系,判断同组中其他几个分项工程量计算的准确程度的方法。

(5) 标准图审查法

这是指对于利用标准图纸或通用图纸施工的建设项目,先集中力量编制标准预算或决算造价,以此为标准进行对比审查的方法。按标准图纸设计或通用图纸施工的工程细审一份造价文件,作为标准造价,或以其工程量为标准,对照审查,而对局部不同的部分和设计变更部分作单独审查即可。这种方法的优点是时间短、效果好、定案容易。缺点是只适用按标准图纸设计或施工的工程,适用范围小。

(6) 全面审查法

这是指按照清单编制顺序或施工先后顺序,对各项费用逐一进行审查的方法。其具体计算方法和审查过程与编制施工图预算基本相同。此方法的优点是全面、细致,经审查的工程造价差错比较少、质量比较高,但工作量较大。实际工作中,一般都要求采用全面审查法。

3. 竣工结算的审查内容

(1) 核对合同条款

首先,应该审查竣工工程内容是否符合合同条件要求,装配式建筑构配件及相应安装工程是否竣工验收合格。只有按合同要求完成全部工程并验收合格才能进行竣工结算。其次,应按合同约定的结算方法、计价定额、取费标准、主材价格和优惠条款等,对工程竣工结算进行审核。若发现合同不明或有漏洞,应请发包人与承包人认真研究,明确结算要求。

(2) 检查隐蔽工程验收记录

所有隐蔽工程均需进行验收,签证手续需经工程师签字确认。审核竣工结算时应该对隐蔽工程施工记录和验收签证进行检查,手续完整、工程量与竣工图一致,方可列入结算。

(3) 落实设计变更

设计变更应由原设计单位出具设计变更通知单和修改图纸,设计、校审人员签字并加盖公章,经发包人和监理工程师审查同意。重大设计变更应经原审批部门审批,否则不应列入结算。

(4) 核实工程数量

竣工结算的工程量应依据竣工图、设计变更单和现场签证等进行核算,并按合同约定的计算规则计算工程量。

(5) 核实综合单价

计算综合单价应按合同约定和现行的计价原则及计价方法确定,不得违背。

(6) 注意各项费用计取

取费标准应按合同要求或项目建设期间与计价定额配套使用的装配式建筑安装工程费用定额及有关规定执行,先审核各项费率、价格指数或换算系数是否正确,以及价差调整计算是否符合要求,再核实特殊费用和计算程序。

(7) 防止各种计算误差

装配式建筑工程竣工结算子目多、篇幅大,往往有计算误差,应认真核算,防止因计算误差多计或少算。

9.3 装配式建筑竣工结算阶段的成本管理

1. 规范合同管理,确保临时估价的合理性

合同是工程价款调整的依据,尽善履约行为是减少机会主义、降低管理成本的关键要素,在装配式建筑的竣工阶段,规范的合同设计和管理是增加尽善履约行为的关键。由于装配式建筑相较于传统建筑方式的特殊性,原有传统合同范本的适用性和针对性均需要强化,发、承包双方应拟定有针对性的合同条款,提高合同的完备性。装配式建筑中的新材料是区别于传统建筑的重要因素,如何科学合理地确定在发承包阶段以暂估价形式出现的构件部品是重要的合同管理问题。虽然清单计价规范给出了相应的建议,但在装配式建筑合同管理实践过程中仍存在可操作性较差的问题,导致了合同管理难以有效推进,增加了管理成本。因此,在合同管理中,发包人、承包人共同作为招标人时不利于责任的单一化,由总承包人作为招标人在定标后与发包人产生意见不一致时易引起双方纠纷,其根源在于法律并没有赋予发包人对总承包人决定暂估材料中标结果的否定权,如何确保材料暂估价的合理性是装配式建筑合同管理中的要点。

2. 注重进度和质量等因素引起的成本调整

装配式建筑需采用专业吊装队和重型起重设备,但由于吊装作业受天气状况的影响较大,使得高层装配式建筑的既定工作在恶劣天气下不能按项目进度实施,或因产品供应不及时、组织不当等原因导致停工,因此造成的工期延长会显著增加项目成本。在工程结算阶段双方责任的重叠和不明确为价格调整带来很多不确定性,从而增加竣工阶段的管理成本。

装配式建筑在施工过程中质量缺陷难以避免,零部件的设计、生产、运输和施

工均可能导致质量缺陷，如裂纹等。在竣工阶段，质量问题是否引起价格变动需要明确分析质量缺陷的原因，增加了结算阶段成本管理难度。

3. 规范签证管理，科学运用工程变更原则

装配式建筑的综合性和复杂性决定了在开发和承包阶段由于对工程认识不足，从而引发工程变更，工程变更是导致项目成本增加的重要因素。对装配式建筑而言，应对施工工艺、施工顺序、施工时间和施工条件等的变更高度重视。在办理签证时应做到合规、及时和规范，避免结算时出现争执，从而减少竣工阶段的成本。

4. 明确变更项目的责任，合理确定变更成本的措施

在装配式建筑项目实施过程中，承包商变更招标文件中的施工方案和施工组织设计是合理行为，但装配式建筑专项施工方案的变更以及施工组织设计的变更，必然会引起成本的变化。具体来说，承包商提出的高质量、高价格的变更方案，会使得项目质量和功能发生显著性的变化，必然会增加装配式建筑的成本投入。因此，对非发包人原因引起的措施项目变更不给予价款的调增，从而降低了竣工阶段的成本。

第10章　信息技术在装配式建筑成本管理中的应用

装配式建筑是我国建筑业向数字化、绿色化和集成化发展的重要途径。与传统建造模式中所表现出的施工周期长、人力投入大、生产效率低、质量安全系数低不同,装配式建筑是一种高效、绿色、环保的精益建造方式。但目前我国装配式建筑发展仍处于起步阶段,面临许多困境,其中成本居高不下是阻碍其快速发展的重要因素之一,如何降低装配式建筑成本是我国目前亟待研究解决的重要问题。与此同时,在建筑业应用信息技术的优势逐渐显现,BIM(Building Information Model,建筑信息模型)技术、RFID(Radio Frequency Identification,无线射频识别)技术、通信技术等在建筑领域的应用越来越广泛,在建筑业发挥着越来越重要的作用。加快信息技术与装配式建筑的融合发展是必然趋势,将信息技术应用于装配式建筑成本管理与控制中具有重要的实践价值。

10.1　信息技术在装配式建筑成本管理中应用的意义和优势

10.1.1　信息技术应用的意义

装配式建筑建设管理过程中预制构件和利益相关者的多样性导致信息管理的复杂性,信息管理关系到装配式建筑的施工进度和经济效益。信息技术在装配式建筑中的应用,最主要的作用就是提高生产效率、提高生产流程和组织的科学性、降低建设成本,具体体现为以下几个方面:

1. 有助于完善生产阶段的前期准备工作

在装配式建筑构件的预制生产中应用信息技术,不仅能够保证3D图纸、物料清单以及其他相关数据的准确性,为生产过程的技术交底提供参考,并为生产物料的采购提供必要的信息,最终为生产计划的合理安排提供科学依据。信息技术在这一阶段的应用,还可以提前发现生产流程中的各类问题和异常,促进PDCA[Plan(计划)、Do(执行)、Check(检查)和Act(处理)]管理模式有效落地,提升项目管理绩效。

2. 有助于提高工程设计质量

在传统的工程设计模式中，多以专业为要素对整个建设工程的设计工作进行拆分，导致专业间的协同程度较低，在后期的建设过程中需要不断对设计错误和冲突进行修正，难以保障工期。而信息技术可为不同的项目设计方提供集成的信息管理平台，有效加强多专业间在设计阶段的协同效率，将设计问题暴露在设计方案阶段，显著提高了设计质量。

3. 有助于实现对生产过程的动态监控

装配式建筑的构件在预制生产过程中需要经历多个环节，而且在各个生产环节中都有可能出现故障和拖延等一系列影响正常生产的问题，应用信息技术可有效解决上述问题。物联网技术可对装配式建筑的生产过程要素进行动态监控，并将监控信息及时反馈给管理人员，为生产过程中关键节点的决策提供数据支持，提高决策科学性。

4. 有助于建立规范的生产秩序

虽然装配式建筑构件的形状多样，存在较大的差别，但是如果在预制生产的流水线中应用信息技术，安装控制系统，可从生产的源头对流程进行信息化控制，为提高生产效率提供可靠保障。在生产过程中，机械设备读取的信息是参数化格式的文件，可以对精确度进行有效控制。在一定意义上，构件生产的自由变化程度也是以毫米为单位的。这样生产就突破了模数化的限制，解决了个性化设计和工业化生产之间的矛盾，使不同形状的构件生产都能保持高效生产的状态，为建立规范的生产秩序提供了有利条件。

除上述作用外，在装配式建筑构件的预制生产中应用信息技术，还可以提高物流管理系统的科学性，为物流管理提供可靠保障，实现生产管理和企业资源计划(Enterprise Resource Planning，ERP)的有效对接。

10.1.2 信息技术应用的优势

信息技术在装配式建筑的生产、质量、安全和物资管理等方面发挥巨大作用，应用信息技术可以进行三维场地布置模拟、合理规划构件堆放场地和运输路线以及施工现场对人、材、机进行精细化管理等，可以减少不必要的成本浪费。在装配式建筑中应用信息技术的优势具体体现在以下几个方面：

1. 构件设计

装配式结构设计通常先按照现浇结构形式进行设计，然后再进行构件拆分和节点设计，由于业主对建筑的户型、面积等需求不一，又缺乏统一的设计标准，导致预制构件尺寸型号过多，不利于标准化设计和自动化生产。而基于信息技术的装配式建筑结构设计则可先建立预制构件库，将标准通用的构件放入族库，进行结构设计时可根据需要直接查询、调用，大幅度减少了构件设计工作量，降低了设计成本。

2. 构件生产

预制构件的质量影响整个工程的品质，在传统的生产过程中因技术和管理水平限制，导致预制构件的质量难以达到预期标准。应用信息技术规范生产流程，严格把控生产质量，能够减少不必要的成本浪费。在构件生产时，企业可直接从BIM平台调取预制构件信息，设计编码系统。通过在构件表面喷涂或在内部埋设RFID芯片的方式设置标识，标识内容包括构件型号、生产日期、质量情况、安装部位等。管理人员可通过手持设备随时查看构件生产信息，检查模具制作、钢筋绑扎、混凝土浇捣等是否满足要求，脱模起吊前对成品构件进行质量检验，以免劣质构件进入下一步工作中，提高构件利用率，降低生产成本。

3. 运输存储

运输成本约占装配式建筑工程项目造价总额的5%～8%，而对运输成本影响最显著的是运输路径选择，不同的运输路径和距离，其运输费用也有所差异。资料显示，合理的运输半径为120 km左右。在选择运输路线时，利用信息技术可视化、模拟性的特点，根据预制构件厂到施工现场的地形特征生成三维数字地面模型，模拟构件运输过程，能够合理地规划运输路线。应用RFID技术对构件的出库、运输和仓储等进行实时跟踪监控，将信息及时传递到BIM模型，可提高运输效率，加强构件运输管理，减少构件丢失损坏，降低运输成本。

4. 现场装配

由于施工现场场地狭小，可利用的空间有限，而预制构件体积和质量一般都较大，设计吊装方案时，可通过信息技术模型计算出单体构件的最大重量，协助塔吊选型和施工机械设备的布置，同时结合生产计划和运输计划，合理安排构件的堆放场地位置、场内运输路线、构件起吊和安装顺序等，可减少构件损坏，提高现场施工效率、降低成本。

10.2　BIM技术在装配式建筑成本管理中的应用

10.2.1　BIM技术概述

BIM以三维数字技术为基础，集成了建筑工程项目各种相关信息的工程数据模型，通过建立单一工程数据源，解决分布式、异构工程数据之间的一致性和全局共享问题，支持建筑生命期内动态的工程信息创建、管理和共享（如图10.1所示）。BIM是对工程项目设施实体与功能特性进行数字化表达，并运用于模型的创建和管理的全过程。现如今，BIM已不是狭义的模型或建模技术，而是一种新的理念。BIM技术全面地展现了建筑工程的数据信息，并贯穿于整个建筑工程的寿命周期。

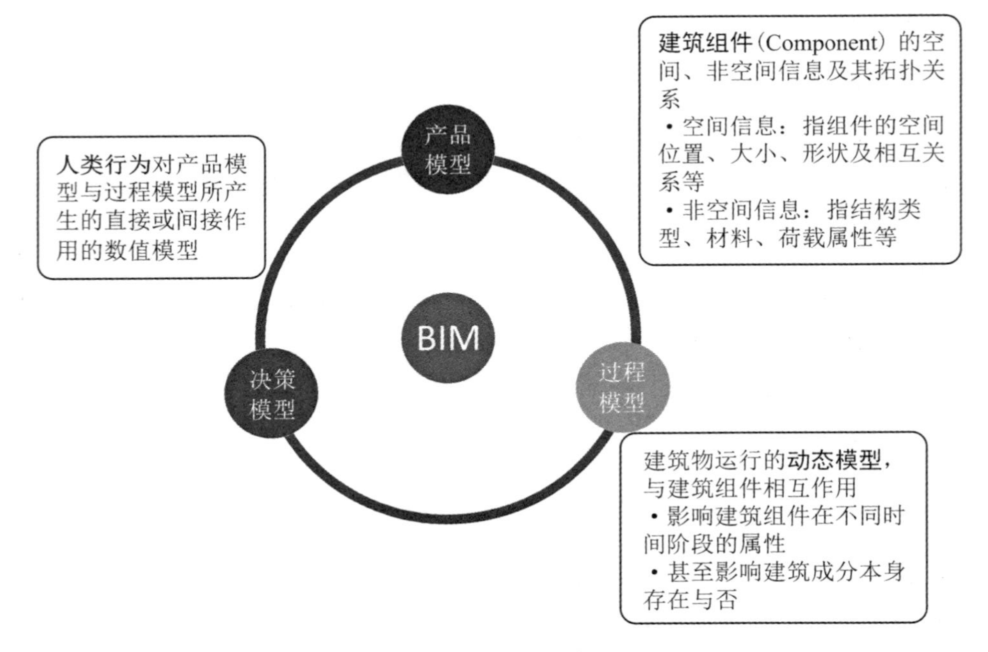

图10.1　BIM概念

10.2.2　BIM技术的应用

BIM技术具有数字化、信息化、标准化、协同化、可视化以及模拟化的特点，将BIM技术应用到装配式建筑成本管控工作中，可有效集成设计阶段、招采阶段、施工阶段、运维阶段的成本管理工作，从多角度以及多方面完成成本管控工作。BIM技术在装配式建筑成本管理中的应用情况如图10.2所示。

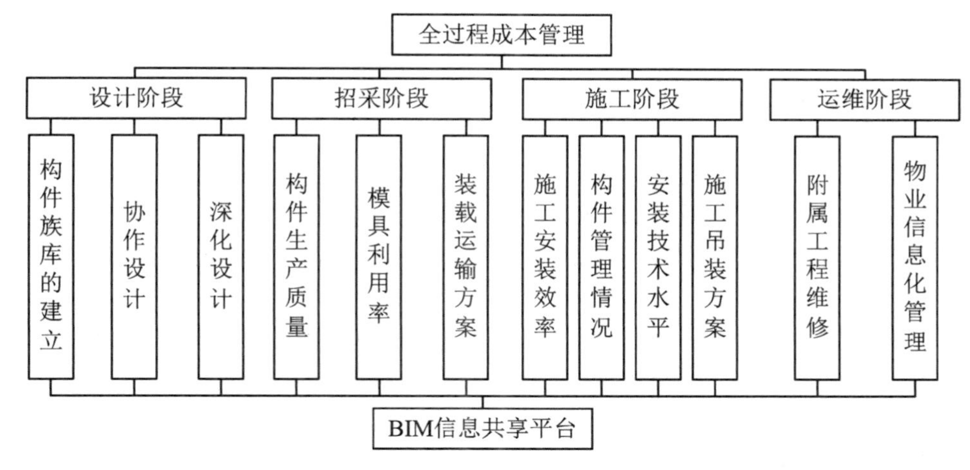

图10.2　BIM技术在装配式建筑成本管理中的应用

BIM技术在装配式建筑中的应用涵盖了设计、招采、施工和竣工阶段，具体表现为以下几点。

1. 装配式建筑设计阶段的BIM应用

在设计阶段，BIM技术在装配式工程建设中的成本控制主要包括以下2个方面：

① 通过应用BIM技术对构件的结构、尺寸、规格等方面进行多次测试并予以调整，降低错误率，在降低成本的同时提高工程效率。

② BIM技术可以通过建筑施工的模拟数据信息，实时把控项目进度，计算节点的建筑施工成本，进行对比分析，及时调整偏差，即通过BIM技术可实现动态分析及管控。

2. 装配式建筑招采阶段的BIM应用

装配式建筑招采阶段中的构件运输是影响成本的重要环节，构件运输要选择最经济的方式，以确保构件能够及时到达建筑工程施工现场，降低构件运输的成本消耗。通过应用BIM技术可以推进构件运输的信息化及智能化，进而实现成本的降低。BIM技术在这一阶段对成本管控的功能主要体现在以下2个方面：

① 通过利用BIM技术可以实现地理信息的可视化以及模型化，构建出立体的地质模型，根据地理模型来规划构件运输的方式及路线，选择最优的运输方式。

② 应用RFID技术可以对构件进行自生产、运输到仓储管理的全过程跟踪监控，除此以外，还可以精准获取构件运输过程中车辆的实时信息，可以有效提升构

件运输路线的规划水平，在构件运输过程中实现成本控制及管理。

3. 装配式建筑施工阶段的 BIM 应用

在装配式建筑工程的施工阶段，工程施工人员需要运用相关技术及工艺将构件连接或组装起来，而在这一阶段 BIM 技术对成本的管控主要体现在以下 4 个方面：

① BIM 技术具有较强的数据储存能力，能实现建筑工程的进度管理，完善资源、合同、成本以及工程质量的管理工作。还可以对建筑工程的实际成本支出进行实时监控，分析比对其与设计阶段成本预算之间的偏差，针对出现的问题进行及时调整。

② 通过应用 BIM 技术对实际施工现场进行布局，根据安全要求增设栏杆以及通道，可提升建筑工程的施工效率，为企业获取更高的经济效益。

③ 使用 BIM 技术的模拟功能以及软件平台对施工现场进行模拟，模拟实际施工中可能出现的机械碰撞，进而调整各类机械的运输途径，形成最适合建筑工程的运输方式，提升建筑工程的施工效率。

④ 通过运用 BIM 技术模拟构件的安装情况，规划出最科学有效的安装方式，可提升构件安装效率，降低建筑成本消耗。

4. 装配式建筑运维阶段的 BIM 应用

装配式建筑使用预制构件，很大程度上避免了施工质量缺陷，从而减少了工程后期维修成本。BIM 技术在装配式建筑运维阶段成本管控的功能主要体现在以下 2 个方面：

① 附属工程维修。利用 BIM 技术，能够更直接地查看受损位置所使用的材料种类、规格尺寸、钢筋直径及其供应商的相关信息等，使得维修过程更为简单有效，大大提升了在运营维修阶段中的服务水准，从而降低了不必要的成本浪费。

② 设施管理通过利用 BIM 技术，管理人员还可以对装配式建筑周围存在的环境设备等问题进行管控，比如利用 BIM 和 RFID 技术在门禁上设置电子标签，管理者能够快速地通过电子标签定位所需维修设施，将设备维修情况记载到电子标签上，同时利用 BIM 物业管理体系，使得管理者能够第一时间掌握到最新的设备设施运营状况，并且对物业或者运营商增加设备设施数量的要求，管理单位也能够在确保装配式建筑的品质和使用效益的前提下，以最低的管理成本满足相应的要求。

10.3 物联网技术在装配式建筑成本管理中的应用

10.3.1 物联网技术概述

物联网是指以互联网技术和电信网为网络载体，在普通的物品之间建立起来的互联互通的无线网络，其整体结构如图 10.3 所示。物联网的技术基础是 RFID、无线网络和云平台。物联网的主要关键技术见表 10.1。通过物联网，管理者可以实现物品的实时定位、实时监测、远程操作和云端处理。目前，物联网主要应用于施工过程的信息化、集约化管理，以提高资源调配和多部门协调的效率。在目前的技术条件下，物联网可以在施工成本、物流成本和仓储成本的控制方面发挥作用。

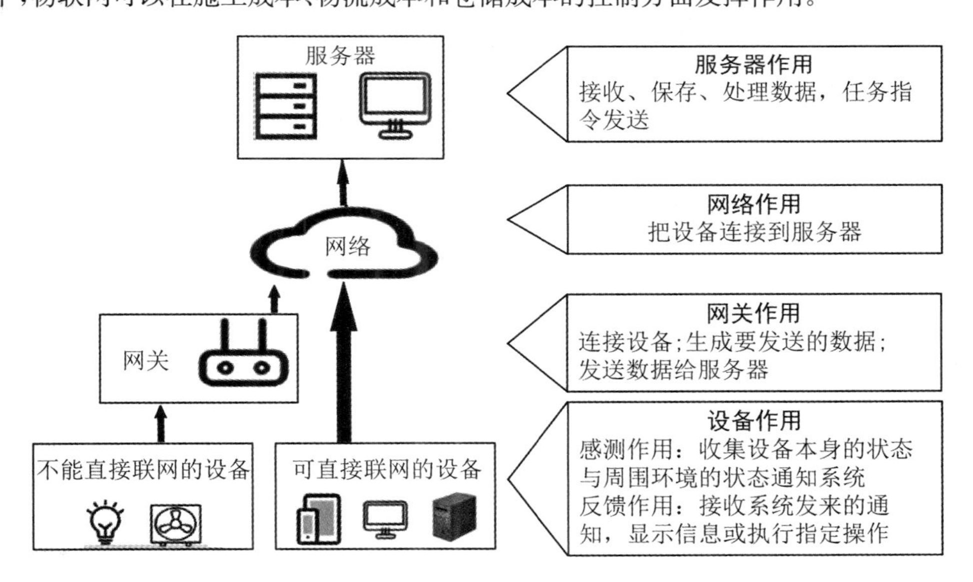

图 10.3 物联网整体结构

表 10.1 物联网的关键技术

关键技术	性能描述	应用现状
FRID 电子标签技术	识别和标识目标物，给物体赋予身份信息	应用阶段
传感器网络技术	感知、数据采集和信息交互	探索阶段
人工智能技术	使物联网的物体具备一定的智能	试验阶段
微缩纳米技术	实现微缩物体的物物相连	研究阶段

10.3.2 物联网技术的应用

物联网技术在装配式建筑中的应用主要体现在以下几个方面：

1. 装配式建筑设计阶段的物联网技术应用

在装配式建筑中应用物联网技术可以将施工阶段出现的问题提前在设计、生产阶段解决，物联网技术能够在设计阶段采用产业化的思维重新建立企业之间的分工与合作，使建筑、结构、给排水、暖通、电气等专业软件的设计信息之间形成完整的共享机制，避免出现“信息孤岛”，造成不必要的成本浪费。

2. 装配式建筑施工阶段的物联网技术应用

在装配式建筑的预制部品部件中植入传感器和 RFID 射频电子标签，并将二者互联。RFID 射频电子标签可将传感器所搜集的预制部品部件受力信息实时存储下来，并通过无线网络上传到云平台。在云平台上，预制部品部件的加工厂、采购方和施工方可以根据这些数据对预制部品部件仓储、运输和使用过程进行实时监控，对造成部品部件损伤的不良状态进行及时调整，从而大幅度降低部品部件在仓储、运输和使用过程中的损耗。

物联网在降低装配式部品部件的仓储和物流成本方面同样发挥着重要作用。通过对云平台所搜集的生产时间数据和物流时间数据进行云计算，可大幅度缩减装配式建筑部品部件的生产、运输和施工过程中的无效时间，实现生产、运输和施工无缝对接，将库存成本降至最低。

通过物联网平台，装配式建筑施工过程中的问题可以做到出现即发现、发现即处理，从而大大提高现场管理水平。而基于云平台的承包商线上协调也可以大幅度提高承包商之间的协调效率，降低装配式部品部件的施工成本。

3. 装配式建筑竣工阶段的物联网技术应用

使用 BIM 技术与物联网技术，将工程建设的所有信息录入参数化模型中，实现基于 BIM 的施工档案资料智慧管理，降低资料管理成本。参数化信息模型所包含的数据库，随着工程项目的进展不断实时更新，无论是建设方、设计方、施工方或是监理方，都可以将施工日志、监理日志、会议记录、设计变更等所有项目资料录入，实现数据智慧管理。同时使用 OA 档案管理系统，可将过程资料有效保存备查，实现信息系统集成融合，将数据有效、快速、准确地推送到相关方。施工方在竣工阶段，向建设方提供一份参数化信息模型电子档案资料，可一直用于建设项目全生命周期的信息化管理。

10.4 云计算在装配式建筑成本管理中的应用

10.4.1 云计算概述

云计算(Cloud Computing)是分布式计算的一种典型应用。广义而言,云计算是指服务的交付和使用模式,即通过网络以按需、易扩展的方式获取所需的资源,这种服务可以是IT的基础设施(硬件、软件、平台),也可以是其他服务。其核心理念是按需服务,例如数据备份、灾难恢复、电子邮件、虚拟桌面、软件开发和测试、大数据分析以及面向客户的Web应用程序等等,而无需购买、拥有和维护物理数据中心及服务器。云计算的3种主要类型包括基础设施即服务(IaaS)、平台即服务(PaaS)和软件即服务(SaaS)。每种类型的云计算都提供不同级别的控制和灵活性管理。云计算是在互联网的基础上形成的一种相关服务的使用、交付和增加的模式。云计算可以通过互联网来提供一些动态易扩展的资源,其中,云就是指互联网和网络。云计算有很高的运算能力,最高可达每秒10万亿次。这种强大的计算能力使其能够完成对市场发展趋势的预测。

云计算与装配式建筑大数据密切相关,具体表现为:

① 云计算与互联网结合构成视频云,能够对装配式建筑项目施工的各个阶段进行全方位多层次的把控、管理和监督,帮助建筑工程企业的管理人员控制好项目的安全、检验建筑工程的质量,确保建筑工程能够按时完成。

② 云计算还与移动客户端合作,装配式建筑企业能够通过移动客户端和云平台对用户进行售后调查,了解用户的需求和使用心得。根据用户的反馈对今后的战略部署做出适当的调整,改善用户不满意的部分,提高用户对装配式建筑工程的满意度。同时,建筑企业也可以通过移动客户端将用户的需求传达给设计和施工单位,让设计和施工单位进行整改,以此来保证建筑工程项目的质量。

③ 云计算与BIM的集成应用,如图10.4所示,利用云计算的优势将BIM应用转化为BIM云服务,基于云计算强大的计算能力,可将BIM应用中计算量大且复杂的工作转移到云端,以提升计算效率;基于云计算的大规模数据存储能力,可将BIM模型及其相关的业务数据同步到云端,方便用户随时随地访问并与协作者共享;云计算使得BIM技术走出办公室,用户在施工现场可通过移动设备随时连接云服务,及时获取所需的BIM数据和服务等。

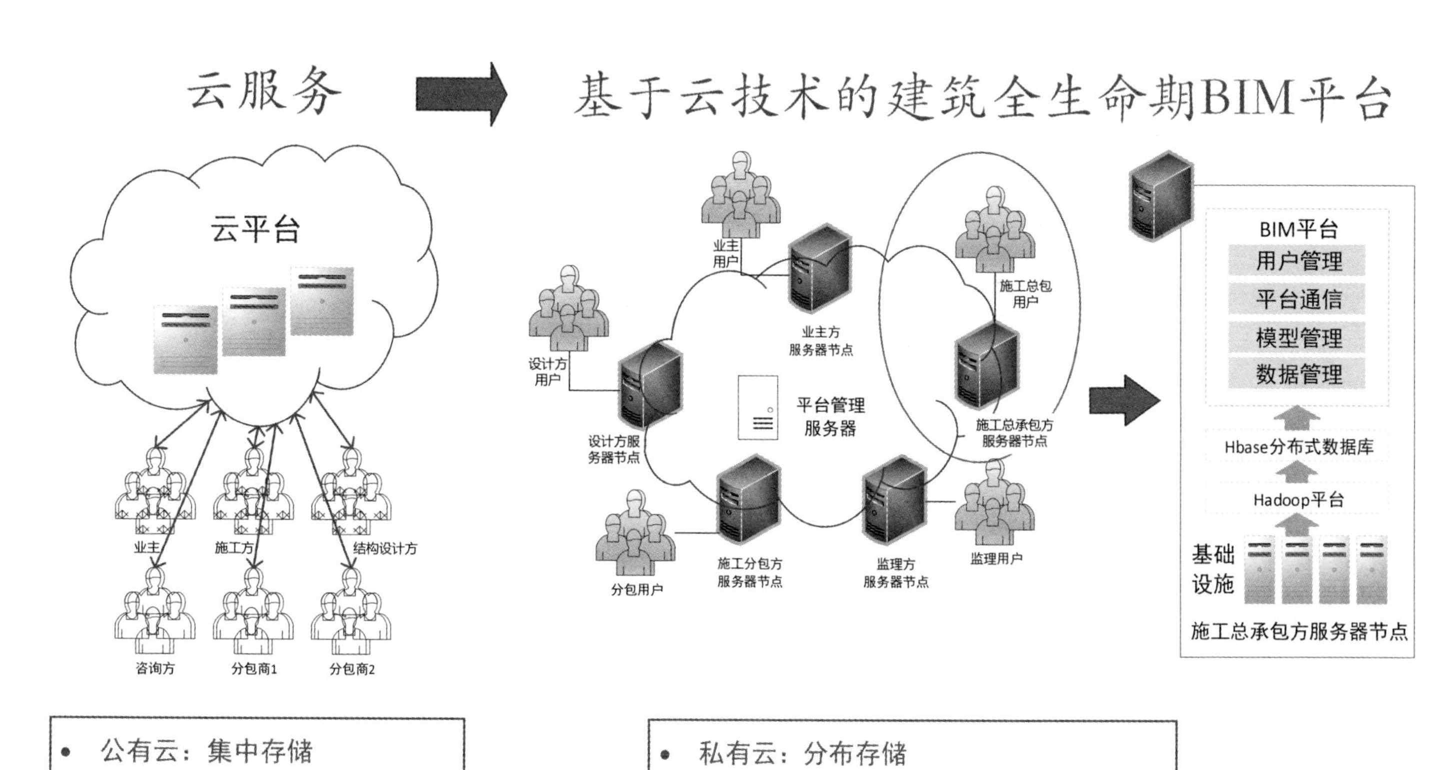

图 10.4 云计算与BIM集成应用模式

10.4.2 云计算 + BIM 的应用

云计算能够将装配式建筑行业中的资源有效整合起来，建立共享的资源信息平台，助力装配式建筑企业完成建筑资源的有效配置和利用，在设计、施工和运维阶段合理利用各种企业的人力和物力，实现资源利用效率的最大化，避免资源的浪费，减少企业成本投入，提高装配式建筑企业项目效益。

1. 装配式建筑设计阶段的云计算 + BIM 应用

工程预算是装配式建筑工程项目决策阶段成本管理的一项重要工作内容，制定过程中需要以大量的外部数据（如清单、定额、图集、材价、指标等）为支撑，分析计算的数据量较大。云计算技术能够从工程量计算、组价结果智能检查、造价信息服务等方面支撑工程预算工作（如图 10.5 所示）。云计算与 BIM 技术的集成应用能够将 BIM 应用中计算量大且复杂的工作转移到云端，云计算中的数据层可以存储装配式建筑设计阶段的过程数据，为后期的造价数据分析提供基础；在应用层中，通过云计算的超强算力对过程数据进行实时动态分析，增强管理者决策效率，提升成本管理效率。

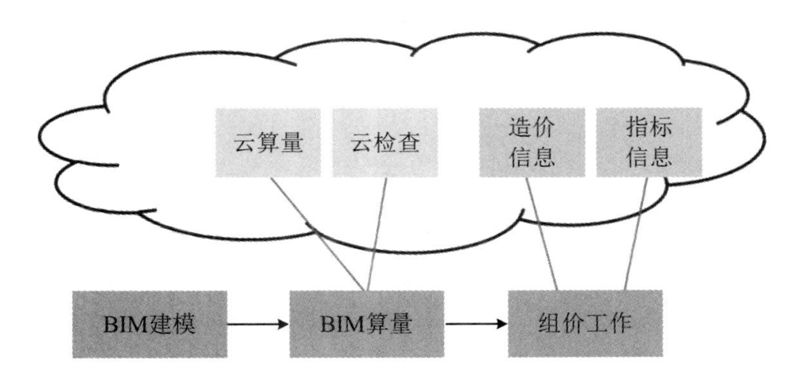

图 10.5 BIM 和云计算在装配式建筑设计阶段成本管理的应用流程

2. 装配式建筑施工阶段的云计算 + BIM 应用

云中央数据库在施工阶段能够传输装配式建筑群各利益相关者、各阶段产生的对象数据，支持装配式建筑全生命周期动态数据信息的搜集、处理、储存、分析和交互，使得数据信息具有一致性和可视化的特点。建立材料供应方、建设方、监理方、施工方以及设计方共有的网络操作系统和服务器，使建筑企业的各方可以相互监督，提高工程建设的透明度，减少施工过程中各参与方的沟通时间成本。BIM

和云计算的集成应用，可从海量互联网资源中采集相关数据，对数据进行清洗和转换后存储到数据仓库中，应用数学建模和数据挖掘，分析、挖掘出可靠的施工过程信息，确保项目质量、进度达到预期，提高成本管理效能。

3. 装配式建筑竣工阶段的云计算 + BIM 应用

运维阶段是建筑全生命周期中占比最高的实施阶段，在装配式建筑的运维管理中必然会产生大量的设施运维数据，随着时间的增加，数据量不断积累，直至形成项目级的大数据，而以 BIM 模型为载体的数据存取和查看机制则难以满足运维阶段的成本管理需求。此外，传统的运维管理方式多依靠管理者个人的经验和工作能力，无法将此经验进行复用，导致不同项目运维阶段的成本管理水平参差不齐。在装配式建筑的运维阶段，借助云计算和 BIM 技术搭建的集成应用平台，可以建立装配式建筑预制构件及设备的运营维护系统，管理人员可直接从平台中调取预制构件和设备的型号、参数及生产厂家等信息，提高维修工作效率，降低维修成本。其次，云计算与 BIM 技术的集成应用平台可对建筑物使用过程中的能耗进行监测和分析，运维管理人员可以根据平台的数据分析结果通过可视化的功能自动定位高能耗区域，并进行针对性的能源管理，降低能源应用成本。此外，装配式建筑在拆除时可利用集成平台筛选出可回收利用的资源，对这些资源进行符合行业标准的回收与利用，以此节约资源，提高成本管理效率。

参考 References 文献

白冬梅.装配式建筑造价管理研究[J].住宅与房地产,2018(31):22.

鲍俊超.装配式建筑施工阶段成本影响因素分析与研究[D].甘肃:兰州理工大学,2020.

蔡得菊.云计算助力建筑行业信息化转型[J].价值工程,2018,37(34):287-288.

蔡军,马丁·斯科特.基于层次法的预制装配式建筑目标成本计算及其AHP评价[J].财会月刊,2016(12):88-90.

曹希.装配式建筑智能建造探讨[J].建筑科技,2021,5(6):70-73.

曹园.装配式建筑全寿命周期成本效益研究[D].安徽:安徽建筑大学,2020.

常春光,常仕琦.装配式建筑预制构件的运输与吊装过程安全管理研究[J].沈阳建筑大学学报(社会科学版),2019,21(2):141-147.

陈浩.基于多方案比选的PC构件生产流程优化与仿真研究[D].湖北:湖北工业大学,2019.

陈佳燕.基于JIT理论的装配式建筑预制构件采购管理研究[D].北京:中国矿业大学,2021.

陈骏样.装配式建筑工程造价管理探讨[J].陶瓷,2023(1):167-169.

陈坤.装配式混凝土住宅的建安成本分析和实证研究[D].北京:清华大学,2019.

陈玲燕.装配式建筑发展动力机制研究[J].价值工程,2019,38(10):56-58.

陈青.装配式建筑全寿命周期成本影响因素分析及优化研究[D].河北:郑州大学,2020.

陈石玮,陈兆芳.基于离散事件模拟的装配式混凝土建筑施工现场规划方案评价与决策研究[J].工程管理学报,2021,35(6):31-36.

陈旭,张萌,王勇,等.装配式建筑产业发展现状分析[J].砖瓦世界,2018(9):14-16.

陈学忠.寒地装配式建筑外围护系统关键技术比较研究[D].吉林:吉林建筑大学,2019.

陈振海.装配式建筑的工程项目管理及发展问题的分析[J].建材与装饰,2019(5):123-124.

程沙沙.全过程装配式建筑成本控制研究[J].合作经济与科技,2021(16):116-118.

程晓珂.国内外装配式建筑发展[J].中国建设信息化,2021(20):28-33.

程亚群.长乐T污水处理厂项目的采购风险管理研究[D].辽宁:东北大学,2018.

程兆栋,龚志起.基于政策工具的装配式建筑政策文本分析[J].工程经济,2021,31(9):55-59.

崔婷.基于BIM技术的装配式建筑建造成本控制研究[D].辽宁:辽宁工业大学,2021.

邓文敏.日本装配式建筑的发展经验[J].住宅与房地产,2019(2):110-117.

刁乾红.基于并行理论的装配式建筑设计流程优化研究[D].重庆:重庆大学,2019.

董慧文.成本策划在房地产项目管理中的应用研究:以平各庄项目为例[J].建筑经济,2020,41(3):59-64.

范志豪.基于QPSO-BP神经网络的装配式建筑成本预测研究[D].安徽:安徽建筑大学,2022.

冯春晓.装配式建筑发展对房地产估价的影响[J].中国房地产,2022(13):57-62.

冯静.清单计价模式下装配式建筑造价管理探析[J].价值工程,2020,39(6):79-80.
冯仕章,武振,韩叙,等.美国装配式钢结构住宅发展情况与借鉴[J].住宅产业,2020(4):33-38.
高欢欢.装配式混凝土建筑成本影响因素与控制研究[D].北京:北京交通大学,2020.
谷菲菲.建筑工程项目成本控制研究[J].管理观察,2019(23):26-28.
韩慧磊.BIM技术在装配式建筑成本控制中的应用研究[D].河南:河南工业大学,2019.
韩胜伟.基于BIM技术的装配式建筑全过程成本管理研究[D].河南:中原工学院,2022.
侯向明.以BIM技术推动建筑工业化协同发展[J].施工企业管理,2020(11):59-61.
侯颖哲.清单计价模式下的装配式建筑造价管理分析[J].四川建材,2019,45(7):197-199.
忽永锋.EPC模式下PC结构装配式建筑成本控制研究[D].浙江:浙江大学,2020.
胡卫波,王雄伟.装配式建筑全成本管理指南:策划、设计、招采[M].北京:中国建筑工业出版社,2020.
胡小洁.基于价值工程的装配式建筑精细化设计研究[D].上海:上海交通大学,2019.
黄丹,王卫永.装配式钢结构建筑体系研究及应用综述[J].建筑钢结构进展,2022,24(8):1-18.
黄磊.全预制装配式高层住宅楼的施工及质量控制分析[J].中国标准化,2018(4):74-76.
黄蒙.装配式建筑成本影响因素分析与优化研究[D].内蒙古:内蒙古科技大学,2020.
黄奇.装配式建筑工程造价预算与造价控制问题探讨[J].房地产世界,2022(18):103-105.
贾敏.装配式建筑应用浅析[J].居业,2020(4):55-56.
贾宁.整体装配式房屋建筑工程定价研究[D].江苏:东南大学,2016.
姜琳,乔如渊,潘辉.装配式建筑全寿命周期BIM技术应用问题及应对措施研究[J].建筑结构,2019,49(S2):558-561.
金晨晨.基于装配式建筑项目的EPC总承包管理模式研究[D].山东:山东建筑大学,2017.
柯善北.装配式建筑激活行业发展“绿色引擎”[J].中华建设,2018(5):1.
孔玉蓉.基于BIM+的装配式产业园运维管理模式研究[D].吉林:吉林建筑大学,2021.
雷瑶.浅析装配式建筑围护结构的节能技术[J].智能建筑与智慧城市,2021(10):112-113.
黎引,章一萍,唐丽娜.装配式建筑推广应用中存在的几个问题探讨[J].四川建筑,2021,41(6):52-55.
李丹丹.基于文本计量的我国装配式建筑政策变迁及特征分析[J].四川建材,2021,47(10):51-53,56.
李德胜.装配式建筑成本分析及优化研究[D].河南:郑州大学,2019.
李颢,陈晓红,高玉洁.装配式建筑成本控制难点与对策研究[J].建筑经济,2022,43(S1):109-111.
李家汀.基于全寿命周期的装配式建筑成本控制研究[J].城市建设理论研究(电子版),2018(35):53.
李丽红,耿博慧,齐宝库,等.装配式建筑工程与现浇建筑工程成本对比与实证研究[J].建筑经济,2013(9):102-105.
李莉.装配式建筑承发包模式决策模型研究[D].重庆:重庆大学,2019.
李宁,汪杰,吴敦军,等.基于成本控制的高层预制装配整体式框架-剪力墙结构设计[J].建筑结构,2017,47(10):14-16,13.
李强年,黄亚琴.基于SNA-ISM的装配式建筑成本影响因素分析[J].工程管理学报,2022,36(2):141-146.

李婷,李亚丹.浅析物联网技术与装配式建筑的融合发展[J].房地产世界,2022(17):128-130.
李彦苍,刘筱玮.基于蚜虫算法的预制装配式混凝土框架结构可靠性分析[J].煤炭工程,2018,50(10):167-172.
李燕.德国装配式建筑发展历程及对我国的启示[J].重庆建筑,2018,17(8):5-6.
李瑜.装配式时代对装配式建筑的认识和思考[J].砖瓦,2018(4):73-74.
廖惠.EPC模式下装配式建筑的成本控制研究[D].成都:西南交通大学,2018.
刘大君,吴玫.物联网技术在装配式建筑中的应用现状[J].科学技术创新,2020(21):99-100.
刘贵文,陶怡,毛超,等.政策工具视角的中国装配式建筑政策文本量化研究[J].重庆大学学报(社会科学版),2018,24(5):56-65.
刘国强,齐园,纪颖波,等.EPC模式下装配式建筑建造成本影响因素识别及评价标准研究[J].建筑经济,2019,40(5):86-92.
刘海东,阳超.装配式建筑设计要点及流程解析[J].建筑结构,2020,50(S1):554-560.
刘加平,朱晓琳.建筑工业化时代的绿色建筑[J].江苏建筑,2018(6):1-3.
刘静.装配式建筑增量成本预测及控制研究[D].江西:华东交通大学,2022.
刘凯,窦磊,曾重庆,等.基于全过程理论装配式建筑管理研究[J].智能建筑与智慧城市,2022(8):23-25.
刘康宁,张守健,苏义坤.装配式建筑管理领域研究综述[J].土木工程与管理学报,2018,35(6):163-170,177.
刘若南,张健,王羽,等.中国装配式建筑发展背景及现状[J].住宅与房地产,2019(32):32-47.
刘伟,江振松.基于系统动力学的装配式建筑产业发展研究[J].华东交通大学学报,2021,38(2):8-16.
刘炜.装配式建筑工程全过程成本控制研究[D].安徽:安徽建筑大学,2018.
刘壮成.新加坡装配式建筑发展启示[J].墙材革新与建筑节能,2019(9):48-50.
娄霓,彭典勇,赵春婷,等.装配式建筑的实践与思考[J].城市住宅,2018,25(1):6-11.
卢求.德国装配式建筑及全装修发展趋势[J].建设科技,2018(20):96-103.
陆江.装配整体式剪力墙结构增量成本控制方法研究[J].浙江科技学院学报,2017(29):470-475.
马倩.装配式建筑发展瓶颈与对策[J].住宅与房地产,2021(6):37-38.
马荣全.装配式建筑的发展现状与未来趋势[J].施工技术(中英文),2021,50(13):64-68.
毛林繁.招标采购项目风险分析与控制[J].招标与投标,2013(3):4-11.
倪君照.装配式建筑发展趋势分析及其管理思路初探[J].浙江水利水电学院学报,2020,32(4):61-65.
聂庆林.基于BIM技术的装配式建筑设计方案的优化及其发展前景[J].居舍,2020(3):98,100.
庞斐.基于精益建造的装配式建筑建造成本控制研究[D].黑龙江:哈尔滨工业大学,2020.
庞俊勇.信息化技术在预制装配式建筑中的应用[J].北京工业职业技术学院学报,2017,16(3):15-17,25.
秦鸿波.基于BIM技术的装配式建筑成本控制研究[D].河南:郑州大学,2018.
秦嗣晏.分析装配式建筑外围护结构节能设计[J].智能城市,2018,4(18):105-106.
尚粉琴.预制装配式建筑施工常见质量问题与防范措施[J].山西建筑,2020,46(10):106-107.
申琪玉,李杰杰.基于不同装配率的装配式混凝土建筑投资估算指标差异与影响因素研究[J].

建筑经济,2021,42(S1):181-185.
沈浮.基于全生命周期的K15学校装配式建筑设计方案比选[D].浙江:浙江大学,2022.
沈彤.装配式建筑项目模型信息全过程联动可视化研究[D].江苏:江苏大学,2021.
宋恒.限额设计造价控制分析与应用研究[D].郑州:郑州大学,2020.
宋孟哲.信息化技术在装配式建筑构件成本控制中的研究应用[D].郑州:华北水利水电大学,2022.
宋尚利.建筑模型信息化技术在装配式建筑施工阶段中的研究分析[J].陶瓷,2022(10):172-174.
宋晓刚,刘耀华,张敏.装配式建筑全产业链成本管控研究[J].工程管理学报,2022,36(2):135-140.
苏世龙.智能建造技术在装配式住宅项目中的研究与应用[J].住宅产业,2020(9):31-36.
孙国林.装配式建筑成本控制关键影响因素研究[D].重庆:重庆大学,2018.
孙浩,刘鹏飞,蔡相娟.装配式方案选型对比分析[J].建筑结构,2022,52(S1):1669-1672.
孙凌志,徐珊,王亚男.清单计价模式下装配式建筑造价管理研究[J].建筑经济,2017,38(4):29-32.
孙业珍.装配式建筑的经济效益分析研究[J].工程与建设,2022,36(4):907-908.
唐大为,易鸣.装配式内装体系与技术创新探究[J].城市住宅,2020,27(5):121-124.
唐佳.基于BIM和物联网技术在装配式建筑物料调度优化问题研究[J].中国储运,2022(2):92.
唐久林.装配式混凝土建筑建设全过程增量成本分析[J].建筑经济,2022,43(S1):156-160.
田丽,马铭.建设工程管理[M].北京:知识产权出版社,2016.
万林,树叶,杨家盛,等.装配式建筑招投标中常见问题及其应对措施[J].绿色科技,2018(8):241-243.
汪俊桥,申云龙,李臣,等."十四五"规划下装配式建筑与BIM技术的结合发展研究[J].城市住宅,2021,28(7):255-256.
王珺.装配式建筑成本构成分析与控制策略[J].中国建筑装饰装修,2022(24):141-143.
王灵玉.EPC模式下装配式建筑成本控制研究[D].河北:华北理工大学,2021.
王孟男.装配式建筑全寿命周期成本分析及对策研究[D].沈阳:沈阳建筑大学,2017.
王帅达.装配式住宅成本影响因素研究[D].重庆:重庆大学,2020.
王斯海.基于施工过程的某装配式建筑PC叠合板造价组成分析[J].住宅与房地产,2019(25):16-17.
王鑫强.南通地铁05标段施工项目质量管理改进研究[D].江苏:东南大学,2021.
王志成,约翰·格雷斯,约翰·凯·史密斯.美国装配式建筑产业发展趋势:上[J].中国建筑金属结构,2017(9):24-31.
王志成.美国绿色保障性住房建筑应用的绿色适宜技术[J].住宅与房地产,2019(8):58-62.
魏葆琪.基于BIM技术的装配式建筑成本控制策略[J].居舍,2022(21):140-143.
文林峰,刘美霞,武振,等.积极推广装配式建筑,促进建筑业高质量发展[J].建设科技,2020(Z1):14-19.
吴梦玫.房地产开发项目材料采购管理成本分析与对比[D].福建:福建工程学院,2018.
伍国华.装配式建筑成本影响因素分析及控制对策研究[D].广西:广西大学,2020.
武郁婷.装配式建筑工程造价预算与成本控制问题探究[J].价值工程,2018,37(17):71-74.

肖光朋,项健,郭丹丹.装配式混凝土结构高成本成因分析[J].建筑经济,2021,42(2):68-70.
徐雅萍.基于EPC模式的装配式建筑全产业链成本管理研究[D].江西:南昌航空大学,2019.
许志权.装配式建筑全产业链成本管理研究[J].建筑经济,2021,42(2):81-85.
颜亮.建筑项目工程造价全过程管理与控制[J].居舍,2021(23):157-158.
颜世强.物联网技术在装配式建筑部品成本控制中的应用[J].居业,2019(8):91-92.
晏鹤.基于精益建造模式的装配式建筑成本控制的研究[D].辽宁:东北财经大学,2022.
杨婧媛.装配式建筑全寿命周期风险控制与评价方法研究[D].四川:西南交通大学,2020.
杨亚楠.基于BIM技术的装配式建筑全寿命周期成本控制研究[D].重庆:重庆交通大学,2021.
杨志奎.EPC模式下装配式建筑建造成本影响因素研究[D].陕西:西安建筑科技大学,2021.
叶明珠.基于系统动力学的装配式建筑成本影响因素研究[D].广西:广西大学,2022.
叶晓莉.建筑工程成本管理问题研究[J].中华建设,2022(11):34-35.
易莎.基于ISM方法的装配式建设项目管理流程再造研究[D].武汉:武汉理工大学,2018.
尹祥燕.装配式建筑成本控制分析[J].砖瓦,2022(3):43-45.
余佳,张楠.装配式混凝土建筑中部品件计量与计价研究[J].城市建设理论研究(电子版),2020(20):101,100.
余祥文.装配式建筑成本影响因素及控制措施[J].建材世界,43(5):162-165.
俞江庆.装配式建筑在施工中常见问题及对策分析[J].江西建材,2020(5):114-115.
喻博,李政道,洪竞科,等.前沿信息技术在装配式建筑建设管理中的应用研究[J].工程管理学报,2018,32(6):1-6.
袁树翔.基于物联网的装配式建筑精益管理应用与效果评价研究[D].江苏:扬州大学,2020.
云宇光.装配式建筑施工技术在我国的发展[J].建材与装饰,2018(16):182-183.
张晨辉.装配式建筑全寿命周期成本风险评价[D].郑州:郑州大学,2021.
张岱祺,贾伟强.装配式建筑技术创新激励演化博弈研究[J].农业与技术,2022,42(3):25-28.
张红玲.论推广装配式建筑的重要意义[J].美与时代(城市版),2018(12):6-7.
张红霞.装配式住宅全生命周期经济性分析[D].泰安:山东农业大学,2013.
张静.基于BIM技术的装配式建筑施工成本管控研究[J].科技创新与应用,2022,12(35):174-176,180.
张晓晨.装配式建筑增量成本分析研究[D].山东:山东建筑大学,2020.
张晓萌.云计算在工程建设相关行业应用探讨[J].电子技术与软件工程,2015(4):186.
张莹.装配式建筑设备管线与新型预制轻质墙板标准化设计研究[J].中国标准化,2020(S1):121-125.
张莹莹.BIM技术正向应用的装配式建筑建造成本优化软件研究[D].江苏:东南大学,2019.
张誉耀.基于EPC模式的装配式建筑成本管理研究[D].天津:天津理工大学,2022.
赵斌,钟春玲.基于ISM的装配式建筑进度管控影响因素研究[J].吉林建筑大学学报,2022,39(6):56-64.
赵传友,许宏田.建筑工程招标阶段的工程成本管理研究[J].居业,2019(1):137,139.
赵维树,彭浩.基于AHP的装配式建筑成本影响因素分析[J].唐山学院学报,2019,32(6):88-94.
郑阳焱.装配式建筑与传统建筑造价差异及降本增效探析[J].中华建设,2020(12):42-43.
郑振华.装配式混凝土建筑外围护结构节能优化设计研究[D].湖南:中南林业科技大学,2021.

周凤群.EPC总承包模式下装配式建筑的成本效益分析[D].四川:西华大学,2020.
周雅彬.JK房地产公司精细化成本管理研究[D].广西:广西大学,2021.
朱静.装配式建筑成本控制研究[J].财务与会计,2018(18):28-30.
朱宁.工程项目招标采购管理的成本控制及其途径选择[J].企业改革与管理,2017(6):114.
朱霞桃,王建.我国装配式结构住宅发展现状及发展趋势[J].冶金管理,2022(12):14-19.
祖婧.基于BIM技术的装配式建筑实施阶段成本管理研究[D].吉林:吉林建筑大学,2019.
Arif M,Egbu C. Making a case for offsite construction in China[J]. Engineering,Construction and Architectural Management,2010,17(6):536-548.
Aye L,Ngo T,Crawford R H,et al. Life cycle greenhouse gas emissions and energy analysis of prefabricated reusable building modules[J]. Energy and Buildings,2012,47:159-168.
Barrett B. National heritage areas:places on the land,places in the land[J]. The George Wright Forum,2005,22(1):10-18.
Cai Z L,Zhang J C,Chen Z R,et al. Exploration on the integration of integrated design and construction of prefabricated assembly from the perspective of EPC management[J]. Science Discovery,2022,10(4):270-278.
Chen Y,Zhou Y W,Feng W M,et al. Factors that Influence the quantification of the embodied carbon emission of prefabricated buildings: a systematic review, meta-analysis and the way forward[J/OL]. Buildings, 2022, 12(8)[2023-06-17]. https://doi. org/10. 3390/buildings12081265. DOI:10.3390/buildings12081265.
Dixit V,Chaudhuri A,Srivastava R K. Procurement scheduling in engineer procure construct projects:a comparison of three fuzzy modelling approaches[J]. International Journal of Construction Management,2017,72:189-206.
Dou Y D,Xue X L,Wang Y N,et al. Evaluation of enterprise technology innovation capability in prefabricated construction in China[J]. Construction Innovation,2022,22(4):1059-1084.
El-Abidi K M A,Ghazali F E M. Motivations and limitations of prefabricated building:an overview[J]. Applied Mechanics and Materials,2015,802:668-675.
Gao J,Zhu J W,Wang X,et al. Research on quality management and countermeasures of fabricated building construction based on SWOT theory[J/OL]. Journal of Physics: Conference Series,2023,2424(1)[2023-06-17]. https://iopscience. iop. org/article/10. 1088/1742-6596/2424/1/012012. DOI:10.1088/1742-6596/2424/1/012012.
Gong C,Xu H Y,Xiong F,et al. Factors impacting BIM application in prefabricated buildings in China with DEMATEL-ISM[J]. Construction Innovation,2023,23(1):19-37.
Hsieh T Y. The economic implications of subcontracting practice on building prefabrication[J]. Automation in Construction,1997,6(3):163-174.
Jaillon L,Poon C S. The evolution of prefabricated residential building systems in Hong Kong:a review of the public and the private sector[J]. Automation in Construction,2009,18(3):239-248.
Jaillon L,Poon C S,Chiang Y H. Quantifying the waste reduction potential of using prefabrication in building construction in Hong Kong[J]. Waste Management,2009,17(29):309.
Jaillon L,Poon C S. Life cycle design prefabrication in buildings: a review and case studies in

Hong Kong[J]. Automation in Construction, 2014, 39: 195-202.

Kaichen Z. The influence factors and control strategies of prefabricated building cost[J/OL]. Academic Journal of Engineering and Technology Science, 2022, 5.0(3.0)[2023-06-17]. https://francis-press.com/papers/6195#location DOI: 10.25236/AJETS.2022.050306.

Khaloo A R, Parastesh H. Cyclic loading of ductile precast frame for seismic regions[J]. ACI Structural Journal, 2003, 100(3): 440-445.

Ikuma L H, Nahmens I, James J. Use of safety and lean integrated Kaizen to improve performance in modular homebuilding[J]. Journal of Construction Engineering & Management, 2011, 137(7): 551-560.

Li C Z, Zhong R Y, Xue F, et al. Integrating RFID and BIM technologies for mitigating risks and improving schedule performance of prefabricated house construction[J]. Journal of Cleaner Production, 2017, 165: 1048-1062.

Li X J, Wang C, Kassem Mukhtar A, et al. Evaluation method for quality risks of safety in prefabricated building construction using SEM-SDM approach[J/OL]. International Journal of Environmental Research and Public Health, 2022, 19(9)[2023-06-17]. https://doi.org/10.3390/ijerph19095180. DOI: 10.3390/ijerph19095180.

Li Y G, Wang T Y, Han Z, et al. A quantitative method for assessing and monetizing the failure risk of prefabricated building structures under seismic effect[J/OL]. Buildings, 2022, 12(12)[2023-06-17]. https://doi.org/10.3390/buildings12122221. DOI: 10.3390/buildings12122221.

Liao F, Chen Z R, Chen W R, et al. Integrated technology and engineering case of rapid construction of modular prefabricated building for anti-epidemic medicine[J]. Science Discovery, 2023, 10(6): 542-552.

Liu N N, Wang W, Chen C, et al. Study on construction quality evaluation Index of prefabricated buildings and identification of workers' occupational literacy evaluation index[J/OL]. SHS Web of Conferences, 2023, 155[2023-06-17]. https://doi.org/10.1051/shsconf/202315501021 DOI: 10.1051/shsconf/202315501021.

Lu J Q, Wang J W, Song Y H, et al. Influencing factors analysis of supply chain resilience of prefabricated buildings based on PF-DEMATEL-ISM[J/OL]. Buildings, 2022, 12(10)[2023-06-17]. https://doi.org/10.3390/buildings12101595. DOI: 10.3390/buildings12101595.

Lu L F, Ding Y Z, Guo Y, et al. Flexural performance and design method of the prefabricated RAC composite slab[J]. Structures, 2022, 38: 572-584.

Merita G, Svetlana B, Diana L. Performance of prefabricated large panel reinforced concrete buildings in the November 2019 albania earthquake[J]. Journal of Earthquake Engineering, 2022, 26(11): 5799-5825.

Murray N, Fernando T, Aouad G. A virtual environment for the design and simulated construction of prefabricated buildings[J]. Virtual Reality, 2003, 6(4): 244-256.

Pavese A, Bournas D A. Experimental assessment of the seismic performance of a prefabricated concrete structural wall system[J]. Engineering Structures, 2011, 33(6): 2049-2062.

Putra G A S, Triyono R A. Neural network method for instrumentation and control cost estimation of the EPC companies bidding proposal[J]. Procedia Manufacturing, 2015, 134(4):

98-106.

Zhong R Y, Peng Y, Xue F. Prefabricated construction enabled by the internet of things[J]. Automation in Construction, 2017, 76: 59-70.

Rahim A A, Hamid Z A, Zen I H, et al. Adaptable housing of precast panel system[J]. Rroce-dia-Social and Behavioral Sciences, 2020, 50(1): 369-382.

Sara A, Amir T, Aso H, et al. Environmental and economic performance of prefabricated construction: a review[J/OL]. Environmental Impact Assessment Review, 2022, 97. https://doi.org/10.1016/j.eiar.2022.106897. DOI: 10.1016/j.eiar.2022.106897.

Schoenwitz M, Potter A, Gosling J, et al. Product, process and customer preference alignment in prefabricated house building[J]. International Journal of Production Economics, 2016, 183: 79-90.

Shang Z F, Wang F L, Yang X. The efficiency of the Chinese prefabricated building industry and its influencing factors: an empirical study[J/OL]. Sustainability, 2022, 14(17)[2023-06-17]. https://doi.org/10.3390/su141710695. DOI: 10.3390/su141710695.

Shubham J, Harveen B. Affordable housing with prefabricated construction technology in India: an approach to sustainable supply[J]. Electrochemical Society Transactions, 2022, 107(1): 8513-8520.

Song L L, Li H Y, Deng Y L, et al. Understanding safety performance of prefabricated construction based on complex network theory[J/OL]. Applied Sciences, 2022, 12(9)[2023-06-17]. https://doi.org/10.3390/app12094308 DOI: 10.3390/app12094308.

Wallbaum H, Ostermeyer Y, Salzer C, et al. Indicator based sustainability assessment tool for affordable housing construction technologies[J]. Ecological Indicators, 2012, 18: 360-364.

Yang S L, Hou Z W, Chen H B. Network model analysis of quality control factors of prefabricated buildings based on the complex network theory[J/OL]. Buildings, 2022, 12(11)[2023-06-17]. https://doi.org/10.3390/buildings12111874. DOI: 10.3390/buildings12111874.

Yuan M Q, Li Z F, Li X D, et al. How to promote the sustainable development of prefabricated residential buildings in China: a tripartite evolutionary game analysis[J/OL]. Journal of Cleaner Production, 2022, 349[2023-06-17]. https://doi.org/10.1016/j.jclepro.2022.131423. DOI: 10.1016/j.jclepro.2022.131423.

Zabihi H, Habib F, Mirsaeedie L. Definitions, concepts and new directions in Industrialized Building Systems(IBS)[J]. KSCE Journal of Civil Engineering, 2013, 17(6): 1199-1205.

Zeng L Y, Du Q, Zhou L, et al. Side-payment contracts for prefabricated construction supply chain coordination under just-in-time purchasing[J/OL]. Journal of Cleaner Production, 2022, 379(P2)[2023-06-17]. https://doi.org/10.1016/j.jclepro.2022.134830. DOI: 10.1016/j.jclepro.2022.134830.

Zhang Y C, Peng T, Yuan C, et al. Assessment of carbon emissions at the logistics and transportation stage of prefabricated buildings[J]. Applied Sciences, 2022, 13(1)[2023-06-17]. https://doi.org/10.3390/app13010552. DOI: 10.3390/app13010552.